HTML解体新書

著：太田良典　中村直樹
制作協力：株式会社ミツエーリンクス

仕様から紐解く本格入門

Born Digital, Inc.

はじめに

HTMLの仕様はWebで公開されており、誰でも無料で読むことができます。わざわざ本を買って読む必要などありません。最初からHTMLの仕様を読めばよいのです――

そんなふうに考えていた時期が、私にもありました。

しかし実際のところ、HTML仕様を読むのは簡単なことではありません。ウェブやインターネットに関するさまざまな基礎知識が求められるうえに、関連するさまざまな仕様にも目を通す必要があります。

本書は、その橋渡しをする目的で書かれました。

残念ながら、この本だけでHTML仕様のすべてを知ることはできません。そのかわり、仕様を読む時の助けとなるような工夫を凝らしました。英文の仕様書を読む時のために、用語の初出時には原文表記を併記しています。また、HTML仕様だけでなく、関連する文書なども多数取り上げ、できる限りURLを挙げて紹介するようにしています。

この本を読んだことをきっかけに、HTML仕様に触れることができた――

――と、そんなふうに言っていただければ幸いです。

太田 良典

現代の世の中では、ウェブは私たちの生活に欠かせないインフラといっても過言ではないでしょう。数えることができないほどのウェブページが日々新規に作成される、あるいは更新されています。

そのようなウェブページを制作するための情報源として、ウェブにはHTMLに関する玉石混交な説明があふれかえっています。

HTMLを取り扱う書籍に目を向けると、HTML5+CSS3を銘打った入門的な書籍が数多く目に入ります。一方で、HTMLそのものにスポットライトを当てた、HTMLの学習をステップアップするための書籍というのはなかなかお目にかかることはありません。

本書が企画された時点では、HTML5の仕様に言及しつつ、正面から捉えて本格的に解説した書籍はほとんどありませんでした。

本書は、執筆時点のHTMLのルールであるHTML Standard仕様に沿ってHTMLを解説しています。HTMLそのものはもちろんのこと、HTMLに関連する多様な仕様との関わりについても触れており、学習のステップアップのためのヒントを詰め込むことができたと自負しています。

本書が、ウェブの基礎を構成するHTMLについて、より深く触れて理解するための読者の足がかりとなれば幸いです。

中村 直樹

謝辞

本書の執筆にあたっては、多くの方にご協力いただきました。

まだ荒削りな本書の原稿について、レビューしてコメントをくださった皆様に感謝いたします。

・レビュアーの皆様(敬称略)

伊原 力也　大塚 勇哉　大山 奥人　小林 大輔　佐藤 歩　徳丸 浩
笛田 満里奈

また、この書籍の企画を立ち上げてくださったボーンデジタルの岡本淳さん、本書の原稿作成にあたって有益なコメントをくださった水上誠さん、柴田宣史さん、厳しいスケジュールの中、最後まで編集作業をしてくださった小関匡さん、課題の管理をしてくださったミツエーリンクスの中村精親さん、他、多くの方にご協力いただきました。心より感謝申し上げます。

[本書の書誌情報について]
本書の書誌情報は、ボーンデジタルのウェブサイトの本書の書籍ページに掲載されています。また、発売日以降に判明した正誤情報やその他の正誤情報を掲載しています。本書に関するお問い合わせの際には、一度当ページをご確認ください。
https://www.borndigital.co.jp/book/

CONTENTS

CHAPTER 3

HTMLの主要な要素

CONTENTS

CHAPTER 4

主要な属性とWAI-ARIA

CHAPTER 1

HTMLの基本概念

01 HTMLとは

THEME テーマ　HTMLは、ウェブになくてはならない構成要素です。ここでは、HTMLの基礎概念と、マークアップについて説明します。

HTMLの正式名称

HTMLという言葉は、HyperText Markup Languageの略です。これは、「ハイパーテキスト(HyperText)」を扱う「マークアップ言語(markup language)」という意味です。まずは、ハイパーテキストとは、そしてマークアップ言語とは何なのかを見ていきましょう。

ハイパーテキスト

ハイパーテキストは、テッド・ネルソン(Theodor H. Nelson)によって1965年に発表されたもので、複数の文書を相互に結び付け、自由にたどれるようにしたものです。

通常のテキストは単に順序どおりに読むだけなのに対し、ハイパーテキストは、読者の好きな道筋で自由に読むことができます 01 。

01 ハイパーテキストのイメージ

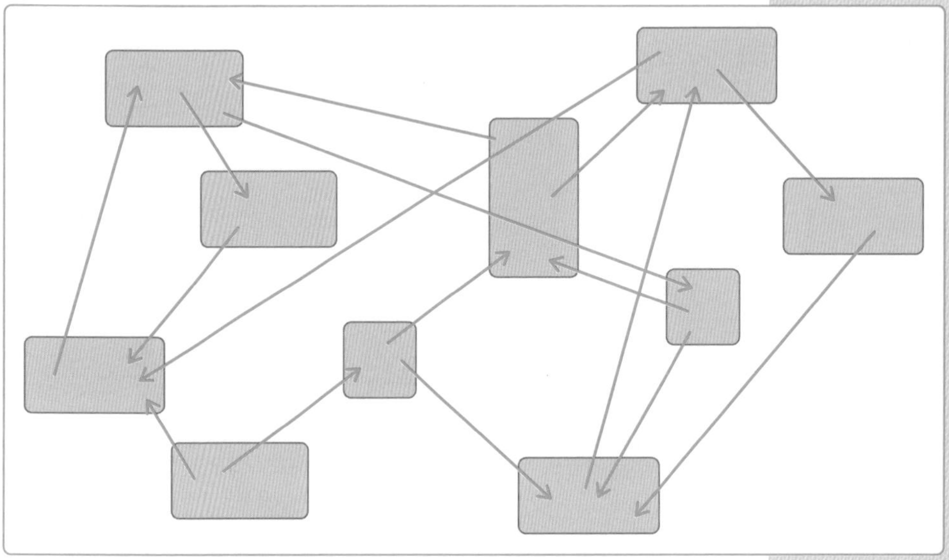

この概念に強い影響を与えたのが、「As We May Think」という論文です。第二次世界大戦が終結しつつあった1945年7月に、マンハッタン計画で重要な役割を担った科学技術管理者のヴァネヴァー・ブッシュ(Vannevar Bush)が、Atlantic Monthly誌上でこの論文を発表しました。

ブッシュは、索引をたどって情報を探すシステムが制約であると考えました。そこで、索引ではなく脳のプロセスのような連想によって関連する情報をたどって、必要な情報を見つけ出せると考えたのです。

連想によって情報をたどり、見つけ出すというこの考え方は、「ハイパーリンク(hyperlink)」の源流となります。なお、ハイパーリンクとは、文書中で他の文書を参照して結び付ける仕組みで、単に「リンク(link)」とも呼びます。

ブッシュは、そのような連想によって情報を得られる機械装置を「メメックス(memex)」と名付け、個人の所有する本や記録、会話録などをすべて圧縮してマイクロフィルムのように蓄積した、図書管理システムを構想しました。

ブッシュはメメックスを物理的な機械装置としていました。これをコンピューター上で実現したのがダグラス・エンゲルバート(Douglas C. Engelbart)です。彼の率いた研究者チームは1960年代に「NLS (oN-Line System)」を開発し、グラフィカルユーザーインターフェイスやハイパーテキストリンクなどを実用化しました。

ワールド・ワイド・ウェブ

このハイパーテキストを、インターネットと結び付けたのがティム・バーナーズ＝リー (Tim Berners-Lee)です。その発端は、1980年に構築した情報共有システム「ENQUIRE (エンクワイア)」です。ただし、ENQUIREは一般には公開されませんでした。

その後、1989年3月12日に、バーナーズ＝リーはロバート・カイリュー(Robert Cailliau)とともに「Information Management: A Proposal (情報管理: 提案)」を執筆し、さらに進んだ情報管理システムを提案しました。この仕組みこそが、「ワールド・ワイド・ウェブ(World Wide Web)」です。ワールド・ワイド・ウェブとは世界中にはりめぐらされた蜘蛛の巣という意味で、単に「ウェブ(Web)」とも呼ばれます 02。

02 ウェブシステムの概略

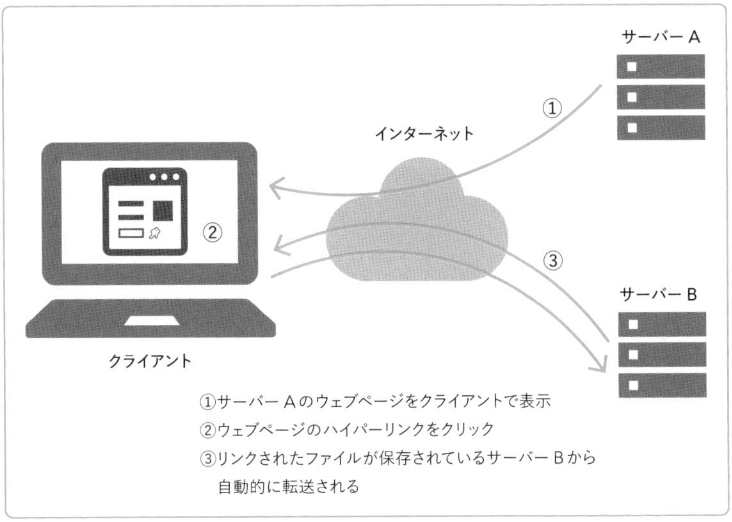
サーバーA
①
インターネット
②
③
サーバーB
クライアント
①サーバーAのウェブページをクライアントで表示
②ウェブページのハイパーリンクをクリック
③リンクされたファイルが保存されているサーバーBから
自動的に転送される

MEMO

「As We May Think」を日本語に訳すると「私たちが思考するように」などとなります。書籍やウェブ上で、日本語訳を読むことができます。
https://cruel.org/other/aswemaythink/aswemaythink.pdf

MEMO

エンゲルバートはマウスを発明したことでも有名です。

MEMO

バーナーズ＝リーがディレクターとして率いるW3Cは、この1989年3月12日をウェブの誕生日としています。

ウェブは、世界規模の巨大なハイパーテキストシステムです。このシステムは、以下の3つの技術によって構成されています。

- リソースの場所を示す「URL（Uniform Resource Locator）」
- ウェブサーバーとクライアント間の通信の取り決めである「HTTP（Hypertext Transfer Protocol）」
- コンテンツを記載する「HTML」

ウェブがそれ以前のハイパーテキストシステムと大きく異なるのは、ネットワーク上の別のコンピューターの文書にリンクできることです。これにより、世界中の情報を相互に参照することが容易になりました。リンクをマウスでクリックするだけで、遥か彼方の国にある文書を読むことができるのです。

見方を変えれば、ウェブは世界中のコンピューターに蓄積された情報共有システムであり、仮想的なマルチメディアの巨大データベースといえます。HTMLは、この巨大なハイパーテキストシステムを支える鍵となる技術なのです。

> MEMO
> 当時のURLの仕様であるIETF RFC 1738ではこのように命名されていましたが、現在の仕様であるWHATWG URLでは、URLの名称が再定義されています。詳しくはCHAPTER 2-3（P062）で取り上げます。

> MEMO
> 今では、マウスでクリックするよりも、タッチデバイスでタップするほうが馴染みがあるかもしれません。

ユーザーエージェントとウェブブラウザー

ウェブは、コンピューターネットワーク上のシステムです。ブッシュが提唱したメメックスは物理的に触れられる装置でしたが、ウェブはネットワーク上に存在するため、人間が直接触れることはできません。

人がウェブを利用するためには、ソフトウェアを利用する必要があります。ウェブにアクセスするためのソフトウェアを「ユーザーエージェント（user agent）」と呼びます。ユーザーエージェントは、URLを理解してアクセス先を特定してHTTPで通信を行い、ハイパーテキストを含むコンテンツを処理して、ユーザーに提供します。

ユーザーエージェントの代表例は、ウェブコンテンツを閲覧する「ウェブブラウザー（web browser）」です。単に「ブラウザー（browser）」と呼ぶこともあります。ブラウザーはウェブコンテンツを表示し、ユーザーの操作によってハイパーリンクをたどる機能を持ちます。

ユーザーエージェントの中には、閲覧や表示の機能を持たないものもあります。たとえば、ウェブコンテンツをダウンロードして保存するダウンローダーや、ウェブコンテンツの情報を機械的に収集するクローラーなどです。これらはウェブコンテンツにアクセスして、必要に応じて自動的にハイパーリンクをたどる機能を持つユーザーエージェントであるといえます。

> MEMO
> 代表的なブラウザーとしては、Google Chrome、Firefox、Safari、Microsoft Edgeなどが知られています。

マークアップ言語

冒頭で述べたように、HTMLはマークアップ言語です。マークアップとは、テキストに「マーク（mark）」を追加して、印を付けることです。

先に紹介したように、ウェブにアクセスするときに、実際にウェブコンテンツを処理するのはユーザーエージェントです。ウェブコンテンツは、ユーザーエージェント、つまりソフトウェアが機械的に処理できる必要があります。

たとえば、03のような文章があるとします。

03 文章の例

```
これは見出しのテキストです。
ここからは本文です。
詳しくは https://example.com/ をご覧ください。
```

このように、装飾のない純粋な文字情報だけで構成されるテキストを「プレーンテキスト（plain text）」といいます。

03を人間が読めば、1行目が見出し、2行目以降が本文であると推測できるでしょう。また、URLのような文字列があり、この部分がハイパーリンクになると推測できるかもしれません。

このような推測が成り立つのは、人間が文の意味を理解しているためです。しかし、ユーザーエージェントはコンピューターのソフトウェアですから、機械的な判断しかできません。プレーンテキストでは、文章のどこが見出しで、どこがハイパーリンクなのかを判別することは困難です。

マークアップによるマシンリーダビリティの向上

この問題を解決する方法の1つが、テキストにマークを追加して、印を付けることです。たとえば、03を04のようにします。

04 マークアップの例

```
<見出し>これは見出しのテキストです。</見出し>
<本文>ここからは本文です。
詳しくは <リンク>https://example.com/</リンク> をご覧ください。</本文>
```

このように、テキストにマークを付けて意味を明確にすることを「マークアップ（markup）」といいます。また、「見出し」「本文」などの意味を持った一連のまとまりを、「要素（element）」といいます。この例では、テキストの中に見出し要素、本文の要素、ハイパーリンクの要素が含まれています。

実際のHTMLでは、04の例は、たとえば05のようになります。

05 HTMLによるマークアップの例

```
<h1>これは見出しのテキストです。</h1>
<p>ここからは本文です。
詳しくは <a href="https://example.com/">https://example.com/</a> をご覧ください。</p>
```

ここで使われている<h1>、<p>、<a>といったマークを、HTMLでは「タグ(tag)」といいます。見出しや本文といった要素をタグでマークアップすることで、要素の範囲と種類を機械的に判断できるようになります。

このように、ソフトウェアやプログラムが機械的に判断できる状態を、「機械可読」もしくは「マシンリーダブル(machine readable)」といい、機械的な判断のしやすさを「機械可読性」もしくは「マシンリーダビリティ(machine readability)」といいます。

HTMLは、ハイパーテキストをマークアップすることに特化したマークアップ言語です。HTMLを用いてテキストをマークアップすることで、マシンリーダビリティが向上し、ユーザーエージェントも確実に扱えるようにできるのです。

MEMO

HTMLのタグの書き方についてはCHAPTER 1-2で、表現できる要素の種類についてはCHAPTER 3で説明します。

MEMO

人間が読んだ場合の理解のしやすさを「人間可読性」「ヒューマンリーダビリティ(human readability)」といいます。大量のタグでマークアップされたテキストは人間にとっては読みにくく、マシンリーダビリティが高い代わりに、ヒューマンリーダビリティは低いといえるでしょう。逆にプレーンテキストはマシンリーダビリティが低く、ヒューマンリーダビリティが高いといえます。

まとめ

ここでは、HTMLという言葉の意味を説明しました。

HTMLはHyperText Markup Languageの略であり、ウェブという巨大なハイパーテキストメディアを支える技術の1つです。テキストをマークアップすることで、マシンリーダビリティが向上し、ユーザーエージェントがハイパーテキストを機械的に処理できるようになります。

COLUMN

HTMLはプログラミング言語か?

一般に、マークアップ言語はプログラミング言語ではありません。HTMLもマークアップ言語であり、プログラミング言語ではありません。

しかし世間では、「HTMLでプログラミング学習をする」といわれることがあります。この場合、HTML単独ではなく、プログラミング言語であるJavaScriptとあわせて使うことを「プログラミングを学ぶ」としていることが多いようです。JavaScriptはHTMLと関わりが深くJavaScriptを学ぼうとするとHTMLも学ぶ必要があるので、両者をまとめて扱うことが多いのでしょう。

なお、マークアップ言語の中には、分岐やループといったプログラミング的処理を表現するものも存在します。具体的な例としてはXSLTがあります。

COLUMN

軽量マークアップ言語Markdown

HTMLでは「タグ」を利用して要素の範囲を明確にしますが、要素の範囲を明確にする方法は他にもあります。よく利用されるものとして、「Markdown」と呼ばれる言語があります。01は、基本的なMarkdown構文の一部です。

01 Markdown構文の例

```
## テキスト
- アイテム1
- アイテム2
```

##で見出しを、-でリストを表現しています。これは、02のようなHTMLと同じ意味になります。

02 HTMLの例

```
<h2>テキスト</h2>
<ul>
<li>アイテム1</li>
<li>アイテム2</li>
</ul>
```

HTMLと比較すると、Markdownのほうがマークの量が少なく、簡潔です。このような簡易なマークアップ言語を、「軽量マークアップ言語(lightweight markup language)」といいます。

軽量マークアップ言語は、マークが簡潔であるため、簡単に書きやすい反面、表現可能な要素の種類が少ないという問題があります。

基本的なMarkdown構文は、電子メールでプレーンテキストを装飾する際の慣習から着想を得ているとされ、見出しや段落、太字やハイパーリンクなど、電子メールでよく利用される要素については十分に表現できます。しかし、すべてのHTML要素に対応した記法が存在するわけではありません。

Markdownは、技術者向けのソフトウェア開発プラットフォーム、ブログサービス、情報共有サイト、電子書籍制作ツールなど、さまざまなサービスで使用できます。

しかし、これらは完全に共通のものではなく、ほとんどがサービスごとに独自に記法が拡張されています。

基本的な記法は共通ですが、Markdown方言と呼ばれるさまざまな亜種が存在し、方言ごとに細かい差異があります。Markdown方言の中では、CommonMark(https://commonmark.org/)が事実上の標準の地位にあるとされます。

Markdownは簡潔であり、スマートフォンのメモアプリでも気軽に書くことができます。また、文書にマークを付けて構造を明らかにする、という基本的な考え方はHTMLと共通です。日々Markdownを利用して文章の構造化を試みることで、HTMLを書く力も向上していくでしょう。

02 HTMLの仕様

THEME テーマ

HTMLはマークアップ言語ですが、その文法や語彙は仕様で決められています。ここでは、仕様とは何かを説明し、HTML仕様がどのようなことを定めているのかを紹介します。

仕様とは

一般に、製品やサービスなどが満たすべき要求事項として定められたものを「仕様(specification)」といいます。

たとえばブラウザーの場合、URL、HTTP、HTMLを理解できることが求められます。ほかにも、セキュリティやアクセシビリティに関するルールなど、さまざまな要求事項があります。

HTMLにも仕様があり、コンテンツ制作者とブラウザーベンダーへの要求事項、守るべきルールを定めています。

コンテンツ制作者のルール

HTML仕様がコンテンツ制作者に要求するルールを、本書では、字句的ルール、語彙的ルール、意味論的ルールの3つに分類しています。

字句的ルール

CHAPTER 1-1のP009で説明したとおり、ウェブでは、プログラムがHTMLを読み取ります。HTMLを読み取って解析することを「パース(parse)」といい、解析するプログラムを「パーサー(parser)」といいます。

パーサーは与えられたデータを1文字ずつ読み、その文字がデータなのか、マークなのか、マークであれば何を意味するのかを解析します。この解析を行うプログラムを「字句解析器(tokenizer)」といいます。

HTMLの仕様は、マークの書き方に関するルールを定めています。このルールに違反すると、パーサーは適切な字句解析ができません。このような字句解析に必要なルールを本書では字句的ルールといいます。01は、字句的ルールに違反する例です。

01 字句的ルールの違反例

```
<h1>これは見出しの<strong>テキストのかたまりです</h1>
<p>これは本文です。このキーワード</strong>はこの文章で重要なものを表します。</p>
```

01では、<strong>のタグによる入れ子の構造が正しいものではないため、strong要素の範囲を適切に解析できません。

字句的ルールには、ほかに以下のようなものがあります。

- DOCTYPEを「先頭に」記述する

MEMO

仕様をまとめて文書にしたものを「仕様書」ということもあります。

MEMO

仕様の要求を実現することを「実装(implementation)」といいます。ブラウザーの場合、アプリケーションのプログラムを実際に書いて、動作させることが実装にあたります。動作させる行為だけでなく、動作するように作られた成果物のことも「実装」といい、「実装が存在する」「仕様と実装が食い違う」などといいます。

MEMO

基本的に、ユーザーエージェントにはHTMLパーサーの機能が含まれています。HTMLの解析処理に特化したものがパーサー、それに加えてURLやHTTPを扱うものがユーザーエージェントです。

WORD

入れ子

マトリョーシカ人形のように構造が再帰的に繰り返されて記述されること。ネストともいう。

- タグをルールに従って記述する
- 開始タグと終了タグは正しい入れ子構造にする
- コメントをルールに従って記述する

字句的ルールが満たされていれば、字句解析器はマークアップを解釈できます。仕様が定める字句的ルールは、CHAPTER 2で詳しく説明します。

語彙的ルール

HTMLの仕様は、利用できる要素の名前や、ある要素に入れ子にできる要素などを制限しています。このような、要素の種類や関係性に関するルールを、本書では語彙的ルールといいます。02は、語彙的ルールに違反する例です。

02 語彙的ルールの違反例

```
<strong><h1>これは見出しのテキストのかたまりです</h1>
<p>これは本文です。このキーワードはこの文章で重要なものを表します。</p></strong>
```

02は、字句的ルールには従っており、字句解析は問題なくできます。しかし、HTMLの仕様には、h1要素やp要素をstrong要素の中に入れられないというルールがあります。そのため、この例は語彙的ルールに反することになります。

語彙的ルールには、ほかに以下のようなものがあります。

- 仕様で定義されている要素名・属性名だけを使う
- 要素を入れ子にする場合、仕様で許可された要素だけを入れる
- 要素には、仕様で許可された内容（コンテンツ）だけを入れる
- その要素と組み合わせ可能な属性だけを使う

語彙的ルールの詳細はCHAPTER 2とCHAPTER 3で説明します。

意味論的ルール

HTML仕様は、字句的ルールと語彙的ルールに加えて、要素の意味や使い方のルールも定めています。本書ではこれを意味論的ルールといいます。03は、意味論的ルールに違反する例です。

03 意味的ルールの違反例

```
<p>これは見出しのテキストのかたまりです</p>
<h1>これは本文です。このキーワードはこの文章で重要なものを表します。</h1>
```

03では、見出しをp要素、本文をh1要素としてマークアップしています。これは字句的ルールも語彙的ルールも満たしますが、要素の使い方を誤っており、意味論的ルールに反しています。

意味論的ルールには次のようなものがあります。

・内容に対して適切な意味を持つ要素を選択する
・意味に矛盾のない順序で要素を出現させる
・要素には、意味が矛盾しない属性を指定する
・属性値が自由記述の場合、意味のある、矛盾しない値を記述する

意味論的ルールについては、CHAPTER 3で説明します。

ユーザーエージェントのルール

HTML仕様は、ユーザーエージェントが守るべきルールも規定しています。

パーサーとDOMツリー

HTML仕様は、パーサーの字句解析ルールを定めています。先にも説明したとおり、パーサーはHTMLを読み取って処理するプログラムです。パーサーは字句解析器によってマークアップを解析します。

解析の結果は「DOMツリー（DOM tree）」と呼ばれるツリー構造（木構造）のデータになります。

たとえば、04のようなマークアップがあるとします。

04 マークアップの例

```
<body>
<h1>見出し</h1>
<p>本文です。<strong>キーワード</strong>です。</p>
</body>
```

04を字句解析してDOMツリーを作ると、05のようなデータになります。このようにパーサーがDOMツリーを構築する処理を、「ツリー構築（tree construction）」といいます。

ツリー構造の個々の構成要素を「ノード（node）」といいます。05ではh1要素のノード、内容として含まれるテキストのノードなどが見られます。

ブラウザーがHTML文書を表示する際は、コンピューターのメモリー上にDOMツリーを構築した後、スタイルを適用して、見た目を決定します。このように、HTMLを解釈して画面に表示する一連の工程を「レンダリング（rendering）」といいます。

05 ツリー構造のイメージ図

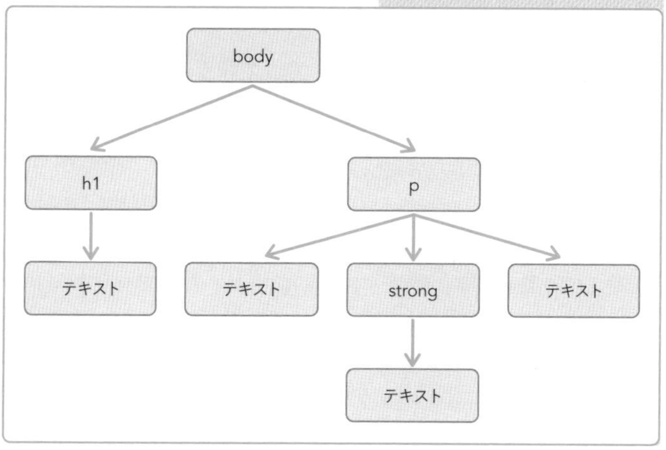

MEMO

DOM仕様について、かつてはW3Cという組織で策定作業が行われていましたが、現在ではHTML Standardと同様に、WHATWGという組織がリードしています。ただし、DOMを拡張する仕様については引き続きW3Cで策定が行われています。
W3CやWHATWGについてはCHAPTER 1-3を参照してください。

支援技術とアクセシビリティツリー

HTMLは、「支援技術(assistive technology)」によって扱われることもあります。支援技術は、主に障害のある人の操作の補助を行うソフトウェアです。支援技術には、コンテンツを音声で読み上げる「スクリーンリーダー（screen reader)」、画面を拡大する「画面拡大ソフト(screen magnifiers)」、音声入力を可能にする「音声認識ソフトウェア(speech recognition)」、マウス操作を他の操作で代替できる「代替ポインティングデバイス(alternative pointing devices)」などがあります。

スクリーンリーダーのような支援技術がウェブコンテンツにアクセスする場合、DOMツリーには入力欄のラベルなど、読み上げに必要な情報が含まれていないことがあります。また、CSSで非表示にされた要素もDOMツリー上には残っているため、DOMツリーをそのまま扱うと不要なものを読み上げてしまうこともあります。

そこでブラウザーは、支援技術に必要となる情報をDOMツリーに付け加えたり、不要な情報を取り除いたりして、その結果をアクセシビリティAPIに公開します。このように、アクセシビリティAPIに向けて公開されるツリー構造のデータを「アクセシビリティツリー（accessibility tree)」といいます。

HTMLから支援技術を通して、支援技術のユーザーに情報が伝わるイメージは06のようになります。

WORD
DOM操作
DOMツリーはレンダリングに使用されるほか、コンテンツ制作者が記述したJavaScriptから利用されることもあります。JavaScriptからは、DOMツリーにノードを挿入したり、ノードを削除したり、ノードの順番を変えたりといった処理ができます。このようなDOMツリーに対する処理を「DOM操作」といいます。

WORD
API
OSが支援技術に対して情報を伝えたり、支援技術からユーザーの操作を受け付けたりするために利用するインターフェイス。APIはApplication Programming Interfaceの略。

06 支援技術のユーザーに情報が伝わるイメージ

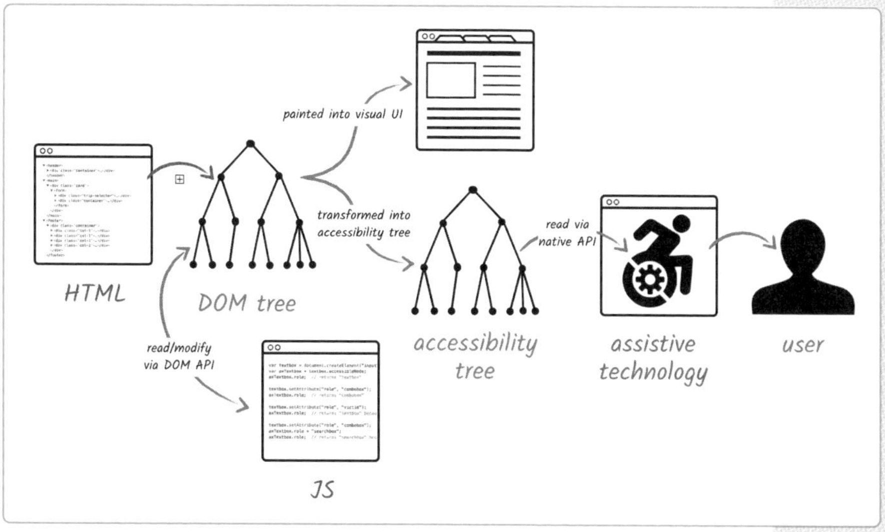

引用：https://wicg.github.io/aom/explainer.html

HTML仕様には、アクセシビリティツリーや、その他アクセシビリティに関連するさまざまなルールが含まれます。アクセシビリティについては、CHAPTER 1-4で詳しく説明します。

03 HTML標準化の歴史

THEME テーマ

CHAPTER 1-1および1-2では、HTML仕様がどういったものかを大まかに説明しました。ここでは歴史を振り返りながら、HTML仕様が何を目指し、どのように発展してきたのかを説明します。

仕様と標準

HTMLの仕様はウェブで公開され、誰でも参照できます。

HTMLに限らず、技術仕様の多くは広く公開されています。その目的の1つは、仕様を広めることです。仕様が普及して、大多数の人に利用されるようになると、それは「標準(standard)」となります。そして、議論を重ねて標準を策定することを「標準化(standardization)」といいます。

仕様の標準化が不十分な場合、ベンダーが各自で仕様を定義することになります。ブラウザーベンダーがそれぞれ独自にHTML仕様を定義すると、特定のブラウザーでしか表示できないHTMLができてしまいます。

仕様が標準化されれば、その仕様に従ったHTMLは、どのブラウザーでも問題なく閲覧できることになります。このように、1つの形式のデータを共通して扱える性質を「相互運用性(interoperability)」といいます。

MEMO
実際、過去にはそのようなことが起こり、対象ブラウザーごとに異なるHTMLを用意しなければならない状況もありました。

標準化団体

仕様が標準化されたといえる1つの目安は、「標準化団体(standardizing organization)」によって正式に承認されることです。ここでは、ウェブやHTML仕様に関連する標準化団体をいくつか紹介します。

国際標準 − ISO/IEC規格

「国際標準化機構(International Organization for Standardization, ISO)」は、世界的にもっとも有名な標準化団体の1つで、ISO規格と呼ばれるさまざまな分野の国際規格を策定しています。

電気通信分野においては、「国際電気標準会議(International Electrotechnical Commission, IEC)」が有名です。情報分野についてはISOと共同で標準化を行っており、その共同規格は「ISO/IEC」といいます。

ISO規格の規格番号は「ISO」で始まり、番号と発行年が続きます。規格が複数のパートにわかれる場合は、番号に枝番を付けます。また、IECとの共同規格の場合は「ISO」の部分が「ISO/IEC」となります。

規格は更新されると、発行年の部分が更新されます。発行年が重要でない場合は、単純に発行年を省略することもあります。

ウェブに関連する規格としては、コンピューターで扱う文字に関する規格(ISO/IEC 10646ほか)、日付の表記(ISO 8601)などがあります。HTMLのもとになった汎用マークアップ言語SGMLもISO規格になっています(ISO 8879)。

MEMO
具体的な例を挙げると、ISOでは「ISO 8601-1:2019」、IECとの共同規格では「ISO/IEC10646:2017」のようになります。

WORD
SGML
Standard Generalized Markup Languageの略。
汎用のマークアップ言語で、主にマニュアルのような文書を電子化するために策定されたが、さまざまな性質の文書に対応できるように、マークアップのルールそのものをカスタマイズできる。

日本の標準 - 日本産業規格（JIS）

日本においては、「日本産業規格（Japanese Industrial Standards, JIS）」という国家規格があります。一般的には、「JIS規格」と呼ばれます。これは産業標準化法に基づいて日本産業標準調査会（JISC）が審議し、大臣が制定するものです。

JIS規格の規格番号はISO規格のものと似ていますが、番号の前に部門を表す部門記号が入ります。情報処理分野はXで、たとえば「JIS X 8341-3:2016」のようになります。

JIS規格の多くは対応する国際規格と内容が一致するものです。ISO規格に対応するJIS規格があれば、日本語訳をJIS規格として読むことができます。

インターネット技術の標準 -IETFとRFC

IETF（Internet Engineering Task Force）は、インターネット技術の標準化を行うための組織です。

IETFが発行する規格文書は「RFC（Request For Comments）」といいます。その多くは技術規格の標準化を目指すものですが、中には単なる参考情報や、エイプリルフールのジョークなどもあります。

RFCの番号は、「RFC+数字」の形式で、発行年は付きません。また、一度発行されると内容は変わらず、内容を更新する場合は新たに別のRFCを発行するのが大きな特徴です。たとえば、1998年に発行されたRFC 2396は2005年に更新され、RFC 3986となりました。

RFCのステータス

RFCは通常、Internet-Draftといわれるドラフト文書を経てRFCとなります。RFCの標準化過程には以下の3種類があります。

- Internet-Draft（I-D）：まだRFCになっておらず、番号が付与されていない草案の文書。中にはRFCになることを意図しないものもある
- Proposed Standard（PS）：番号が付与され、標準化過程（Standards Track）にあるもの。標準になる前の段階だが、コミュニティによる議論とレビューを経て安定したもので、インターネットで使用してもよい
- Internet Standard（STD）：標準化過程の最終段階。相互運用可能な実装が複数存在し、有益と認められたインターネット標準

標準化過程とは別の分類もあります。よく登場するのはBCP（Best Current Practice）で、「現時点の最良の方法」といえる技術仕様に永続的な番号を与えたものです。参照するRFCが更新されてもBCPの番号は変わらず、新しいRFCを参照します。たとえば、IETF言語タグを定義するBCP 47は、当初はRFC 1766を指しましたが、2021年時点ではRFC 5646とRFC 4647を指しています。

MEMO

「日本産業規格」は以前、日本工業規格と呼ばれていましたが、2019年7月に工業標準化法が産業標準化法に改正され、規格の名称も日本産業規格に変わりました。

MEMO

Xの部門記号は1987年に追加されたもので、それ以前は電子機器と電気機械の部門であるCに分類されていました。たとえばJIS X 0201は、以前はJIS C 6220という規格番号でした。

MEMO

このほか、標準化過程にないRFCの分類には、情報提供（Info）、歴史的（Hist）、実験的（Exp）などがあります。RFCになったHTMLの仕様にはRFC 1886やRFC 2070などがありますが、これらは役割を終えており、Histに分類されています。

MEMO

RFCの更新や破棄の情報は、RFC indexという文書で別途提供されています。IETF Datatrackerで提供されているHTML形式のRFCでは、更新情報を含むヘッダーが冒頭に追加されています。

RFC index
https://www.rfc-editor.org/rfc-index.html

IETF Datatracker
https://datatracker.ietf.org/

COLUMN

RFCのなりたち

RFCは、Request For Commentsの略です。技術標準を示す文書が「意見を求む」という名前なのはなぜでしょうか。

インターネットの前身であるAPRAネット(Advanced Research Projects Agency Network)は、「米国国防総省国防高等研究計画局(DARPA, Defense Advanced Research Project Agency)」によって開発されました。当時は東西冷戦真っ只中であり、国防の観点からも、技術仕様を公式に公開することは難しかったのです。

そこで、ARPAネットの関係者はDARPAと交渉し、非公式に意見を募集するという体裁で公開の了承を取り付けました。こうして、国防総省から資金を得ながらも、オープンな形で議論を行うことができるようになったのです。

ウェブ技術の標準-W3Cと勧告

バーナーズ＝リーがディレクターとなり、ウェブ技術に関する標準化を推進する団体として1994年に発足したのが「W3C (World Wide Web Consortium)」です。

W3Cが発行する標準は「勧告(recommendation)」と呼ばれます。ウェブ関連の仕様の多くがW3Cによるものであり、HTML以外にもXML、CSS、SVG、PNGなど、ウェブで利用するデータ形式を数多く規定しています。また、ウェブアクセシビリティに関するガイドラインであるWCAGもW3Cが作成しています。

MEMO

WCAGの詳細はCHAPTER 1-4を参照してください。

W3C勧告の標準化過程

W3Cの勧告は、「ワーキンググループ(Working Group)」で議論して作成されます。W3C勧告の標準化過程は「W3Cプロセス文書(W3C Process Document)」で規定されており、「W3C勧告トラック(W3C Recommendation Track)」と呼ばれます。2021年現在、W3C勧告トラックには大きく4つの段階があります。

MEMO

W3C Process Document
https://www.w3.org/Consortium/Process/

- Working Draft (WD)：作業草案と訳されるが、そのままワーキングドラフトと呼ぶことが多い。仕様の設計段階であり、ワーキンググループでの議論によっては、大きく内容が変更されることがある
- Candidate Recommendation (CR)：勧告候補。WDが数回の改訂を経て、比較的安定してきた段階。この段階で、実装の呼びかけと仕様のテストが行われる。CRを終了するには、2つの独立した実装が必要となる
- Proposed Recommendation (PR)：勧告案。CRが終了し、諮問委員会による最終レビュー段階。レビューで問題がなければ勧告となる。問題があった場合はCRやWDに戻される
- Recommendation (REC)：勧告。仕様の最終段階で、ディレクターに承認された、安定した仕様

W3Cの仕様にはほかにもステータスが存在します。

- Superseded Recommendation (SPSD)：後続となる別の勧告文書が存

在することを示すステータス。事実上の廃止を意味する
- Group Note（NOTE）：有益な参考情報、勧告を説明する付属文書など
- Editor's Draft（ED）：編集者草案と訳されるが、そのままエディターズドラフトと呼ぶことが多い。WDやNOTEと異なり、ワーキンググループの合意を得たものではない。編集者によって適宜更新される文書

Editor's Draftは、かつては限られた人しか見ることができませんでしたが、後述の「Living Standard」の影響を受け、今日では多くのワーキンググループで公開されています。

現在のHTMLの標準-WHATWGとLiving Standard

WHATWG (Web Hypertext Application Technology Working Group)は、現在のHTML仕様を策定している団体です。当初はHTMLの仕様を策定することを目的に、ブラウザーベンダー主導の仕様策定コミュニティとして2004年に発足しました。後にDOMやFetch、URLといったHTMLの周辺仕様の策定も手がけるようになりました。

IETFやW3Cと異なり、WHATWGの発行する仕様は、作業草案や勧告といった標準化過程のステータスを持ちません。仕様は単に「Standard」といい、常に「Living Standard」というステータスになっています。仕様は、内容が確定することなく継続的に更新されます。

ウェブに関連するものとしては、最新のHTML仕様がWHATWGのものとなっています。そのほか、URLやDOMの仕様などを発行しています。

HTML仕様の歴史

ここまで、ウェブ仕様に携わるさまざまな標準化団体を紹介してきました。HTML仕様は紆余曲折を経て、さまざまな団体によって発行されています。ここでは、HTMLの誕生から現在までの歴史を追いながら、HTML仕様がどのように発展してきたのかを見ていきます。

HTML 1.0-Internet-Draft文書

ウェブが初めてインターネット上で公開されたのは1991年のことです。バーナーズ＝リーによって、ウェブを構成するURL、HTTP、そしてHTMLの仕組みが作られました。HTMLのルールは「SGML（Standard Generalized Markup Language）」という汎用マークアップ言語を参考にしていましたが、この時点では「文書型定義(Document Type Definition, DTD)」が存在しませんでした。文書型定義は、SGML文書の字句的ルールを定義するもので、これがないとSGMLパーサーは字句解析ができません。そのため、初期のHTMLは、SGMLとしては扱えないものでした。

その後、メーリングリストなどでの議論を経て、HTML 1.0のInternet-Draftが1993年にまとまります。この時点でDTDが整備され、リンク、見出し、リスト、画像の埋め込みといった、現在のHTMLでも用いられる基本的な要素が揃いました。

MEMO
NOTEは、以前のW3Cプロセス文書ではWorking Group Noteとされ、勧告化を断念した場合もこのステータスで示されていました。2021年のプロセス文書では、勧告化を断念した仕様に対してDiscontinued Draftというステータスが新設されました。

WORD
Fetch
URLで示されるリソースを取得すること。
WHATWGのFetch仕様では、ブラウザーがリソースを取得する際の処理方法などが定められている

MEMO
WHATWGの仕様はGitHubで管理されているため、コミット履歴を追うことで過去の変更点を調べることが可能です。
https://github.com/whatwg

MEMO
Internet-Draft「Hypertext Markup Language (HTML)」
https://www.w3.org/MarkUp/draft-ietf-iiir-html-01.txt

HTML 2.0-RFC 1866

その後、HTML仕様はIETFで議論され、1995年にRFC 1886として**HTML 2.0**の仕様が発行されます。form要素なども加わり、現在使われているHTMLの姿に近くなりました。ただし、この仕様は、厳密にいえば日本語の文字が使えないものでした。仕様上で日本語が使えると規定されたHTMLは、国際化が検討された1997年のRFC 2070を待たなければなりませんでした。

●HTML 2.0のその後

HTML 2.0には、文書の見た目の装飾(文字の色など)を行う機能がありませんでした。その一方で、コンテンツ制作者は、ウェブコンテンツの見た目を変えたいと考えました。

そこで、当時のブラウザーベンダーは、独自の要素や属性を追加しました。そして、文字の色や大きさを変更するfont要素、配置を設定するalign属性、文字を点滅させるblink要素などが実装されました。

この動きに複数のブラウザーベンダーが追随しますが、ブラウザーによって対応状況が異なり、挙動が異なることも頻繁にありました。特定のブラウザーでなければ閲覧できないサイトも珍しくありませんでした。

このような状況の中、IETFのワーキンググループではHTML 3.0の標準化作業が行われます。さまざまな新要素を意欲的に追加しようとしましたが、過去のHTMLと互換性がないという問題もあり、結局、この仕様はまとまりませんでした。

HTML 3.2-W3C勧告となった最初のHTML

その後、HTMLの仕様策定の議論の場は、IETFからW3Cへと移ります。HTML 3.0とは大きく方針が変わり、過去のHTMLとの互換性や、ブラウザーの実装を尊重する形で仕様がまとめられました。この仕様は**HTML 3.2**として、1997年1月にW3C勧告となりました。

HTML 3.2では、RFC 1942のtable要素が取り込まれたほか、font要素やalign属性など、文書の見た目を制御する機能が取り込まれました。

HTML4-W3C勧告として安定した仕様

その後、1997年12月にW3Cの勧告となったのが**HTML 4.0**です。

HTML4ではstyle要素やscript要素があらためて定義され、正式にスタイルシートやJavaScriptが使えるようになりました。見た目はスタイルシートで制御することが推奨され、見た目を制御する要素や属性は「非推奨(deprecated)」とされました。

HTML4では、要素の定義自体を大きく「Strict」と「Transitional」の2つにわけ、前者を非推奨の機能が使えない厳密な枠組みとしつつ、後者では非推奨の機能が使える緩やかな枠組みとし、互換性に配慮しました。

そして、この仕様で大きく取り上げられたのが「**アクセシビリティ(accessibility)**」です。フォーム部品にラベルをつけるためのlabel要素が定義され、代替テキストを表すimg要素のalt属性が必須となりました。また、「**WCAG (Web Content Accessibility Guidelines)**」が参照され、

MEMO
RFC 1886「Hypertext Markup Language-2.0」
https://datatracker.ietf.org/doc/html/rfc1866

MEMO
RFC 2070「Internationalization of the Hypertext Markup Language」
https://datatracker.ietf.org/doc/html/rfc2070

MEMO
たとえば、あるブラウザーはblink要素による点滅に対応していましたが、他のブラウザーは対応せず、その代わりにmarquee要素で文字を動かせるといった状況がありました。

MEMO
HTML 3.2 Reference Specification
https://www.w3.org/TR/2018/SPSD-html32-20180315/

MEMO
ほぼ同時期に完成したRFC 2070の国際化の機能は、HTML 3.2には取り込まれませんでした。そのためHTML 3.2も、HTML 2.0と同様に、正式には日本語の文字が扱えない仕様となっています。
1996年12月には、「スタイルシート(style sheet)」の仕様であるCSS1もW3C勧告となっていますが、同様に正式には取り込まれていません。style要素の定義はありましたが、予約されているだけでした。

MEMO
HTML 4.0 Specification
https://www.w3.org/TR/REC-html40-971218/

アクセシビリティ上の注意点にも言及するようになりました。アクセシビリティについてはCHAPTER 1-4で詳しく説明します。

その後、1999年に、マイナーな改訂版であるHTML 4.01が勧告となりました。これをもって、HTMLは成熟したSGMLアプリケーションとして確立され、安定期を迎えました。

XHTML 1.0とXHTML 1.1

HTML 4.0の勧告のあと、1998年には「XML (Extensible Markup Language)」の仕様が勧告となります。XMLは、SGMLからいくつかの機能を削除し、同時にマークアップのルールを厳密にすることで、プログラムから扱いやすくした汎用マークアップ言語です。

先に触れたように、SGML文書には文書型定義が必要でしたが、XMLではこれを簡素化して、仕様の規定として字句的ルールを制限しました。たとえば、要素の終了タグは常に省略できないと決められているため、文書型定義の影響を受けません。これにより、文書型定義なしで字句解析ができるようになりました。

XML 1.0の仕様が勧告になると、XMLブームともいえる状況が沸き起こり、さまざまなプログラムがXMLを扱うようになりました。その中で、HTMLもXMLで再構築しようという流れが出てきます。

こうして、XMLの仕様に基づいたHTMLの仕様として、XHTML 1.0が2000年に勧告となりました。新たな要素は追加されておらず、HTML4をそのままXHTMLにしたものです。

その後、XMLの持つ拡張性という側面を生かし、XHTMLをモジュール化しようという試みがありました。こうして、2001年にXHTML 1.1が勧告となります。要素は基本的にHTML4と変わりませんが、rubyモジュールが追加され、文字にルビを振ることが可能になりました。

現在のHTML

HTML4の仕様は、文書をマークアップするのに十分な機能を持っていました。HTML4の仕様が勧告されて以降、XHTMLの試みがあり、ルビの機能が追加されたものの、HTMLの仕様そのものには大きな動きがありませんでした。

しかしこの間に、ウェブコンテンツの側には大きな潮流の変化がありました。ユーザーが単に文書を表示して読むだけでなく、ユーザーの操作に対してウェブコンテンツが動的に変化するようになっていったのです。

Web Applications 1.0

ウェブアプリケーションと呼ばれるものは以前からありました。ただしその当時は、静的HTMLのフォームからデータを送信して、サーバー側で処理することが一般的でした。

その後、ブラウザーの表現力の向上にともない、動的に変化するコンテンツや、複雑なユーザーインターフェイスを実現できるようになりました。

MEMO

「Strict」と「Transitional」のほかに、フレーム分割された文書を定義するための「frameset」という定義も存在しました。

MEMO

HTML 4.01 Specification
https://www.w3.org/TR/html401/

MEMO

Extensible Markup Language (XML) 1.0 (Fifth Edition)
https://www.w3.org/TR/xml/

MEMO

XMLでも文書型定義を用意することは可能で、これによって語彙的ルールを定義できます。文書型定義がない場合、語彙的ルールは考慮されません。

MEMO

XHTML 1.0 The Extensible HyperText Markup Language (Second Edition)
https://www.w3.org/TR/xhtml1/

MEMO

XHTML 1.1 - Module-based XHTML - Second Edition
https://www.w3.org/TR/xhtml11/

MEMO

Ruby Annotation
https://www.w3.org/TR/ruby/

MEMO

XHTML 2を策定する試みもありましたが、仕様はまとまらず、2009年には仕様策定の打ち切りが決まりました。

これらは、従来よりも豊かな表現であるという意味で、「リッチインターネットアプリケーション(Rich Internet Application)」と呼ばれました。

リッチインターネットアプリケーションを表現するには、HTML4の仕様の持つ機能では不十分であり、FlashやActiveXといった技術が積極的に用いられました。

その一方で、ブラウザーベンダーからは、HTMLの表現力を強化する必要があり、HTMLを再開発すべきという提案がなされました。しかし、この提案はW3Cでの投票により却下されてしまいます。

このような経緯から、2004年にMozilla、Apple、Operaという3つのブラウザーベンダーが中心となって、WHATWGコミュニティが発足しました。同年、Web Applications 1.0という名前のHTML仕様が発行されます。このHTML仕様は、HTML 4の次のHTMLという意味で、俗に「HTML 5」と呼ばれることになります。

MEMO

単にリッチアプリケーションと呼ぶこともあります。

MEMO

FlashもActiveXも現在ではサポートが終了した技術です。

MEMO

Web Applications 1.0は何度かの名称変更を経て、今日のHTMLという名称になっています。HTML5という名称だったこともありました。

● SGMLからの脱却

これまでのHTML仕様は、SGMLの規格を満たすものとして整備され、字句解析に必要となるDTDが用意されていました。

しかし、実際に書かれたHTML文書は、必ずしもSGMLのルールに沿っていませんでした。ルールに沿わないHTMLを扱うために、ブラウザーは、仕様と異なる独自の字句解析ルールを発展させていったのです。

Web Applications 1.0は、この不整合を大胆に解決しました。SGMLの字句解析ルールに従うことをやめて、ブラウザーが実際に備えているルールを取り込んだ、独自のルールを定義したのです。

このルールに従った記述を「HTML構文(HTML syntax)」といいます。現在のHTML文書のほとんどは、このHTML構文で書かれています。

その一方で、XMLの字句的ルールに沿って記述することも選択できるようにしました。これを「XML構文(XML syntax)」といいます。XML構文では、字句的ルールは完全にXMLの仕様に従い、HTML仕様は語彙的ルールだけを提供します。XML構文はXMLと完全な互換性があるため、XMLプロセッサーで処理できるというメリットがあります。

W3C HTML 5

当初、W3CはこのHTMLの策定に興味を示しませんでしたが、2006年にバーナーズ=リーが自身のブログで、HTMLの策定作業をW3Cで行う意志があることを発表しました。その翌年、WHATWGと共同でW3CでのHTML 5の策定作業が始まります。

しかし2012年に、仕様を堅牢なものにして勧告を発行したいW3Cと、期限を区切らず仕様を更新し続けたいWHATWGという両者の仕様に対する策定方針の違いが浮き彫りになり、別々の道を歩むことになります。

その後の2014年、W3Cは正式に「HTML 5（以下、HTML 5.0)」と銘打ったHTML仕様を勧告として発行しました。実にHTML4から15年の時を経ての大改訂となりました。

MEMO

HTML 5
https://www.w3.org/TR/2018/SPSD-html5-20180327/

仕様の並立と迷走

その間にも、WHATWGによるHTML仕様の更新は順調に続けられ、活発に更新されていきました。W3Cは、WHATWGの仕様との差分を取り込んで、HTML 5の仕様を改定しようとします。

しかし、WHATWGの仕様が随時更新されるのに対して、W3Cの仕様はステータスを安定させる必要があるために、その調整に多大な労力を費やすことになりました。

2016年11月にHTML 5.1が、2017年12月にHTML 5.2がW3C勧告になりましたが、WHATWGのHTML仕様との食い違いがあったり、文書内部で記述内容の矛盾が見られるといった問題が散見されました。

こうして、HTMLという1つの技術に対し、2つの異なるHTML仕様が並立することになりました。ブラウザーベンダーはW3CのHTML仕様を無視してWHATWGのHTML仕様を更新し続け、コンテンツ制作者はどちらの仕様を参照すればよいか混乱するという、誰にとっても望ましくない状況に陥りました。

仕様の一本化

このような分裂状態の中、W3CとWHATWGは、HTML仕様を一本化できないか水面下で模索し始めます。W3Cは、2018年10月に発行したレポートの中で、2つのHTML仕様が並立する状態がharmful（有害）であることを公式に言及しました。

そして2019年5月に、W3CとWHATWGの間に覚書が取り交わされました。この覚書では、両者のHTML仕様について以下のような取り決めがなされました。

- W3CによるHTML 5.3の策定作業を中止する
- WHATWG HTMLのReview Draftに対して、W3Cの仕様のステータスを付与する
- Review DraftがW3C勧告のステータスに到達した時、HTML 5.1とHTML 5.2を廃止する
- https://www.w3.org/TR/html/ をWHATWG HTMLにリダイレクトする

これにより、WHATWGのもとでHTML仕様が再び一本化されることになりました。そして、2021年1月に発行されたReview DraftはW3C Recommendationに認定され、HTML 5.1とHTML 5.2はHTML 5.0と同様に廃止されました。W3Cが勧告したすべてのHTMLは廃止され、WHATWG HTMLが名実ともに唯一のHTML仕様となったのです。

MEMO

HTML 5.1
https://www.w3.org/TR/2021/SPSD-html51-20210128/

HTML 5.2
https://www.w3.org/TR/2021/SPSD-html52-20210128/

MEMO

W3C Strategic Highlights - October 2018
https://www.w3.org/2018/10/w3c-highlights/

MEMO

HTML仕様の一本化の模索の中で、W3Cが発行したHTML5とそれ以前の仕様は、2018年3月にSuperseded Recommendationに変更、廃止されました。

MEMO

Memorandum of Understanding Between W3C and WHATWG
https://www.w3.org/2019/04/WHATWG-W3C-MOU.html

MEMO

HTML Review Draft January 2020
https://html.spec.whatwg.org/review-drafts/2020-01/

04 ウェブアクセシビリティの基礎

THEME テーマ

HTML4の仕様で大きくクローズアップされた概念がアクセシビリティであり、これは現在のHTMLにも受け継がれています。ここでは、ウェブアクセシビリティの基礎について説明します。

アクセシビリティとは

「アクセシビリティ（accessibility）」とは、アクセス可能な度合い、アクセスのしやすさを指す言葉です。より多くの人がアクセスできる状態を「アクセシブル(accessible)」であるといいます。たとえば、「車椅子のユーザーにとって、階段はアクセシブルではない」となります。

ウェブにおいては、障害の有無などにかかわらず誰もが利用できることを指します。これはウェブの大きな理念の1つです。2012年のロンドンオリンピックの開会式にはバーナーズ＝リーが登場し、「This is For Everyone」というメッセージを掲げました。またバーナーズ＝リーは、以下のような言葉も述べています。

> The power of the Web is in its universality. Access by everyone regardless of disability is an essential aspect.
> **ウェブの力はその普遍性にあります。障害の有無にかかわらず誰もがアクセスできるというのがウェブの本質的な側面なのです。**

これはアクセシビリティの理念そのものであり、ウェブは常にアクセシビリティの理念とともにあるといえます。

さまざまな支援技術

ウェブがアクセシブルである理由の1つに、ユーザーエージェントの存在があります。ユーザーエージェントの設定を変更すると、表示される文字の大きさや色合いなどが簡単に変更できます。障害のあるユーザーでも、自分にあった受け取り方にできるのです。

ユーザーエージェントの設定だけで対応できない場合、支援技術を利用できます。支援技術についてはCHAPTER 1-2でも簡単に触れましたが、ここでもあらためていくつか紹介します。

なお、支援技術はユーザーの状態にあわせてカスタマイズされることも多く、ときには専用のハードウェアが作られることもあります。ソフトウェアだけでなく、カスタマイズされたハードウェアの数だけ支援技術があると考えてよいでしょう。

画面拡大ソフト

「画面拡大ソフト（screen magnifier）」は、画面や文字を拡大して表示するソフトウェアで、「拡大ツール」と呼ばれることもあります 01 。主にロービジョンのユーザーが利用しますが、そうでないユーザーにも利用されます。特に、スマートフォンやタブレットではピンチ操作で簡単に画面を拡大できることが多く、多数のユーザーが日常的に利用しています。

01 画面拡大ソフトの例

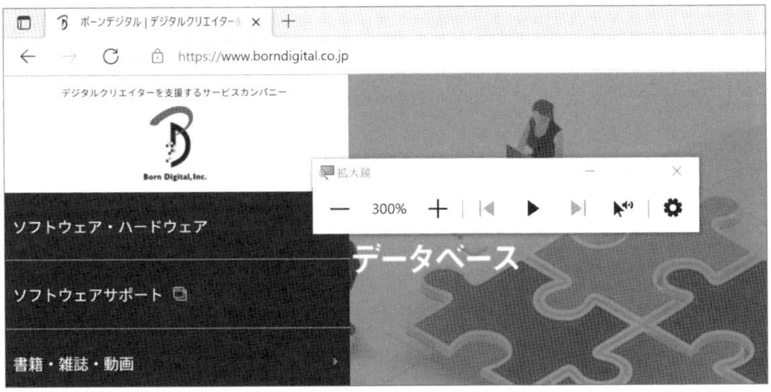

近年では、ほとんどのOSやブラウザーが拡大機能を標準で持っていますが、ロービジョンのユーザーには拡大率が不足する場合もあります。その場合、さらに拡大するために専用のソフトウェアを導入することがあります。

画面拡大ソフトの多くは、色を変更する機能も備えています。ロービジョンのユーザーには白背景に黒文字の画面が見づらいと感じる人も多く、この機能で画面を白黒反転して利用することがあります。

スクリーンリーダー

「スクリーンリーダー（screen reader）」は、画面上のテキストを音声で読み上げるソフトウェアで、主に視覚障害のあるユーザーが利用します。音声だけでなく、点字ディスプレイへの出力ができるものもあります。

PCのソフトウェアとしては、PC-Talker、JAWS、NVDAなどがよく利用されます。また、スマートフォンではiOSのVoiceOver、AndroidのTalkBackが利用できます。

スクリーンリーダーはブラウザーに限らず、OSやアプリケーションの画面全般を音声で読み上げます。ウェブを利用する場合は一般的なブラウザーと組み合わせて使用し、ブラウザーが表示したコンテンツを読み上げます。

スクリーンリーダーには、ユーザーの操作を補助する機能もあります。たとえば、見出しやリスト、リンクに飛ぶといったナビゲーション操作が可能です。

WORD

ロービジョン

弱視とも呼ばれ、見えにくさにより、生活に不自由を感じている状態をいう。WHOでは眼鏡などを用いても視力が0.05以上、0.3未満と定義される。

MEMO

日本におけるスクリーンリーダーの利用率は、JBICTによる2021年の調査が参考になります。
https://jbict.net/survey/at-survey-01

代替ポインティングデバイス

「代替ポインティングデバイス(alternative pointing devices)」は、マウスポインターの操作を他の操作で代替するもので、主に肢体不自由のユーザーが利用します。ポインターの移動、クリック、ドラッグといった操作ができ、ポインターを精密に動かす機能を持つこともあります。

キーボードを利用してマウスを動かすものは「マウスキー」とも呼ばれます。多くのOSはマウスキーの機能を持ち、キーボードのテンキーや、その他の任意のキーでマウスポインターを操作できます。

スティックや視線入力などの専用ハードウェアもあります。また、単一のボタンだけで操作する方法もあります。たとえばiOSには「スイッチコントロール」という機能があり、これを利用すると、すべての操作を単一のタップ操作だけで行えるようになります。

> **MEMO**
> 代替ポインティングデバイスは、代替マウスと呼ばれることもあります。

アクセシビリティの問題が起きるケース

HTMLは本質的にアクセシブルなものです。それは、ユーザーエージェントがコンテンツを読み取り、個々のユーザーにとって使いやすい形にカスタマイズできるからです。しかし、HTMLの書き方によっては、ユーザーエージェントがコンテンツを適切に処理できず、アクセシビリティの問題が起きることがあります。

テキスト情報が不足しているケース

スクリーンリーダーでは、画像の内容を音声で読み上げることは困難です。画像認識技術で解析する方法もありますが、現状ではまだ精度が高いとはいえません。つまり、画像はマシンリーダブルではないのです。

そこでHTML仕様では、画像に対して「代替テキスト(alternative text)」と呼ばれるテキスト情報を与える仕組みを用意しています。代替テキストはマシンリーダブルであり、スクリーンリーダーは画像の代わりに代替テキストを読み上げることができます。

逆に、代替テキストが用意されていなければ、スクリーンリーダーは画像の内容を適切に伝えることができなくなってしまいます。

> **MEMO**
> たとえば、Facebookには自動代替テキストの機能があります。
> https://ja-jp.facebook.com/help/216219865403298

HTMLの要素を本来と異なる意味で使用するケース

HTMLの要素を本来と異なる意味で用いると、ユーザーには不適切な意味が伝わり混乱します。以下はそのような例です。

- 文字を大きくするために見出しの要素を使う
- 単なる字下げのために引用の要素を使う
- レイアウトを調整するために表の要素を使う

この場合、支援技術は、これらの要素が見た目のために利用されていると判断できず、それぞれを見出し、引用、表として扱ってしまいます。

特定の環境で操作が困難になるケース

HTMLのマークアップが適切で、ユーザーエージェントに理解できても、現実的な理由からアクセスが難しくなる場合があります。

たとえば、本文の前に大量のテキストがあると、スクリーンリーダーのユーザーは本文を読み始めるまで時間がかかります。同様に、本文の前に大量のリンクがあると、キーボード操作を行うユーザーは、Tabキーを何度も押さなければ本文内のリンクにたどり着けません。

別の例として、画面の激しい点滅があります。人によっては、激しい点滅を見ると気分が悪くなり、操作を継続できなくなることがあります。このようなケースもアクセシビリティの問題といえます。

アクセシビリティガイドライン

ウェブは本来アクセシブルなものですが、コンテンツの作り方によってアクセシビリティの問題が起きることがあります。そこで、HTML仕様とは別に、アクセシビリティガイドラインが標準化されています。

WCAG 1.0

1997年、W3Cの内部組織として、ウェブアクセシビリティを推進する「Web Accessibility Initiative（WAI）」が発足しました。

WAIは、ウェブコンテンツで起きるアクセシビリティの問題をまとめ、その問題に対応するためのガイドラインを「Web Content Accessibility Guidelines（WCAG）」として発行しています。1999年、最初のバージョンであるWCAG 1.0がW3C勧告となりました。

WCAG 2.0

2008年に勧告として発行されたWCAG 2.0は、現在広く普及しているメジャーバージョンです。4つの原則に分類された12のガイドラインの下に、実際に守るべき要件にあたる「達成基準（success criterion）」が列挙されています。

それぞれの達成基準には3つの適合レベルが設定されており、レベルが低い順にレベルA、レベルAA、レベルAAAとなっています。

WCAG 2.0は、FlashやPDFなどといったHTML以外の技術にも適用できるように、特定の技術に依存しない記述になっています。同時に記述が抽象的になったため、詳しい説明や具体例は別のサポート文書として整備することになりました。そのサポート文書が、Understanding WCAG 2.0とTechniques for WCAG 2.0です。

Understanding WCAG 2.0

Understanding WCAG 2.0は、達成基準の意図や背景について解説しています。また、達成基準を満たすための考え方についても説明されており、文字通りWCAG 2.0を理解するための鍵となる文書です。

MEMO

WAIは「ワイ」や「ウェイ」などと発音します。英語圏でも発音は一定ではないようです。
https://www.w3.org/WAI/

MEMO

WCAG 1.0は、2021年にSuperseded Recommendationのステータスになっており、現在では廃止された扱いになっています。

MEMO

WCAG 2 Overview
https://www.w3.org/WAI/standards-guidelines/wcag/

MEMO

WCAG 2.0の4つの原則は以下のとおりです。

1. 知覚可能（Perceivable）
2. 操作可能（Operable）
3. 理解可能（Understandable）
4. 堅牢（robust）

MEMO

レベルAは最低限のアクセシビリティを確保するために必須のもの、レベルAAは一般的なアクセシビリティの確保に有用なもの、レベルAAAはさらにレベルが高い発展的なものと捉えられています。

MEMO

Understanding WCAG 2.0
https://www.w3.org/TR/UNDERSTANDING-WCAG20/

Techniques for WCAG 2.0

Techniques for WCAG 2.0は、達成基準を満たす具体的な方法を紹介しています。HTMLのコード例も示され、実際の実装時の参考として利用できます。ただし、これはあくまで参考情報であり、必ずこの方法を採用しなければならないものではありません。

Techniques for WCAG 2.0のコード例には、古いものも含まれます。現在のHTML仕様では廃止された要素が使われているものや、現在ではより適切な手段が存在するものもあります。

> MEMO
> Techniques for WCAG 2.0
> https://www.w3.org/TR/WCAG20-TECHS/

WCAG 2.0とJIS X 8341-3:2016

日本では、ウェブアクセシビリティの規格としてJIS X 8341-3が存在します。2016年に改定・発行されたJIS X 8341-3:2016は、WCAG 2.0と技術的に同等な内容です。

日本の公共サイトでは「JIS X 8341-3:2016のレベルAAに準拠」のような表記がよく見られますが、これは、WCAG 2.0のレベルAAの達成基準をすべて満たすのと同じ意味です。

> MEMO
> JIS X 8341-3の普及を目的とする「ウェブアクセシビリティ基盤委員会(Web Accessibility Infrastructure Committee、WAIC)」は、WCAG 2.0と関連文書の日本語訳を公開しています。
>
> ウェブアクセシビリティ基盤委員会
> https://waic.jp/
>
> WCAG 2.0（日本語訳）
> https://waic.jp/docs/WCAG20/Overview.html
>
> WCAG 2.0 解説書
> https://waic.jp/docs/UNDERSTANDING-WCAG20/Overview.html
>
> WCAG 2.0 達成方法集
> https://waic.jp/docs/WCAG-TECHS/Overview.html

WCAG 2.1

WCAG 2.0は広く受け入れられましたが、時間が経つにつれて問題点も浮き彫りになってきました。急速に普及したモバイルデバイスとタッチデバイスへの対応が十分でない点、認知障害や学習障害、ロービジョンのユーザーへの対応が不十分だった点です。

2018年、前述の問題に対処するマイナーアップデート版となるWCAG 2.1が勧告となりました。WCAG 2.0から1つのガイドラインと17の達成基準が追加されていますが、削除された達成基準はありません。そのため、WCAG 2.1の基準を満たすコンテンツを制作すれば、WCAG 2.0の基準も満たすことができます。

> MEMO
> WCAG 2.1
> https://www.w3.org/TR/WCAG21/

本書における達成基準の表記

本書でWCAGの達成基準に言及する際は、WCAG 2.1のものを参照しています。わかりやすさのために、達成基準の名称は原文ではなく、ウェブアクセシビリティ基盤委員会の日本語訳を使用しています。

> MEMO
> 2021年現在、WCAG 2.1はISO規格やJIS規格にはなっていませんが、ウェブアクセシビリティ基盤委員会は参考情報としてWCAG 2.1の日本語訳を公開しています。
>
> WCAG 2.1（日本語訳）
> https://waic.jp/docs/WCAG21/

WCAGの今後

WCAGの次のマイナーアップデートとなるWCAG 2.2の策定作業も進んでおり、2021年現在、Working Draftになっています。この作業と並行して、メジャーアップデートであるW3C Accessibility Guidelines (WCAG) 3.0の策定も進められています。

WCAG 2.0は抽象的で、文章も難解だという批判があります。WCAG 3.0ではこれを受け、平易な内容の記述を目指しています。これが勧告となるまでにはまだ時間がかかると考えられますが、将来的にはWCAG 3.0が段階的に普及し、主流になっていくと筆者は予想しています。

WAI-ARIA

WAIが発行している文書は、WCAGだけではありません。ウェブアクセシビリティを考慮する上でもう1つの重要なものとして、WAI-ARIAが挙げられます。ARIAは、Accessible Rich Internet Applicationsの略称です。

CHAPTER 1-3でも触れたように、ウェブアプリケーションはリッチインターネットアプリケーションへと進化し、動的に変化するユーザーインターフェイスを実現するようになってきました。

これにより、アクセシビリティ上の問題も増えてきました。独自に作られたインターフェイスが支援技術に十分な情報を提供できなかったり、動的なインタラクションがユーザーに伝わらない場合などが多く見られるようになったのです。

WAI-ARIAは、この問題を解決する技術仕様で、HTMLの要素に対し、支援技術に伝えるべき情報を追加できます。たとえば、role属性を追加して要素の役割の情報を、aria-で始まる属性を追加して要素の状態に関する情報を伝えます。

WAI-ARIAも非常に大きな仕様であり、複数の関連文書を伴った構成になっています。WAI-ARIAの詳細はCHAPTER 4-2で説明します。

COLUMN

Webサイト側のアクセシビリティ機能

文字の拡大、色合いの変更、音声での読み上げといった機能がウェブサイト側の機能として提供されることもあります。

しかし、これらの機能は、特定のウェブサイトを閲覧する時だけに必要とされるわけではありません。ウェブサイト側の機能としてこれらを提供しても、活用されることは稀です。このような機能の提供は、本質的なウェブアクセシビリティの向上とはなりません。

このことは「みんなの公共サイト運用ガイドライン(2016年版)」でも言及されています。
https://www.soumu.go.jp/main_content/000439213.pdf#page=24

MEMO

WCAG 2.2
https://www.w3.org/TR/WCAG22/

MEMO

W3C Accessibility Guidelines (WCAG) 3.0
略称はWCAGのままですが、正式名称はWebがW3Cに変更されています。
https://www.w3.org/TR/wcag-3.0/

MEMO

WAI-ARIA Overview
https://www.w3.org/WAI/standards-guidelines/aria/

05 URLの概要

THEME テーマ
ウェブは、HTML、URL、HTTPという3つの技術に支えられています。ここでは、HTMLと密接に関係するURLの概要を紹介します。

URLとは

URLは、リソースの場所を特定するための汎用的な識別子です。ネットワークで接続された別のコンピューター上のリソースも指すことができ、ハイパーリンクのリンク先を示すのに使われます。現在のURLの仕様は、WHATWG URL Standardで定義されています。

01は、仕様で提示されているURLの例です。

01 仕様で提示されるURLの例

```
https://example.com/
https://localhost:8000/search?q=text#hello
urn:isbn:9780307476463
file:///ada/Analytical%20Engine/README.md
```

このように、URLにはさまざまな種類のものがあり、種類に応じて書式も異なります。

> MEMO
> WHATWG URL Standard
> https://url.spec.whatwg.org/

URLの書式

ここでは、ウェブでもっともよく利用されるhttpsのURLについて、その書式を紹介します。https URLの構成要素は、スキーム、ホスト、ポート、パス、クエリー、フラグメントの6つになります02。

02 URLの構成要素

スキーム

先頭のhttpsの部分は「スキーム(Scheme)」と呼ばれます。スキームはURLの種類や性質そのものを表しており、スキームが異なるとURLの書式も異なります。

URLのスキームはIANAに登録されており、Uniform Resource Identifier (URI) Schemesで確認できます。

> WORD
> IANA
> Internet Assigned Numbers Authority
> インターネット上で利用される識別情報の割り当てや管理などを行うICANN（Internet Corporation for Assigned Names and Numbers）の下部組織。

> MEMO
> Uniform Resource Identifier (URI) Schemes
> https://www.iana.org/assignments/uri-schemes/uri-schemes.xhtml

従来、ウェブでもっともよく利用されてきたのはhttpスキームでした。これはHTTPで通信を行ってリソースを取得するスキームで、ウェブページそのものの場所を指すのに利用するほか、ウェブコンテンツで利用する画像など各種のサブリソースを参照する際にも利用します。

現在では、httpsスキームがよく利用されています。これはhttpと似たものですが、HTTP通信の際、「TLS（Transport Layer Security）」で保護された通信経路を用いることで、通信相手のなりすましや通信の傍受、改竄を防ぐ仕組みになっています。

ホスト、ポート

スキームの直後は、1文字の：（U+003A、コロン）で区切ります。その後に続く内容はスキームによって異なりますが、httpsの場合には「ホスト（host）」が書かれます。ホストは、ドメイン名かIPアドレスのいずれかで、ほとんどの場合ドメイン名が使用されます。

ホストの後ろには「ポート（port）」の情報を続けることがあります。ポートは省略可能で、httpsの場合デフォルトポートは443となります。03の2つのURLは同じリソースを指します。

03 ポートの記述例

```
https://example.com/
https://example.com:443/
```

パス

ホストの後ろ（ポートが記述されている場合はポートの後ろ）には、「パス（path）」の記述が続きます。パスは、そのホスト内でリソースを特定するための記述です。

パスは/（U+002F、スラッシュ）で始まり、さらに複数の/で区切って階層化できます04。

04 パスの記述例

```
https://example.net/foo/bar/baz.html
```

クエリー

パスの後ろには、「クエリー（query）」と呼ばれる文字列が付くことがあります。クエリーを付ける場合は、？（U+003F、疑問符）の1文字で区切ります。

クエリーとは、「問い合わせ」という意味です。GETメソッドと呼ばれる方式のフォームを送信すると、フォームに入力したデータがURLの末尾に付けられ、URLを通じてサーバーに送信されます。これがクエリーで、サーバーに対する問い合わせに使うことからこの名前が来ています。

クエリーはフォーム送信時だけでなく、アクセス元をトラッキングしたり、キャッシュを更新させる目的で使われることもあります。

MEMO

httpsはRFC 7230で定義されています。
https://datatracker.ietf.org/doc/html/rfc7230#section-2.7.2

MEMO

2021年現在、もっともよく利用されるのはTLS 1.2で、RFC 5246で定義されています。RFC 8446で定義されるTLS 1.3も用いられています。

MEMO

：（コロン）の前までをスキームと呼ぶこともあれば、スキームであることを明確にするために、：まで含めて記述することもあります。本書では、URL Standardに従って、：を含めないものをスキームと呼びます。

フラグメント

URLの末尾には、「フラグメント(fragment)」と呼ばれる文字列が付くことがあります。フラグメントを付ける場合は、# (U+0023、番号記号)の1文字で区切ります。

フラグメントとは、「断片」という意味です。URLは特定のリソースを指しますが、そのリソース中の一部分を指したいときにフラグメントを使用します。HTMLの場合は、id属性で指定された名前をフラグメントとして指定すると、HTML文書の特定の箇所を指すことができます。

フラグメントは「ハッシュ (hash)」と呼ばれることもあります。これは、区切りに使用する文字#が、別名でハッシュとも呼ばれるためです。たとえば、JavaScriptではlocation.hashでフラグメントの値を参照できます。

ドメイン、サイト、オリジン

主にセキュリティ上の理由から、2つのリソースが同一サイトに属するかどうかを判断したい場合があります。これはURLを比較して判断できます。

- 同一ドメイン:2つのURLのホストが一致している場合、それらは「同一ドメイン(same domain)」であるといいます。ホストはIPアドレスでも記述できますが、多くの場合はドメイン名で表記されるため、同一ドメインという呼び方がなされます
- 同一サイト:ホストに加えて、さらにポートも同一の場合、「同一サイト(same site)」であるといいます
- 同一オリジン:スキーム、ホスト、ポートのすべてが同一である場合、「同一オリジン(same origin)」であるといいます

ウェブのセキュリティモデルは、原則としてオリジンの考え方に基づきます。この考え方を「同一オリジンポリシー (same-origin policy)」といい、異なるオリジンのリソースの扱いに制限を課すことがあります。同一オリジンポリシーの詳細は、MDNを参照してください。

ただし、歴史的な理由で、オリジンではなくサイトの考え方を採用しているケースもあります。その典型例は「クッキー (Cookie)」です。スキームが異なる同一サイトにもクッキーが送信されるため、httpsスキームで利用する場合は、Secure属性を指定するといった配慮が必要になります。

クロスオリジンアクセス

あるリソースが、現在のリソースと異なるオリジンであるとき、これを「クロスオリジン(cross origin)」といいます。

たとえば、外部のサービスが提供するJavaScriptのライブラリーを読み込む場合、「クロスオリジンでアクセスしている」といえます 05。

MEMO

同一オリジンポリシー
https://developer.mozilla.org/ja/docs/Web/Security/Same-origin_policy

MEMO

現在のリソースとドメインが異なるもの、サイトが異なるものは、それぞれ「クロスドメイン」「クロスサイト」といいます。ただし、ドメイン、サイト、オリジンを厳密に区別せずに、同じ意味で使われることもあります。

05 クロスオリジンアクセスの例

```
<link rel="stylesheet" href="https://fonts.googleapis.com/css2?xxxx">
<script src="https://cdnjs.cloudflare.com/ajax/libs/xxx.js"></script>
```

単純にHTMLの表示にクロスオリジンのリソースを利用する場合、通常は問題なく参照でき、05のような例も問題なく動作します。しかし、HTML側のJavaScriptからは、クロスオリジンで取得したサブリソースの内容を読み取れないようになっています。

これは、ユーザーが悪意あるサイトを訪問してしまった際に、悪意あるサイトのオーナーによってリソースが読み取られることを防ぐためです。悪意あるサイトは、クロスオリジンで正規サイトのリソースを参照し、ブラウザー上に表示できますが、JavaScriptからアクセスできないため、オーナーがリソースの内容を知ることはできません。

クロスオリジンで取得したリソースを読み取る必要がある場合は、CORS（Cross-Origin Resource Sharing）と呼ばれる仕組みを利用します。CORSの詳細はMDNを参照してください。

MEMO

オリジン間リソース共有(CORS)
https://developer.mozilla.org/ja/docs/Web/HTTP/CORS

COLUMN

URLという言葉の歴史

URLという言葉は混乱を乗り越えてきた歴史があります。

バーナーズ＝リーが最初に提唱したURLは、「Universal Resource Locator」の略称でした。後に、「Uniform Resource Locator」の略称とされ、最初期にはRFC 1630、次にRFC 1738として標準化されました。

その後、リソースを場所ではなく名前で特定する「URN（Uniform Resource Name）」という方式が提唱され、RFC 2141で規定されます。

そして、URLとURNをあわせたものを「URI（Uniform Resource Identifier）」と呼ぶようになりました。URIは最初にRFC 2396、その後にRFC 3986として標準化されました。古いHTML4の仕様ではURIという表記が使われています。

また、RFC 3986と同時に、URIの国際化表記である「IRI（Internationalized Resource Identifier）」がRFC 3987として標準化されます。

こうして、URL、URI、IRIという3種類の表記が生まれました。URLはURIの一種であり、URIはIRIの一種です。URLという言葉が使える文脈では、3つのどれを使っても意味が通じます。さまざまな技術仕様で、URIやIRIという用語が用いられましたが、その使われ方も一定ではなく、技術的な内容としても混乱していました。

その一方で、世間一般ではURIやIRIはそこまで知られておらず、URLという言葉が使われ続けてきたのです。

そこでWHATWGは、URL、URI、IRIの概念を統合・整理し、あらためて再度「URL」と名付けることにしました。このURLはUniform Resource Locatorの略ではなく、単にURLという名前のものであるとされました。名前がURL→URI→IRIと変遷した上で、一周してURLに戻ってきたことになります。

06 HTTP

THEME テーマ ここでは、ウェブを支える3つの技術の1つであるHTTPの概要を紹介します。本書では主にHTTP/1.1を取り上げ、やりとりされるメッセージの内容やその意味について簡単に紹介します。

HTTPの概要

HTTP (Hypertext Transfer Protocol)は、ハイパーテキストを転送するための通信プロトコルです。ユーザーエージェントがサーバーに接続し、「メッセージ(message)」をやりとりします。

HTTPの黎明期

初期のHTTPはHTTP/0.9と呼ばれますが、これはリクエストでURLを指定し、レスポンスでHTMLが返るだけのものでした。ヘッダーもなく、ステータスもないためエラー応答もできませんでした(つまり、存在しないページにアクセスした際に表示される404 Not Foundもありませんでした)。

その後、1996年に発行されたRFC 1945でHTTP/1.0が正式に標準化され、ステータス、HTTPヘッダーといった基本的な機能が揃いました。

HTTP/1.1

1997年にはRFC 2068が、1999年にその更新版であるRFC 2616が発行され、HTTP/1.1が標準化されました。このバージョンは広く普及し、HTTPは安定期を迎えます。

その後、2014年になってHTTP/1.1の仕様は更新、再編され、RFC 7230～7235の6つの文書に分割されました。

HTTPの進化

HTTP/1.1は長期にわたって利用されてきましたが、近年ではウェブコンテンツが利用するサブリソースの数も増える傾向にあり、通信効率の悪さによるパフォーマンスの問題が指摘されるようになりました。

そこで、パフォーマンスを改善する目的で次世代の仕様が検討されました。HTTP/2と名付けられたこの仕様は、通信の方式が大きく変わり、バイナリー形式の採用、ヘッダーの圧縮、複数ストリームの利用などを行ってパフォーマンスを向上させています。HTTP/2は2015年にRFC 7540で標準化されており、多くのサーバーとブラウザーで実装されています。

現在では、さらにパフォーマンスを向上したHTTP/3も開発中であり、サーバーとブラウザーでの試験的な実装が進んでいます。

このようにHTTPは進化していますが、HTTP/2以降の進化は主にパフォーマンスの向上で、やりとりするメッセージの形式に大きな変化はありません。2021年現在もHTTP/1.1は現役で、広く利用されています。

MEMO

HTTP/0.9
https://www.w3.org/Protocols/HTTP/AsImplemented.html

RFC 1945
https://datatracker.ietf.org/doc/html/rfc1945

RFC 2068
https://datatracker.ietf.org/doc/html/rfc2068

RFC 2616
https://datatracker.ietf.org/doc/html/rfc2616

MEMO

HTTP/1.1は、HTTP/2、HTTP/3との関係性も踏まえ、さらに再編成される予定があります。2021年現在ではInternet-Draftsとなっており、IETF HTTP Working Groupのページで閲覧できます。

IETF HTTP Working Group
https://httpwg.org/

MEMO

RFC 7540
https://datatracker.ietf.org/doc/html/rfc7540

なお、RFC 7540の改訂作業もhttp2bisとして進められています。
https://datatracker.ietf.org/doc/html/draft-ietf-httpbis-http2bis

HTTPメッセージ

HTTPの通信では、ユーザーエージェントとサーバーがメッセージをやりとりします。メッセージの書式はRFC 7230で定義されています。

HTTPリクエスト

ユーザーエージェントがサーバーに送るメッセージを「HTTPリクエスト(HTTP request)」と呼びます。01 はHTTPリクエストの例です。

01 HTTPリクエストの例

```
GET /index.html HTTP/1.1
Host: www.example.com
User-Agent: curl/7.16.3
```

リクエスト行

メッセージの先頭の行を「開始行(start-line)」と呼びます。メッセージがリクエストの場合、開始行は「リクエスト行(request-line)」と呼ばれます。リクエスト行には「メソッド(method)」、「リクエストターゲット(request-target)」、「HTTPバージョン(HTTP version)」の情報が含まれ、末尾の改行1つ(CR+LF)で終了します。

メソッド

メソッドはRFC 7231で定義されています。ウェブでよく利用されるのは以下のメソッドです。

- GET：リクエストターゲットで指定したリソースを取得。URLにデータを含めることでデータ送信もできるが、大量データ送信には不向き
- POST：サーバーにデータを送信。大量データの送信に向いている
- HEAD：GETとほぼ同じだが、サーバーからはヘッダー情報だけが送られ、リソース本体は送られない。リソースの更新日だけを確認したいような場合に利用
- OPTIONS：リクエストターゲットに対し、どのようなリクエストが可能か問い合わせる。従来は利用頻度の少ないメソッドだったが、現在ではCORSのプリフライトリクエストとして用いられる

リクエストヘッダー

リクエスト行の後には「ヘッダーフィールド(header field)」が続きます。HTTPリクエストのヘッダーフィールドは「リクエストヘッダー」とも呼ばれます。ヘッダーフィールドは、フィールド名: フィールド値の形式で、末尾には改行1つ(CR+LF)を置きます。

よく利用されるヘッダーフィールドには、以下のようなものがあります。

- Host：接続先のホスト名とポート番号を指定(ポート番号は省略可能)。HTTP/1.1以降では必須

MEMO

HTTP/1.1の再編成に伴って、HTTPメッセージに関する用語も整理される予定ですが、本書では2021年現在の仕様であるRFC 7230に基づいて説明します。

MEMO

「プリフライトリクエスト(preflight request)」は、CORSの通信に先立ち、通信を許可してよいか問い合わせる機能です。詳細はMDNを参照してください。
https://developer.mozilla.org/ja/docs/Glossary/Preflight_request

MEMO

改行の次の行の先頭がスペースで始まった場合、前行のフィールドの続きとみなされる継続行という仕組みもあります。ただし、現在の仕様では継続行は非推奨とされ、一部の用法を除いて利用できません。

- Content-Length：メッセージボディが存在する場合、そのデータの長さをオクテット（1オクテット＝8ビット）単位で指定
- User-Agent：ユーザーエージェント名を指定。サーバーはこのフィールドの値によって、コンテンツの出しわけをすることもある
- Accept：受入可能なMIMEタイプ（P040）を指定

フィールドは複数置くことが可能で、それぞれの末尾に改行1つ（CR+LF）を置きます。最後のフィールドの末尾にはさらに改行1つを追加し、改行を2つ連続させます（つまり、空の行を設けます）。

●リクエストボディ

メソッドがPOSTの場合、ヘッダーフィールドの後に「メッセージボディ（message body）」が続きます。リクエストのメッセージボディは「リクエストボディ」とも呼びます。02はPOSTリクエストの例です。

02 POSTリクエストの例

```
POST /form.php HTTP/1.1
Host: www.example.com
User-Agent: curl/7.16.3

name=john&age=12
```

末尾の行がメッセージボディです。メッセージボディは改行文字を含むことがあり、改行が出現しても終端とはみなされません。メッセージボディは、ヘッダーフィールドのContent-Lengthで指定された長さのデータを読むか、通信が終わると終端と判断されます。

●HTTPレスポンス

サーバーからユーザーエージェントに返ってくるメッセージを「HTTPレスポンス（HTTP response）」と呼びます。03はHTTPレスポンスの例です。

03 HTTPレスポンスの例

```
Status: HTTP/1.1 200 OK
Content-Type: text/html; charset=utf-8
Content-Length: 7887
Date: Thu, 19 Aug 2021 10:00:02 GMT
Last-Modified: Tue, 17 Aug 2021 14:00:11 GMT

<!DOCTYPE html>
<html lang="ja">
...
```

MEMO

User-Agentによるブラウザーの検出はよい方法ではありません。MDNの記事も参照してください。

ユーザーエージェント文字列を用いたブラウザーの判定
https://developer.mozilla.org/ja/docs/Web/HTTP/Browser_detection_using_the_user_agent

MEMO

GETメソッドなどでも形式上はリクエストボディを持つことができます。ただし、その意味は定義されていませんし、実装によっては不正なリクエストとして拒絶されることもあります。

ステータス行

レスポンスの開始行は「ステータス行(status-line)」と呼ばれます。ステータス行には「HTTPバージョン」、「ステータスコード(status code)」、「リーズンフレーズ(reason-phrase)」を含みます。

ステータスコードはレスポンスの状態を表す3桁の整数値です。リーズンフレーズはステータスコードの意味を自然言語で表現したものです。リーズンフレーズは人間の理解しやすさのために添えられているに過ぎず、ユーザーエージェントはこれを無視します。

ステータスコード

よく使われるステータスコードには、以下のようなものがあります。

- 200（OK）：リクエストに成功し、正常なレスポンスを返した状態
- 301（Moved Permanently）：リクエストターゲットのリソースが別の場所に恒常的に移動したことを表す
- 302（Found）：別の場所のリソースを見に行くべきであることを表す(301と似ているが、恒久的な移動ではなく一時的な移動を表す)
- 404（Not Found）：返すべきリソースが見つからなかった状態。ほとんどの場合、URLの誤りが原因
- 500（Internal Server Error）：サーバー側で何らかのエラーが発生した状態。リクエストに問題はないので、再度同じリクエストをすると成功する可能性がある

レスポンスヘッダー

ステータス行の後にはヘッダーフィールドが続きます。HTTPレスポンスのヘッダーフィールドは「レスポンスヘッダー」とも呼ばれます。ヘッダーフィールドの形式はリクエストと同じですが、利用されるフィールドは異なります。

HTTPレスポンスでよく利用されるヘッダーフィールドには、以下のようなものがあります。

- Date：レスポンスを生成した日時を示す
- Last-Modified：リソースの最終更新日時を示す
- Content-Length：メッセージボディが存在する場合、そのデータの長さをオクテット単位で指定
- Location：ステータスコードが300番台の場合に移動先のURLを示す
- Content-Type：リソースの種類を示すMIMEタイプを指定

レスポンスボディ

ヘッダーフィールドの後にはメッセージボディが続きます。レスポンスのメッセージボディは「レスポンスボディ」とも呼びます。

レスポンスボディには、リソース本体のデータが入ります。

レスポンスボディが存在しないこともあります。リクエストがHEADメソッドだった場合や、レスポンスのステータスが、リクエストに対して

MEMO

ステータスコードの多くはRFC 7231で定義されていますが、他のRFCで定義されているものもあります。

MEMO

ステータスコード301と302では、Location:ヘッダー フィールドで移動先を指定します。ユーザーエージェントは移動先のリソースの取得を試みます。
301の場合、次回以降のアクセスでは最初から移動先のURLにアクセスすべきです。302の場合は、次回以降も移動元のURLにアクセスすべきということになります。

送信するコンテンツがない204 (No Content)だった場合は、レスポンスボディを返しません。

MIMEタイプ

HTTPではHTMLのほか、CSS、JavaScript、JSON、画像、動画など、さまざまな形式のデータを扱います。リソースを適切に扱うためには、その種類を判断する必要があります。03に挙げたHTTPレスポンスのヘッダーフィールドは04のようになっていました。

04 HTTPレスポンスのヘッダーフィールドの例

```
Content-Type: text/html; charset=utf-8
Content-Length: 7887
Date: Thu, 19 Aug 2021 10:00:02 GMT
Last-Modified: Tue, 17 Aug 2021 14:00:11 GMT
```

Content-Typeという名前のフィールドに、text/html; charset=utf-8という値が指定されています。これがリソースの種類を示すフィールドです。

Content-Typeフィールドに指定する値は、「メディアタイプ(media type)」もしくは「MIMEタイプ(MIME type)」と呼ばれます。メディアタイプという用語はCSSにも存在して紛らわしいため、本書では今後、MIMEタイプと呼びます。

MIMEタイプはIANAによって管理されており、IANAのMedia Typesのページで一覧を見ることができます。

MIMEタイプの構文

MIMEタイプは、「タイプ(type)」、「サブタイプ(subtype)」、「パラメーター(parameter)」の3つの構成要素からなります。タイプとサブタイプは必須であり、パラメーターはオプションです。

前述のtext/html; charset=utf-8の場合、タイプがtext、サブタイプがhtml、パラメーターがcharset=utf-8となります。タイプとサブタイプは/で連結し、パラメーターがある場合は;で区切ります。

ウェブでよく利用されるMIMEタイプ

ここでは、ウェブで実際によく利用される代表的なMIMEタイプをいくつか紹介します。それぞれのMIMEタイプの扱いはブラウザーやOSによって異なる場合がありますが、ここでは一般的な処理を紹介します。

● text/html

text/htmlはHTML文書を表します。ウェブコンテンツのほとんどはこのMIMEタイプで配信されます。ブラウザーはHTMLをレンダリングし、表示します。

WORD

JSON

JavaScript Object Notationの略で、ジェイソンと発音。RFC 8259/ECMA-404 2nd editionで定義される、JavaScript構造データオブジェクトの表記法をベースにしたフォーマット。
https://datatracker.ietf.org/doc/html/rfc8259
https://www.ecma-international.org/publications-and-standards/standards/ecma-404/

MEMO

MIMEはMultipurpose Internet Mail Extensionsの略称で、元は電子メールのメッセージの種類を示すものでしたが、ウェブでもそのまま利用されています。MIMEタイプの仕様はRFC 2046で定義されています。
RFC 2046
https://datatracker.ietf.org/doc/html/rfc2046

MEMO

メディアタイプと紛らわしい点についてはMIME Sniffing仕様でも指摘されています。
https://mimesniff.spec.whatwg.org/#mime-type-representation

MEMO

IANA Media Types
https://www.iana.org/assignments/media-types/media-types.xhtml

application/xhtml+xml

application/xhtml+xmlは、XML形式で配信されるいわゆるXHTML文書を表します。レンダリングと表示はtext/htmlと同様ですが、XML構文としてXMLパーサーによって構文解析されます。

application/pdf

application/pdfはPDF文書を表します。多くのブラウザーは、ウィンドウ内で文書として表示します。PDFファイルをダウンロードさせたい場合、後述のapplication/octet-streamで配信することもあります。

image/png、image/jpeg、image/gif

image/png、image/jpeg、image/gifは、それぞれPNG画像、JPEG画像、GIF画像を表します。いずれも画像として表示します。多くの場合、HTML文書からimg要素のsrc属性でサブリソースとして参照され、コンテンツに画像を埋め込む形で利用されます。

image/svg+xml

image/svg+xmlは、XML形式で配信されるSVG画像を表します。PNG画像などと異なり、SVGデータ自体にtitle要素によるタイトルや、desc要素による説明文のテキストを含んでいることがあります。

application/javascript

application/javascriptは、JavaScriptのスクリプトファイルを表します。このMIMEタイプで配信されたJavaScriptは、script要素のsrc属性に指定してクロスオリジンで実行できます。

JSONをこのMIMEタイプで配信した場合、一定の条件が揃うと「JSONハイジャック」と呼ばれる攻撃を受けるため注意が必要です。JSONデータは後述のapplication/jsonで配信します。

application/json

application/jsonは、JSON（JavaScript Object Notation）形式のデータを表します。以前はtext/jsonが利用されることもありました。

JavaScriptとデータ形式が似ていますが、MIMEタイプは異なります。前述のように、application/javascriptで配信するとセキュリティ上の問題が生じることがあります。

text/css

text/cssは、CSS（Cascading Style Sheets）によるスタイルシートデータを表します。HTMLのlink要素を利用して外部スタイルシートを参照する場合に、この形式のデータを利用します。

application/octet-stream

application/octet-streamは、汎用的なバイナリーデータを表します。データが具体的に何なのか不明な場合にも使用されます。ブラウザーは、

MEMO

XHTMLは、HTML文書のうちXMLの構文規則に適合して書かれたものを指すために歴史的に使用されてきた用語です。

MEMO

以前はPDFをブラウザーで表示するためには専用のプラグインを必要としましたが、近年ではほとんどのブラウザーがプラグインなしでPDFを表示できます。

MEMO

画像をHTMLに埋め込まず、URLに直接リンクして表示させることを、俗に「画像直リンク」といいます。この場合、代替テキストの情報が提供できないため、アクセシビリティ上の問題につながる場合があります。

MEMO

SVG画像は、img要素を用いて、HTMLに埋め込むことができます。この場合、SVGのタイトルや説明文などの情報は利用されず、JavaScriptも実行されません。代替テキストは画像を埋め込む側のHTMLで提供する必要があります。

MEMO

JavaScriptのMIMEタイプには、text/javascriptが利用されることもあります。ほかにもtext/x-javascriptなどさまざまなものが利用されますが、その多くは現在では推奨されないものです。以下のInternet-Draftも参照してください。
ECMAScript Media Types Updates
https://datatracker.ietf.org/doc/html/draft-ietf-dispatch-javascript-mjs

これをMIMEタイプが不明なものとして扱います。後述の「MIMEタイプが不明な場合」を参照してください。

多くの場合はダウンロードを促しますが、レンダリングしようとすることもあります。明示的にファイルをダウンロードさせたい場合は、HTTPレスポンスヘッダーでContent-Disposition: attachmentを指定します。

MIMEタイプが不明な場合

MIMEタイプが指定されていなかったり、ブラウザーにとって未知なものであった場合、データの扱い方を判断できません。この場合、後述するMIME sniffingの処理を行ってデータの種類の判定を試みます。

それでも種類が不明な場合は、ユーザーにデータのダウンロードを促し、保存するかどうかを尋ねることが一般的です。ただしモバイル端末など、ローカルにファイルを保存できない環境もあります。その場合は、クラウドへの保存を促すこともあれば、何も起きないこともあります。

MIME sniffing

状況によっては、コンテンツのContent-Typeが指定されていなかったり、ブラウザーにとって未知の値が指定されていることがあります。この場合、ブラウザーはコンテンツを実際に読み込み、その内容からMIMEタイプを推測します。この処理をMIME sniffingと呼びます。

従来、MIME sniffingの挙動はブラウザーの実装に依存していました。一部のブラウザーはURLに含まれる拡張子を手がかりにしたり、Content-Typeの指定を無視してsniffingの推測結果を優先することがありました。これはセキュリティ上の問題を引き起こすことがあります。

各ウェブブラウザーが独自に異なるMIME sniffingを行う状況では、サーバー側でセキュリティの問題を回避するための十分な対策を施すのが困難でした。そのような背景もあり、現在ではこの挙動はMIME Sniffing仕様として文書化され、標準化されています。

charsetパラメーター

text/htmlやapplication/javascriptなどのMIMEタイプは、オプションとしてcharsetパラメーターを持ちます。これは文字エンコーディングを指定するものです。文字エンコーディングについてはCHAPTER 2-5で詳しく説明します。

text/htmlにcharsetパラメーターを指定すると、たとえば05のようになります。

05 text/htmlにcharsetパラメーターを指定

```
text/html; charset=UTF-16
text/html; charset=Shift_JIS
text/html; charset=ISO-2022-JP
```

MEMO

この問題への対応のため、X-Content-Type-Options: nosniffフィールドでsniffingを抑制する仕様が採用されました。現在では各ブラウザーもX-Content-Type-Optionsを解釈してsniffingを抑制するようになっています。

IE8 Security Part VI: Beta 2 Update MIME-Handling: Sniffing Opt-Out
https://docs.microsoft.com/ja-jp/archive/blogs/ie/ie8-security-part-vi-beta-2-update#mime-handling-sniffing-opt-out

MEMO

MIME Sniffing
https://mimesniff.spec.whatwg.org/

MEMO

本来、character setという言葉は文字集合を表すものであり、文字エンコーディングを表す言葉はcharacter encodingですが、両者は歴史的によく混同されています。charsetパラメーターもこの例に漏れず、実際に指定する値は文字集合ではなく、文字エンコーディングの名称です。

COLUMN

セキュリティ上の留意点

MIMEタイプやcharsetパラメーターの指定は、セキュリティ上も重要な意味を持ちます。たとえば、プレーンテキストとしてアップロードされたはずのファイルがHTMLとして解釈されると、JavaScriptが実行され、意図しないクロスサイトスクリプティングの攻撃につながることがあります。このため、リソースの種類を正しく判定することが重要です。

Content-Typeの無視による攻撃が成立する例

Content-Typeの適切な指定が無視され、ブラウザーのsniffingが優先されると攻撃が可能になる場合があります。具体例として、筆者が実際に発見・報告した脆弱性の例を紹介します(*1)。

> **Trac の Wiki 機能には、利用者が Internet Explorer を利用している場合に、クロスサイトスクリプティングの脆弱性が存在します。**

このアプリケーションにはWikiページの機能があり、任意のテキストを書くことができましたが、HTMLを書き込んでも適切にエスケープ(P076)されていました。HTMLとして表示されたり、スクリプトが実行されることはありません。

このWikiにはデータをテキスト形式でダウンロードする機能もあり、ダウンロードファイルをContent-Type: text/plainで配信していました。HTMLが書かれていても、通常は単なるテキストと解釈され、HTMLとして解釈されることはありません。

ところが、Internet ExplorerではContent-Typeを無視してHTMLとして解釈することがあります。ダウンロードURLへのリンクの方法を工夫することにより、Internet Explorerではテキストファイルを HTMLと解釈させて、ブラウザー上で表示させることが可能でした。これを利用して、対象サービスのドメイン上で任意のJavaScriptを実行することが可能でした。

charsetパラメーターの欠如により攻撃が成立する例

セキュリティ上、文字エンコーディングの指定は重要な意味を持ちます。文字エンコーディングを誤認させることで攻撃が可能になる場合があるからです。たとえば、UTF-8で符号化されたHTMLに 01 の文字列が出力されているとします。

これは単に意味不明な文字列にすぎず、無害です。しかし、これをUTF-7として解釈すると 02 のようになり、JavaScriptが実行されます。

HTMLにcharsetパラメーターが指定されていない場合、文字エンコーディングを誤認させることで攻撃が成立する場合があります。このような理由から、IPAの「安全なウェブサイトの作り方(*2)」では、Content-Typeフィールドに必ずcharsetパラメーターを指定するように求めています。

01 出力された文字列の例

```
+ADw-script+AD4-alert(+ACI-test+ACI-)+ADsAPA-/script+AD4-
```

02 UTF-7として解釈した場合

```
<script>alert('test');</script>
```

※1　JVN#91706484 Tracにおけるクロスサイトスクリプティングの脆弱性　https://jvn.jp/jp/JVN91706484/
※2　IPA 安全なウェブサイトの作り方　https://www.ipa.go.jp/security/vuln/websecurity-HTML-1_5.html

07 技術情報との関わり方

THEME テーマ

CHAPTER 1では、HTMLとその周辺の技術仕様について紹介してきました。ここではCHAPTER 1全体のまとめとして、HTML仕様の読み方、技術仕様との関わり方について紹介します。

HTML仕様を読む

ここまで紹介してきたように、HTML仕様は標準化され、技術文書として公開されています。現在有効なHTML仕様は、WHATWGが公開しているHTML Standardです。

MEMO
HTML Standard
https://html.spec.whatwg.org/multipage/

仕様のURLとバリエーション

CHAPTER 1-3で触れたように、WHATWGの仕様は同じURLで常に更新され続けます。そのため、URLに日付やバージョン番号は含まれませんが、いくつかのバリエーションがあります。

URLにmultipageが含まれるものは、複数ページ版(Multipage Version)です。通常はこの版を参照するとよいでしょう。

URLからmultipage/を削除すると単一ページ版(One-Page Version)になります。HTML Standardは内容が膨大であるため、読み込みに長い時間がかかりますが、オフラインで参照するために保存したり、印刷したりするのに向いています。

また、コンテンツ制作者向けとして、ブラウザーベンダー向けの情報を省いたEdition for Web Developersというバージョンが存在します。

MEMO
HTML Standard, Edition for Web Developers
https://html.spec.whatwg.org/dev/

仕様の言語と日本語版

ほとんどのインターネット関連の仕様と同様に、HTMLの仕様も英語で書かれています。ただし、HTML仕様の場合、有志による日本語訳が公開されており、これを読むこともできます。

正式な仕様はあくまで英語版であり、日本語訳は参考に過ぎないことに注意してください。正確なニュアンスを掴むためには、機械翻訳や辞書などを使いながら自力で読む必要があるでしょう。

MEMO
Transition of HTML Standard
https://github.com/whatwg/html/wiki/Translations

筆者のおすすめは、まず日本語訳を読んでみて、意味がよくわからない箇所は原文に当たるという方法です。日本語では表現の難しい言葉や概念も、あらためて原文で読むと理解できる場合があります。

MEMO
日本語で読んで意味がわからない箇所は、誤訳の可能性もあります。誤訳に気付いた際は、訳者にフィードバックを送り、翻訳の品質向上に貢献してもよいでしょう。

HTML仕様の目次を利用する

仕様の冒頭には目次があります。目次から必要な箇所を探し、目的の章に当たるというのが基本的な使い方になるでしょう。

とはいえ、どの章に何が書かれているかわからないことも多いでしょう。よくありそうな用途と、その情報が2021年10月時点でどの章に書かれているかを簡単に紹介します。

HTMLの要素について詳しく知りたい

HTMLの要素については、仕様の4章「The elements of HTML」に記載されています。本書のCHAPTER 3で要素の解説をしていますが、最新の正確な定義を知りたい場合はこちらを参照してください。

HTMLの構文について詳しく知りたい

HTMLの構文(シンタックス)と字句的ルールについては、13章「The HTML syntax」に記載されています。不正なHTMLがどう解釈されるかといった情報も書かれています。

ただし、パーサーの実装者向けの情報が中心となるため、コンテンツ制作者には難解かもしれません。構文については本書のCHAPTER 2でも解説しています。

JavaScriptと連携する機能の情報が知りたい

6章「User interaction」にはインタラクションに関する属性の情報があります。その他、7章から12章にかけて各種のAPIの情報が書かれています。

古いHTMLとの互換性について知りたい

過去のHTMLにはあったものの、現在では廃止された機能については、16章「Obsolete features」に書かれています。

現在の仕様で廃止された機能の中には、互換性のためにブラウザーの挙動が定義されているものもあり、「旧式だが適合する機能(obsolete but conforming)」として規定されています。これはブラウザーによって適切に解釈されることが期待できますが、新規に作成するHTMLで使用するべきではありません。HTMLチェッカーも警告を出します。

現仕様では完全に廃止され、互換性のためのブラウザーの挙動も定義されていない機能は「適合しない機能(non-conforming features)」とされています。これらについては、ブラウザーのサポートも期待できません。

索引から探す

HTML仕様には索引も存在します。特定の要素や属性について調べたい場合は、索引(index)ページ 01 を開き、ブラウザーのページ内検索の機能を使うと便利です。

01 HTML仕様の索引ページ

> **MEMO**
> 各章の簡単な説明は仕様にも記載されています。
> 1.9 Structure of this specification
> https://html.spec.whatwg.org/multipage/introduction.html#structure-of-this-specification

> **MEMO**
> Index
> https://html.spec.whatwg.org/multipage/indices.html

仕様を読む上で注意が必要な点

実際に仕様の内容を読む場合、慣れていないと混乱しやすい点がいくつかあります。注意が必要な点をいくつか紹介します。

WHATWG仕様の共通ルール

WHATWGの策定する仕様の共通ルールは、Infra Standardという文書にまとめられています。HTML仕様における用語の使い方や記述のルールはこの文書に従っているため、必要に応じて参照する必要があります。

ブラウザーベンダー向け情報が含まれている

HTML仕様の1章には、「How to read this specification」というセクションがあります。

このセクションで強調されているのは、仕様にはコンテンツ制作者（プロデューサー）に向けた情報と、ブラウザーベンダー（コンシューマー）に向けた情報の両方が含まれていることです。

たとえば、仕様でimg要素のborder属性がどのように定義されているのかを調べると、以下の2つの情報にたどり着きます。

- 3章では、border属性は定義されていないように書かれている
- 16章では、border属性が存在し、特定の値を解釈する必要があると書かれている

両者は矛盾するように見えますが、前者はコンテンツ制作者向け、後者はブラウザーベンダー向けの情報です。コンテンツ制作者はborder属性を使うべきではありません。しかし、ブラウザーは互換性のため、border属性が存在する場合、その値を処理することが要求されるのです。

ブラウザーが解釈するからといって、コンテンツ制作者向けの仕様を満たすとは限りません。ブラウザーベンダー向けの情報に沿ってコンテンツを作成しないように注意しましょう。

規範部分と参考部分

仕様の見出しの直下に、次のような文言が存在する場合があります。

> This section is non-normative.

技術仕様は一般に、規範（normative）とされる部分と、参考（informative または non-normative）とされる部分にわけられます。仕様として規定されているのは規範部分のみであり、参考部分は仕様の理解を助けるためのものに過ぎません。仮に規範部分と参考部分に食い違いがある場合、規範部分が優先されます。

HTML仕様の場合、参考部分には上に挙げた文言が存在し、参考であることが明記されています。逆に、特に断りがない場合、本文は規範部分となります。ただし、本文に含まれる例と注記、図は参考部分です。

MEMO
Infra Standard
https://infra.spec.whatwg.org/

MEMO
1.9.1 How to read this specification
https://html.spec.whatwg.org/multipage/introduction.html#how-to-read-this-specification

MEMO
2.1 Conformance
https://infra.spec.whatwg.org/#conformance

RFC 2119のキーワード

仕様はさまざまなルールを規定しています。その中には、ルールに従う義務があるものと、そうでないものがあります。このようなルールの縛りの強さは、RFC 2119で定義されるキーワードで示されます 02。

02 RFC 2119キーワードと日本語の対応

キーワード	典型的な日本語訳	意味
must	～しなければならない	必須
should	～すべきである	推奨
may	～してもよい	許容
should not	～すべきではない	緩い禁止
must not	～してはならない	禁止

「必須」および「禁止」は、必ず守らなければならない事項です。この要求事項を守れなかった場合、仕様に違反することになります。「推奨」とは、指示に従わない特別な理由がなければ、指示通りにすることが求められる事項です。「許容」とは、オプションであり、どちらでもよい事項です。

たとえば、meta要素にはcharsetという属性があります。この属性値について、HTML仕様では以下のように書かれています。

> If the attribute is present, its value must be an ASCII case-insensitive match for the string "utf-8".

「この属性が存在する場合、その値は"utf-8"でなければならない」とされています。この場合、HTML仕様に則ったHTMLであるためには、例外なく常にUTF-8でなければならないことを意味します。

他の仕様の参照

技術仕様は一般的に、他の仕様を参照しています。HTML仕様も多数の技術仕様を参照しており、参照する仕様の一覧は、仕様のReferencesの章に掲載されています。

ときには、仕様の規定が別の仕様に違反する場合もあります。CHAPTER 1-3で説明したように、HTML仕様は、仕様に反したブラウザーの実装をあえて取り込んだ経緯があります。そのような意図的な違反は、「意図的な逸脱(willful violation)」として明示しています。

たとえば、<input type="email">の入力欄に入力されたメールアドレスが適切かどうかを検証する際のルールについて、RFC 5322に対する故意の違反である旨が注記に記載されています。

MEMO
RFC 2119
https://datatracker.ietf.org/doc/html/rfc2119

MEMO
RFC 6919という、キーワードに関するジョークRFCも存在しています。
https://datatracker.ietf.org/doc/html/rfc6919

MEMO
4.2.5 The meta element
https://html.spec.whatwg.org/multipage/semantics.html#the-meta-element

MEMO
References
https://html.spec.whatwg.org/multipage/references.html

MEMO
valid email address
https://html.spec.whatwg.org/multipage/input.html#valid-e-mail-address

周辺技術の仕様を参照する

ウェブページを制作する際には、HTMLだけでなく、CSSやJavaScript、URLやHTTPなど、周辺技術の仕様を参照することも必要です。CHAPTER 1-3で紹介したように、技術仕様はさまざまな標準化団体によって標準化されています。

一般に、インターネットに関する仕様は、各標準化団体のウェブページで公開されています。

コンテンツ制作者がよく参照するのは、CSSの仕様などを策定しているW3Cの仕様でしょう。例として、あるW3C仕様の冒頭部分を紹介します。

03 に示したW3C仕様が最新の仕様かどうかについて、どのように確認すればよいでしょうか。この冒頭部分にはさまざまな情報があります。図中の番号①～⑥について順をおって説明します。

03 あるW3C仕様の冒頭部分のスクリーンショット

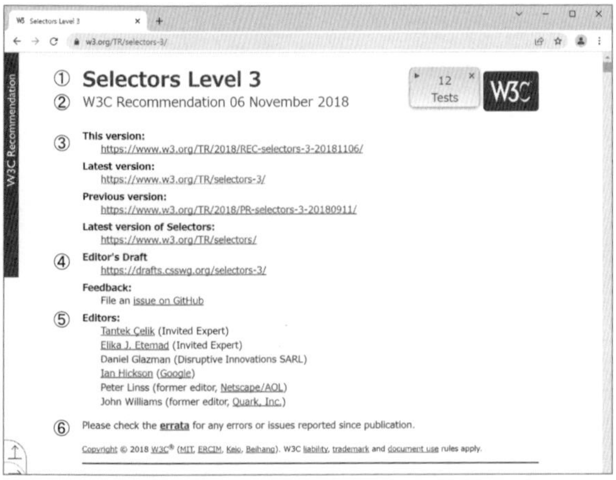

①：仕様の名前です。

②：仕様のステータスと、発行された日付です。ステータスの位置付けについては、CHAPTER 1-4（P020）を参照してください。

③：仕様のURLです。現在見ている仕様だけでなく、過去の仕様や最新の仕様のURLも列挙されています。WHATWGの仕様と異なり、W3Cの仕様は発行された日付に固有のURLが与えられています。誤って古いものを参照していないか注意する必要があります。

④：エディターズドラフトのURLです。編集者が作業中の最新版であり、Living Standardに近い存在といえます。予告なしに内容が変更される可能性があることに注意してください。

⑤：仕様のメンテナンスをしている編集者の一覧です。仕様の策定に関する議論などを調べたい場合に有用です。

⑥：エラッタ(正誤表)へのリンクです。勧告となった後に誤りが報告された場合、その修正内容が記載されることがあります。

03 の例では、②や③に注意を払うことにより、閲覧している文書が

MEMO

現在のCSSがどの仕様で定義されているのかは、CSS Snapshotに記載されています。
https://www.w3.org/TR/css/

MEMO

ISOやJISのような伝統的な標準化団体によって発行される規格は、基本的に、印刷物として有料で販売されています。

MEMO

W3Cの場合、Pubrulesという文書に従い、URLのパスにステータスや発行した日付が含まれます。
Pubrules
https://www.w3.org/pubrules/

最新の文書なのかどうかを確認できます。実際、2021年時点では③の"Latest version of Selectors"のリンク先はSelectors Level 4という文書を参照しており、より新しい仕様の草案が存在することが確認できます。

> **MEMO**
> Selectors Level 4
> https://www.w3.org/TR/selectors-4/

その他の技術情報の調べ方

仕様を参照する以外にも、技術情報を調べる方法はあります。ここでは、ウェブ技術の調査や学習の方法をいくつか紹介します。

MDNで調べる

ウェブ技術に関する情報を集約したサイトとして、MDN Web Docs（通称MDN）が有名です。

記事によって内容の質や量にばらつきはありますが、実際に役立つ場面が多々あります。

大元のコンテンツは英語ですが、各国語に翻訳されており、コンテンツの大半は日本語でも読むことができます。ただし、日本語版は英語版よりも古いことがあります。

> **MEMO**
> MDNは以前、Mozilla Developer Networkとされたもので、この名前で覚えている人もいるかもしれません。名称変更の経緯はMozilla Blogの記事で読むことができます。
>
> https://blog.mozilla.org/opendesign/future-mdn-focus-web-docs/

> **MEMO**
> 原文である英語版自体が古い場合もあります。記事の最終更新日が最近であっても、内容が最新である保証はないため、情報の鮮度には注意が必要です。

ブラウザーの動作を確認する

HTMLについて調べたい場合、実際にHTMLを書いてブラウザーで表示させてみるのも1つの方法です。また、ウェブブラウザーのソースコードを見て挙動を把握することも考えられるでしょう。

ただし、これはあくまでそのブラウザーの動作を調べているに過ぎません。OSやブラウザーが異なれば、挙動が異なることがあります。ブラウザーは多数ありますし、ブラウザーではないユーザーエージェントもあります。そういった環境の相互運用性までは確認できません。

ブラウザーの動作を確認すること自体は重要です。しかし、問題なく動くからといって、マークアップが適切である保証にはなりません。

チェックツールを使用する

HTMLがルールに従っているかどうかは機械的にチェックできます。古くからあるサービスとしては、W3CのMarkup Validation Serviceが有名です。これは現在でも利用できますが、このサービスの後続となる新しいHTMLチェッカーとしてNu Html Checkerが公開されています。

機械的にチェックできるのは、基本的に字句的ルールと語彙的ルールに限られます。意味論的ルールの大半は、その性質上、機械でのチェックが困難です。

チェッカーで機械的に正誤が判断できない場合、エラーではなく警告（warning）として報告することもあります。

警告をゼロにすることに固執する必要はありません。ただし、大量の警告が出ている場合、本当に対応が必要な警告を見逃すことがあります。大量の警告を放置することも勧められません。警告の表示内容を理解した上で、必要なものについて対応するとよいでしょう。

> **MEMO**
> W3C Markup Validation Service
> https://validator.w3.org/
>
> Nu Html Checker
> https://validator.w3.org/nu/

> **MEMO**
> 意味論的ルールの中にはチェック可能なものもあり、たとえば、テーブルの行が空であるというようなエラーを報告することがあります。詳細はCHAPTER 3-8（P199）を参照してください。

よりよいマークアップのために

CHAPTER 1-1で触れたように、HTMLを読むのはユーザーエージェントであり、マシンです。マークアップに問題があると、ユーザーエージェントは適切な解釈ができません。

CHAPTER 1-2とCHAPTER 1-3では、HTML仕様の標準化プロセスと、その歴史を見てきました。ウェブには世界中のさまざまなユーザーエージェントがアクセスします。その相互運用性の担保のためには、仕様の標準化が必要でした。標準に従わないと、特定のユーザーエージェントでアクセスできないなど、相互運用性の問題を引き起こすことがあります。

CHAPTER 1-4ではアクセシビリティについて触れました。アクセシビリティを考慮せずにコンテンツを制作した場合、アクセスできなくなったり、多くの人に伝わらないコンテンツができてしまいます。

CHAPTER 1-5ではURLについて、CHAPTER 1-6ではHTTPについて触れました。これらの技術はHTMLと深く関連し、また、ウェブのセキュリティに関わる要素もあります。HTMLだけでなく、周辺技術も理解しなければ、ときにはセキュリティの問題を起こすこともあるのです。

CHAPTER 1-7では、HTML仕様や周辺の技術仕様の調べ方を紹介しました。仕様を読み込み、理解することが、よりよいマークアップにつながります。しかし、仕様はそれ自体、完全なものではないことにも注意するべきです。クリエイティブ・コモンズ・ジャパン理事である水野祐氏の著書、『法のデザイン』にこんな一節があります。

大切なことは、ルールは時代とともに変わっていく／変わっていくべきという認識と、ルールを「超えて」いくというマインドである。ルールを超えていくことは、ルールを破ることを意味しない。ルールがどうあるべきかということを主体的に考えて、ルールに関わり続けていくと言うことを意味する。ルールを最大限自分寄りに活かすことは知性の証明に他ならない。

『法のデザイン』で述べている「ルール」は法律を主眼に置いていますが、これをそのまま「仕様」に置き換えて見るとどうでしょうか。

今日のHTML仕様はLiving Standardというステータスのとおり、日々変化していきます。前時代のように、W3C勧告でずっとそのままだった、というのがむしろ特殊な状況でした。仕様は変わり続けていくという認識を持つのが肝要です。

そして、仕様を超えていくという意識も重要です。仕様と実装の差異、別の仕様の内容との矛盾など、ときには相反する内容をも吟味しながら、どうマークアップするべきかを能動的に考えて続けていく必要があるのです。これは、ウェブ制作の目指すべき1つの極致であるといえるでしょう。

そのためにも、まずは仕様を十分に把握し、自分の味方に付けることが必要です。本書が読者の皆さんをHTML仕様に誘い、その向こう側へたどり着く羅針盤となれば幸いです。

CHAPTER 2

HTMLマークアップのルール

01 HTMLの要素とタグの基本

THEME テーマ CHAPTER 1では、HTMLがマークアップ言語であることを説明しました。ここでは、HTMLの基本的な構文について説明していきます。

要素とタグ

マークアップとは、テキストにマークを付けて意味や構造を明確にすることです。HTMLは、テキストデータと、それに対するマークから成り立っています。

たとえば01のようなテキストのかたまりがあったとします。

01 テキストのサンプル

```
これは見出しのテキストのかたまりです
これは本文です。
このキーワードはこの文章で重要なものを表します。
```

このテキストのかたまりには、見出し、本文、キーワードが含まれています。CHAPTER 1で触れたように、HTMLでは、こういったまとまりを「要素(element)」といいます。

マークアップ言語の役割は、要素を明示することです。要素を明示するには、以下の2つの情報が必要になります。

- 要素の種類：それがどのような要素なのか
- 要素の範囲：どこからどこまでがその要素になるのか

HTMLでは、この情報を「タグ(tag)」と呼ばれるマークを使って表現します。01の例にHTMLのタグを付け加えると、02のようになります。

02 HTMLタグによるマークアップ

```
<h1>これは見出しのテキストのかたまりです</h1>
<p>これは本文です。</p>
<p>この<mark>キーワード</mark>はこの文章で重要なものを表します。</p>
```

< (U+003C、不等号小なり)と > (U+003E、不等号大なり)で囲まれた部分がHTMLのタグです。最初の行の見出しは、先頭に<h1>のタグを、末尾に</h1>のタグを入れています。このように、要素の開始位置と終了位置にタグを入れることで、要素の種類とその範囲を明示します。

開始タグと終了タグ

要素の開始位置を表すタグを「開始タグ(start tag)」といいます。開始タグは<で始まり、>で終わります。h1と書かれた部分は「タグ名(tag

MEMO
HTML構文では、タグ名の大文字と小文字を区別しません。大文字は小文字に変換されて解釈されます。

name)」といい、要素の名前である「要素名(element name)」を表しています。

要素の終了位置を表すタグを「終了タグ(end tag)」といいます。開始タグとは異なり、<の直後に/（U+002F、スラッシュ）を置いた</で始まります。

タグを除いた要素の中身の部分を、要素の「内容(content)」といいます。

もう一度、02のマークアップを見てみましょう。

> MEMO
> 「content」は日本語に訳さず、コンテントやコンテンツということもあります。

02 HTMLタグによるマークアップ(再掲)

```
<h1>これは見出しのテキストのかたまりです</h1>
<p>これは本文です。</p>
<p>この<mark>キーワード</mark>はこの文章で重要なものを表します。</p>
```

1行目には、開始タグ<h1>と終了タグ</h1>があります。この部分全体が要素名h1の要素となります。このh1要素の内容は、「これは見出しのテキストのかたまりです」というテキストです。

2行目は開始タグ<p>と終了タグ</p>で囲まれ、p要素であることを表しています。要素の内容は「これは本文です。」というテキストです。

3行目は少し複雑です。2行目と同じようにp要素としてマークアップされていますが、この要素の中にはさらに<mark>と</mark>というタグがあります。p要素の内容に、テキストとmark要素が入っている形になります。

終了タグの省略

原則として、開始タグと終了タグはペアで存在しますが、HTML構文の場合、終了タグは省略できる場合があります。

ある要素の終了タグが省略できるかどうかのルールは、仕様の各要素の説明に記載されています。これまでに何度か出てきたp要素の場合は、以下のように記載されています。

> MEMO
> 4.4.1 The p element
> https://html.spec.whatwg.org/multipage/grouping-content.html#the-p-element

> Tag omission in text/html: A p element's end tag can be omitted if the p element is immediately followed by an address, article, aside, blockquote, details, div, dl, fieldset, figcaption, figure, footer, form, h1, h2, h3, h4, h5, h6, header, hgroup, hr, main, menu, nav, ol, p, pre, section, table, or ul element, or if there is no more content in the parent element and the parent element is an HTML element that is not an a, audio, del, ins, map, noscript, or video element, or an autonomous custom element.

親要素と直後の要素が一定の条件の場合に、終了タグを省略できることがわかります。具体的には、02の例は03のように省略できます。

03 終了タグの省略

```
<p>これは本文です。
<p>この<mark>キーワード</mark>はこの文章で重要なものを表します。
```

省略された終了タグ</p>は、04のようにブラウザーによって補われて解釈されます。

04 ブラウザーによる03の解釈

```
<p>これは本文です。</p>
<p>この<mark>キーワード</mark>はこの文章で重要なものを表します。</p>
```

p要素のほかに終了タグが省略可能な要素としては、li要素、dt要素、dd要素、tr要素、th要素、td要素、caption要素、thead要素、tbody要素、tfoot要素、option要素、rp要素、rt要素などが挙げられます。

終了タグが省略できない要素についても見てみましょう。たとえばmark要素の場合、以下のように記載されています。

> Tag omission in text/html: Neither tag is omissible.

開始タグも終了タグも省略できないとあります。このように書かれている要素の場合、終了タグを必ず書かなくてはなりません。

終了タグを持たない要素

終了タグの省略が可能な要素が存在する一方で、そもそも終了タグを持たない要素もあります。05は、br要素の使用例です。

05 br要素の使用例

```
<p>詩などの<br>文章では<br>改行位置が<br>重要になることもあります。</p>
```

br要素は改行を指定する要素で、その位置で改行されることが期待されます。タグ省略については、仕様に以下のように記載されています。

> Tag omission in text/html: No end tag.

終了タグを持たないとあります。このように、終了タグを持たない要素を「空要素(void element)」と呼びます。空要素はその性質上、常に内容が空になります。

開始タグの省略

要素によっては、終了タグだけでなく、開始タグも省略できる場合があります。具体的には、html要素、head要素、body要素、tbody要素が該当します。06はタグを省略して記述した例です。

MEMO

要素によっては終了タグが省略できますが、HTMLコードのメンテナンス性の観点からは、終了タグを省略せずにHTMLを記述することが望ましいでしょう。本書のコード例では、省略可能な終了タグを省略せずに記載しています。

MEMO

4.5.23 The mark element
https://html.spec.whatwg.org/multipage/text-level-semantics.html#the-mark-element

MEMO

HTML構文の場合、空要素の終了タグを書くことはできません。書いた場合は構文エラーとなります。XML構文の場合はすべての要素に終了タグが必要で、br要素ならば
</br> のように書くか、あるいはXMLの「空要素タグ(empty-element tag)」を利用して
 のように書きます。
XMLの空要素タグの記法はHTML構文でも許可されており、HTML仕様ではこれをself-closing-tagと呼びます。
と書いた場合、XML構文では空要素タグ、HTML構文ではself-closing-tagと解釈され、どちらの構文にも適合します。

MEMO

要素の内容についてはCHAPTER 2-4で説明します。

06 タグを省略した記述例

```
<!DOCTYPE html>
<title>test</title>
<table>
  <tr><th>見出し1<td>データ1
  <tr><th>見出し2<td>データ2
</table>
```

html要素、head要素、body要素、tbody要素の開始タグが書かれていません。しかし、このマークアップは構文エラーではなく、07のように解釈されます。

07 ブラウザーによる06の解釈

```
<!DOCTYPE html>
<html>
  <head>
    <title>test</title>
  </head>
  <body>
    <table>
      <tbody>
        <tr>
          <th>見出し1</th>
          <td>データ1</td>
        </tr>
        <tr>
          <th>見出し2</th>
          <td>データ2</td>
        </tr>
      </tbody>
    </table>
  </body>
</html>
```

06ではhtml要素、head要素、body要素、tbody要素を表すタグは一切書かれていませんでしたが、実際には要素が存在することになります。

要素の入れ子

ある要素の内部に別の要素が入っていることを「入れ子(nest)」といいます。ある要素の内部に別の要素を入れることを「入れ子にする」または「ネストする」といいます。

入れ子は多重にできます。08の例では、body要素の中にp要素が入れ子になり、その中にさらにmark要素が入れ子になっています。

08 入れ子の記述例

```
<body>
  <p>この<mark>キーワード</mark>はこの文章で重要なものを表します。</p>
</body>
```

MEMO

開始タグを省略してしまうと、HTMLのソースコードを読んだときに要素の存在がわかりにくく、挙動も予想しにくくなります。また、属性も記述できません。そのため、開始タグの省略はほとんど行われません。

ある要素の中に入っている要素を、その要素の「子孫(descendant)」といいます。また、ある要素の直下にある要素を「子(child, children)」といいます。

逆に、ある要素のすぐ外側の要素を「親(parent)」、親の親なども含む外側の要素全般を「祖先(ancestor)」といいます。

08の例では、mark要素は、p要素の子要素であり、子孫要素です。また、body要素の子孫要素でもあります。ただし、body要素の子要素ではありません。

なお、ある要素の子になれる要素は決まっています。たとえば、p要素の中にmark要素を入れることはできますが、mark要素の中にp要素を入れることはできません。詳しくはCHAPTER 2-4で説明します。

●誤った入れ子とエラー処理

要素は、複数の要素にまたがることはできません。たとえば、09のようにマークアップしたとします。

09 複数の要素にまたがる、誤った入れ子の例

```
<p>ある<mark>長いキーワード</p>
<p>キーワードの続き</mark>はこの文章で重要なものを表します。</p>
```

このようなマークアップは、誤った入れ子であるため、不正なものとしてエラーになります。実際には、ブラウザーはこのようなエラーに出会うと、マークアップを10のように修正して解釈します。

10 ブラウザーによる09の解釈

```
<p>ある<mark>長いキーワード</mark></p>
<p>キーワードの続きはこの文章で重要なものを表します。</p>
```

エラー処理の方法は要素によって異なり、予想困難な挙動になることもあります。CHAPTER 2-8の「終了タグを書き漏らした際のエラー」(P090)も参照してください。

HTML文書とDOCTYPE

1つの文書全体をHTMLとしてマークアップしたものを「HTML文書(HTML document)」と呼びます。

HTML文書を完成させるためには、文書の先頭に11のように「DOCTYPE」と呼ばれるマークを書きます。大文字小文字は区別しないため、小文字で書くこともできます。

11 DOCTYPEの記述

```
<!DOCTYPE html>
```

MEMO

HTMLを他の文書に埋め込む場合など、文書の全体ではなく、一部分だけを切り出して扱うこともあります。HTMLの切り出した一部分を「HTML断片(HTML fragment)」と呼びます。本書におけるHTMLの例示のほとんどは、HTML断片になります。

歴史的な理由により、ブラウザーは、DOCTYPEがないHTML文書を古いものとみなし、特殊な扱いをします。DOCTYPEを記述するのは、その処理を防ぐためで、それ以上の意味はありません。

> **MEMO**
> この特殊な扱いはquirks modeと呼ばれます。互換モード、奇癖モードと呼ばれることもあります。詳細はMDNの「後方互換モードと標準準拠モード」を参照してください。
> https://developer.mozilla.org/ja/docs/Web/HTML/Quirks_Mode_and_Standards_Mode

最低限のHTML文書

ここまでの説明で、ひとまずHTML文書を作成する準備が整いました。12は、タグを一切省略していない最低限のHTML文書のサンプルです。

12 HTMLのサンプル

```
<!DOCTYPE html>
<html>
  <head>
    <title>最低限のHTML</title>
  </head>
  <body>
    <h1>最低限のHTML</h1>
    <p>これはHTML文書です！</p>
  </body>
</html>
```

COLUMN

DOCTYPEの互換性と文書型宣言

CHAPTER 1-3で説明したように、古いHTMLはSGMLのルールに従っており、DTD（文書型定義）が必須でした。SGML文書ではDTDを参照するために、文書の先頭に「文書型宣言」という記述が必要です。HTML 4では01のような記述になります。

HTML 5はSGMLではなくなり、理論上は文書型宣言が不要になりました。その一方で、ブラウザーは文書型宣言の文字列によって、quirks modeで解釈するかどうかを判定していました。そのため、ブラウザーがquirks modeと解釈しないような必要最小限の文字列を書く必要があったのです。こうして現在のDOCTYPEが生まれました。

しかし、このDOCTYPEはSGMLの文書型宣言として妥当な形式ではありません。もはや文書型宣言とは呼べないため、単に「DOCTYPE（the DOCTYPE）」と呼ばれています。

なお、SGMLやXMLを出力するプログラム（XSLTプロセッサーなど）でHTMLを生成する場合、妥当な文書型宣言しか扱えないことがあります。そのような場合、SGMLの文書型宣言として妥当な形式となる、02のような記述も許されています。

01 HTML4の文書型宣言

```
<!DOCTYPE html PUBLIC "-//W3C//DTD HTML 4.01//EN">
```

02 SGMLの文書型宣言として妥当なDOCTYPE

```
<!DOCTYPE html system "about:legacy-compat">
```

02 属性

THEME テーマ

CHAPTER 2-1では、タグを使って要素をマークアップする方法を紹介しました。ここではー歩進んで、要素に属性を付ける方法について紹介します。

属性の基本

CHAPTER 2-1で説明したように、HTMLではタグを使って要素の種類と範囲を明示します。HTMLのハイパーリンクはa要素で表現しますが、テキストを単純にa要素でマークアップすると、01のようになります。

01 要素の記述例

```
<p>詳しくは<a>HTML Living Standard</a>をご覧ください。</p>
```

リンクとなるテキストの範囲は明示できましたが、肝心のリンク先の情報がありません。そこで、リンク先の情報を01に追加してみると、02のようになります。

02 01にリンク先を追加した例

```
<p>詳しくは<a href="https://html.spec.whatwg.org/">HTML Living Standard</a>をご覧ください。</p>
```

開始タグの中にhrefで始まる文字列を入れて、リンク先のURLの情報を表現しています。このように、要素に情報を付け加える表現を「属性(attribute)」といいます。

属性には名前と値があり、それぞれ「属性名(attribute name)」、「属性値(attribute value)」といいます。02では、属性名がhref、属性値がhttps://html.spec.whatwg.org/となります。

MEMO

HTML構文では、属性名の大文字小文字を区別しません。大文字は小文字に変換されて解釈されます。属性値の大文字小文字の区別は、属性によって異なります。

属性の書き方

属性を書くときは、属性名の後ろに= (U+003D、等号)を記述し、続けて属性値を書きます。属性値は、原則として" (U+0022、二重引用符)または' (U+0027、単一引用符)で括ります。引用符はどちらを使っても構いませんが、同じ引用符を用いてペアにしなければなりません。

03は、abbr要素にtitleという属性名の属性を指定し、属性値をaccessibilityとした例です。

03 属性の記述例

```
<abbr title="accessibility">a11y</abbr>
```

MEMO

属性値の引用符は省略できる場合もありますが、省略のルールはやや複雑であり、セキュリティ問題にもつながりやすいため、常に引用符で括るようにすべきです。CHAPTER 2-8の「引用符のない属性」(P089)も参照してください。

なお04のように、属性値の引用符と異なる引用符はそのまま記述できます。

04 単一引用符がある属性値を二重引用符で括って記述した例

```
<span title="Murphy's law">Anything that can possibly go wrong, does.</span>
```

複数の属性

05のように、属性は複数指定できます。

05 複数の属性を記述した例

```
<a rel="external" href="https://html.spec.whatwg.org/">HTML Living Standard</a>
```

属性の前後は、1つ以上の「ASCII空白文字(ASCII whitespace)」で区切ります。改行もASCII空白文字であるため、06のようにも記述できます。

06 複数の属性を改行で区切った例

```
<a
  rel="external"
  href="https://html.spec.whatwg.org/"
>HTML Living Standard</a>
```

属性値

属性値の形式は、属性ごとに決められています。多くの属性は任意のテキストを値に指定できますが、特定の値しか取れない属性もあります。

ブール型属性

属性の中には、真偽、on/offだけを表すものがあります。そのような属性を「ブール型属性(boolean attribute)」と呼びます。たとえば、要素を非表示にするhidden属性はブール型属性で、07のように指定します。

07 ブール型属性の記述例

```
<p hidden="hidden">この内容は表示されません</p>
```

07のように、ブール型属性では、属性名と同じ属性値を書くことで、その属性が有効であることを表します。しかし、属性名と同一の値を書くのは冗長なため、08のように省略する書き方も許可されています。

08 省略した記述例

```
<p hidden="">この内容は表示されません</p>
<p hidden>この内容は表示されません</p>
```

いずれも、hidden="hidden"と書いた場合と同じ効果を持ちます。ブール型属性を無効にする場合は、09のように属性自体を省略します。

MEMO

同じ属性名を持つ属性は、1つの要素に1つしか指定できません。詳細はCHAPTER 2-8を参照してください。

MEMO

ASCII空白文字はInfra Standardで定義されており、U+0009 (タブ)、U+000A (LF)、U+000C (FF)、U+000D (CR)、U+0020 (ASCIIスペース)が含まれます。
https://infra.spec.whatwg.org/#ascii-whitespace

なお、HTML構文の場合、構文解析前の「改行の正規化(normalize newlines)」により、CRやCR+LFはLFに置き換えられてからパースされます。
https://html.spec.whatwg.org/multipage/parsing.html#preprocessing-the-input-stream

MEMO

ブール型属性は真偽属性や論理属性などと呼ばれることもあります。

MEMO

hidden=""は属性値が空ですが、属性は有効で、真、onを意味することに注意してください。

09 属性自体を省略した、hiddenの無効な例

```
<p>この内容は表示されます</p>
```

列挙型属性とキーワード

属性の中には、決められた値しか取れないものがあります。たとえば、dir属性は属性値として"ltr"、"rtl"、"auto"のいずれかを指定する必要があり、これ以外の値は指定できません。

このように、あらかじめ列挙された候補の中から1つを選ぶ形の属性を「列挙型属性(enumerated attributes)」といいます。また、列挙されている属性値の候補それぞれを「キーワード(keywords)」といいます。

列挙型属性のキーワードは、大文字小文字を区別しません。dir="rtl"とdir="RTL"とdir="RtL"はすべて同じ意味になります。

●デフォルト時の挙動

列挙型属性にキーワード以外の値を指定すると、構文エラーとなります。この場合の挙動は属性ごとに異なります。属性によっては、エラー時に採用されるフォールバックの値が定義されています。また、その属性自体を省略した場合のデフォルトの値が定義されている場合もあります。

たとえば、dir属性の場合、エラー時の値もデフォルトの値も定義されていません。不正な値を指定した場合は、dir属性を指定していない場合と同様、書字方向に何も影響を与えません。

エラー時の値とデフォルトの値が定義されている例には、form要素のautocomplete属性があります。"on"か"off"のいずれかのキーワードを指定する必要がありますが、他の値が指定されたり、この属性自体がない時には"on"を指定した場合と同様の挙動になります。

エラー時の値やデフォルトの値がキーワードのどれとも一致しない場合もあります。th要素のscope属性に指定できるキーワードは、"col"、"colgroup"、"row"、"rowgroup"のいずれかですが、scope属性が指定されていない場合、いずれとも異なる"auto"という状態になります。

数字

属性値を数字で指定するものもあります。数字には、「符号付き整数(signed integers)」、「非負整数(non-negative integers)」、「浮動小数点数(floating-point numbers)」などの種類があり、属性によって取りうる数字は異なります。

いずれの数字も、基本的に「ASCII数字(ASCII digit)」の0～9で指定します。

●長さの指定

属性値で、要素の幅や高さを指定するケースがあります。典型例は、画像データ自体のサイズのヒントをブラウザーに伝えるimg要素のheight属性やwidth属性です。属性値には数値をASCII数字で指定し、単位は含めません。長さの単位はCSSピクセルとなります。

MEMO

dir属性の詳細はCHAPTER 3-5で説明します。

MEMO

列挙型属性は列挙属性と呼ばれることもあります。

MEMO

不正な値が指定されたエラー時の値を「invalid value default」、属性省略時のデフォルトの値を「missing value default」と呼びます。

MEMO

scope属性に"auto"という値は指定できません。値"auto"を指定した場合は構文エラーとなりますが、エラー時の値が採用され、結果としてautoの状態になります。

MEMO

全角数字はASCII数字ではないため、全角数字で指定しても数字を指定したことにはなりません。

MEMO

現在では、表示サイズをCSSで制御するため、表示サイズに関する属性はほとんど廃止されています。img要素のheight属性やwidth属性は、画像の表示サイズの指定ではなく、画像自体のサイズのヒントを与えるものとして残されています。
以前のHTMLでは"50%"のようなパーセンテージ値も指定できましたが、これは画像サイズのヒントとしては利用できないため、現在のHTMLではパーセンテージ値を指定できません。

日付と時刻

日付や時刻を指定するタイプの属性もあります。たとえばins要素やdel要素のdatetime属性には、日付や時刻を指定できます。日付と時刻の形式は、ISO 8601とよく似た、HTML仕様に定められた形式を用います。

●日付のみの指定

日付のみを指定する場合は、4桁の年、2桁の月、2桁の日をハイフンでつないだYYYY-MM-DDの形式を使います。区切り文字はハイフンでなければならず、スラッシュやスペースで区切ることはできません10。

10 日付の指定例

```
<ins datetime="2020-04-01">
```

●日付に時刻を追加した指定

日付に加えて時刻を指定する場合は、日付の後に大文字のTもしくはASCIIスペースを1つ入れ、日付と時刻を区切ります。

時刻は、2桁の時と分をコロンでつないで00:00のように書きます。

さらにタイムゾーンの情報を入れます。ins要素やdel要素で時刻を指定する場合、タイムゾーンの情報は必須で、省略できません。+に続けて2桁の時、2桁の分を連続して表記します。日本のローカルタイムの場合、UTC（協定世界時）との時差が+9時間ですから、+0900となります11。

11 日本のローカルタイムによる時刻の指定例

```
<del datetime="2020-04-01T00:00+0900">
<del datetime="2020-04-01 00:00+0900">
```

UTCの場合は、+0000と同じ意味を表すZの1文字でも指定できます12。

12 UTCによる時刻の指定例

```
<del datetime="2020-04-01T09:00+0000">
<del datetime="2020-04-01T09:00Z">
```

URL

属性値としてURLを指定する属性も多数あります。代表例は、最初に示したような、a要素のhref属性でリンク先を指定するものです。img要素のsrc属性など、読み込み先のリソースの指定にもURLを使用します。

属性値としてURLを指定する場合、基本的には絶対URLと相対URLのどちらも利用できます13。URLの詳細な書式はCHAPTER 2-3で説明します。

13 絶対URL（上）と相対URL（下）の指定例

```
<a href="https://example.com/corporate/about">example社の会社概要</a>
<a href="../about">会社概要</a>
```

MEMO

本書での日付と時刻の説明は概要です。正確な規定は仕様を参照してください。
2.3.5 Dates and times
https://html.spec.whatwg.org/multipage/common-microsyntaxes.html#dates-and-times

MEMO

日付と時刻の区切り文字は、スペースで区切る場合、スペースは1つだけです。複数のスペースを入れることはできません。また、Tで区切る場合も前後にスペースを入れることはできません。

MEMO

時刻には秒やミリ秒も指定できますが、本書では割愛します。

MEMO

アルファベット1文字での記述は、タイムゾーンを表すMilitary time zonesと呼ばれるものです。タイムゾーンについては、タイムゾーン呪いの書（知識編）が非常に詳しいです。
https://zenn.dev/dmikurube/articles/curse-of-timezones-common-ja

03 URLの応用

THEME テーマ

HTMLの属性には、属性値としてURLを指定するものが多数あります。URLについては既にCHAPTER 1-5で説明しましたが、ここではURLのさまざまな形式と、属性値として指定する際の注意点を説明します。

絶対URLと相対URL

属性の中には、値としてURLを指定するものがあります。代表例はa要素のhref属性です 01。

01 絶対URLをhref属性に記述した例

```
<a href="https://example.com/foo/bar.html">bar</a>
```

スキームから始まる形式のURLは、「絶対URL（absolute URL）」といいます。01 は絶対URLで記述した例です。

一方で、スキームで始まらない形式のURLを「相対URL（relative URL）」といいます。属性にURLを指定する場合、相対URLも利用できます 02。

02 相対URLをhref属性に記述した例

```
<a href="../bar.html">bar</a>
```

相対URLは、「基準URL（base URL）」からの相対位置を示すものです。基準URLはbase要素で指定できますが、base要素による指定がない場合は現在のURLが基準URLとなります。

相対URLには、さらに以下のような種類があります。

- スキーム相対URL（scheme relative URL）
- パス絶対URL（path absolute URL）
- パス相対URL（path relative URL）

スキーム相対URL

スキーム相対URLは、絶対URLからスキームと:を取り除いたもので、先頭が//で始まり、ホスト名が続きます 03。

03 スキーム相対URLの例

```
//example.com/foo/bar.html
```

スキーム相対URLを使用した場合、スキームは基準URLと同じものとみなされます。03 の例は、基準URLのスキームがhttpsならばhttps://example.com/foo/bar.htmlに、httpならばhttp://example.com/foo/bar.htmlと同じになります。

MEMO

正確には、「absolute URL」「relative URL」はそれぞれ、「absolute-URL string」「relative-URL string」としてURL Standardで定義されています。
https://url.spec.whatwg.org/#absolute-url-string

MEMO

スキーム相対URLは、URL Standardでは「scheme-relative-URL string」として定義されています。

パス絶対URL

パス絶対URLは、スキーム相対URLから//とホスト名を取り除いたもので、先頭が/で始まり、パスの記述が続きます 04。

04 パス絶対URLの例

```
/foo/bar.html
```

パス絶対URLを使用した場合、スキームとホスト名は基準URLと同じものとみなされます。

パス相対URL

パス相対URLは、先頭が/で始まらないパスです 05。

05 パス相対URLの例

```
foo/bar.html
```

パス相対URLを使用した場合、スキームとホスト名は基準URLと同じとみなされ、基準URLからの相対パスとして解釈します。

パスの/で区切られたそれぞれの部分を「URLパスセグメント(URL path segment)」といいます。 05 の例ではfooとbar.htmlがURLパスセグメントにあたります。

特殊なURLパスセグメントとして、現在と同じ階層を示す.（単一ドットパスセグメント：single-dot path segment)と、親階層を示す..（二重ドットパスセグメント：double-dot path segment)があります。

パス相対URLでこれらを使用すると、現在の階層や親階層を指定できます。たとえば、基準URLのパスが/foo/bar/baz.htmlであるとき、以下のようになります。

- ./ → /foo/bar/
- ../ → /foo/
- ../../ → /
- ./baz2.html → /foo/bar/baz2.html
- ../baz2.html → /foo/baz2.html

URLに使える文字とパーセントエンコード

URLに使える文字は、「URLコードポイント(URL code points)」として定められています。具体的には、次の文字になります。

- ASCII英数字(ASCII alphanumeric)
- 記号類：!、$、&、'、(、)、*、+、,、-、.、/、:、;、=、?、@、_、~
- U+00A0～U+10FFFDのUnicode文字。ただし、「サロゲート(surrogates)」と「非文字(noncharacters)」を除く

MEMO

パス絶対URLは、URL Standardでは「path-absolute-URL string」として定義されています。

MEMO

パス絶対URLは名前に「絶対」とありますが、絶対URLではなく、相対URLの一種です。パス部分が絶対パスで書かれていますが、URL全体としては相対URLとなります。

MEMO

パス相対URLは、URL Standardでは「path-relative-URL string」として定義されています。

MEMO

URLパスセグメントは、URL Standardでは「URL-path-segment string」として定義されています。

MEMO

ASCII英数字は、ASCII英字およびASCII数字です。
https://infra.spec.whatwg.org/#ascii-alphanumeric

MEMO

括弧「(」および「)」がURLに使える文字であることに注意してください。メールなどで文中のURLがリンクになるような仕組みがありますが、(https://example.com)と書くと、末尾の)がURLの一部とみなされることがあります。不等号「<」および「>」はURLに使用できないため、URLを囲みたい場合は<https://example.com>のように不等号を使うと誤認識を防げます。

パーセントエンコード

URLに使えない文字や、特別な意味に解釈される文字は、「パーセントエンコードバイト(percent-encoded bytes)」として記述できます。文字をパーセントエンコードバイトに変換することを「パーセントエンコード(percent-encode)」といいます。

パーセントエンコードバイトは、%に続いて2桁の16進数で文字コードを表現します。たとえば、<は%3C、>は%3Eとなります。%文字そのものを書きたい場合は、%25と記述します。

非ASCII文字をパーセントエンコードする際には、原則としてUTF-8で符号化して扱います。たとえば、「日本語」という文字列の場合、UTF-8で符号化すると以下のようになります。

- 「日」(U+65E5)→ E6 97 A5
- 「本」(U+672C)→ E6 9C AC
- 「語」(U+8A9E)→ E8 AA 9E

これをパーセントエンコードすると06のようになります。

06 パーセントエンコードバイトの例

```
%E6%97%A5%E6%9C%AC%E8%AA%9E
```

パーセントデコード

パーセントエンコードされた文字を元に戻すことを「パーセントデコード(percent-decode)」といいます。パーセントデコードの処理では、%に続いて2桁の16進数と解釈できる文字が出現した場合、それを元の文字に戻します。たとえば、%2Fは/となります。

パーセントエンコード・デコードの処理の詳細については、URL Standardを参照してください。

&を含むURLを属性値に記述する場合

URLのクエリーには&が含まれることがあります。前述のように&はURLに使える文字であり、URLの中に出現しても問題ありません。しかし、&はHTMLの文字参照に使用する文字でもあるため、&を含むURLを属性値に記述するときは、&と書く必要があります07。

07 &を含むURLを属性値に記述する例

```
<a href="foo.php?name=a&amp;value=b">
```

MEMO
パーセントエンコードは、「URLエンコード」、「パーセントエンコーディング」などということもあります。

MEMO
文字の符号化、文字エンコーディングについてはCHAPTER 2-5で説明します。

MEMO
仕様上、%が単独で出現したり、後ろ2文字が16進数と解釈できない場合は、そのまま%という文字とみなすことになっています。たとえば、%xxxという文字列は、そのまま%xxxと解釈されます。
ただし、一部のウェブサーバーやプロキシーの実装では、%が単独で出現すると400 bad requestとしてエラーを返すものがあります。

MEMO
1.3. Percent-encoded bytes
https://url.spec.whatwg.org/#percent-encoded-bytes

MEMO
文字参照についてはCHAPTER 2-6で詳しく説明します。

サブリソースとURLスキーム

HTMLの要素の中には、属性に「サブリソース(subresource)」のURLを指定するものもあります。サブリソースとは、起点となるHTMLファイル以外のリソースで、HTMLに埋め込まれる画像などのメディアファイル、CSSファイル、JavaScriptファイルなどが該当します。

たとえば、img要素のsrc属性に画像のURLを指定すると、HTML文書の中に画像を埋め込んで表示できます 08。

08 src属性に画像のURLを指定した例

```
<img src="https://example.com/foo.png" alt="foo">
```

08 のURLのスキームはhttpsであり、サブリソースとして利用可能な「Fetchスキーム(fetch scheme)」に分類されます。Fetch Standardでは、以下のスキームをFetchスキームと定義しています。

- http、https：一般的に利用されるウェブを経由した取得
- file：ローカルファイルを指定して取得
- about：about:blankとして空のリソースを取得
- blob：JavaScriptなどで生成したデータURL
- data：インラインに埋め込まれるデータURL

Fetchスキーム以外のスキーム

Fetchスキーム以外のURLのスキームは、リソースを取得できないため、サブリソースとして利用できません。

たとえば、mailtoスキームやjavascriptスキームは、img要素のsrc属性に指定した場合、多くのブラウザーは壊れた画像のアイコンを表示します 09。

09 リソースを取得できないURLの記述例

```
<img src="mailto:foo@example.com" alt="foo@example.com">
<img src="javascript:alert(1)" alt="alert">
```

MEMO

それぞれのスキームの詳細な処理については、Fetch Standardの「4.2. Scheme fetch」を参照してください。
https://fetch.spec.whatwg.org/#scheme-fetch

MEMO

mailtoスキームはメール送信先のメールアドレスを示します。多くのブラウザーでは、mailtoスキームのURLへのナビゲーションが発生すると、メーラーを起動しようとします。

MEMO

javascriptスキームは、JavaScriptのコードをURLとして記述するもので、URLへのナビゲーションが発生するとJavaScriptが実行されます。

04 要素の入れ子と内容モデル

THEME テーマ

要素は入れ子にできますが、どこにでも自由に入れられるわけではありません。ここではそのルールの概要と、確認の仕方を説明します。

要素の入れ子のルール

01 にあるマークアップでは、p要素の子要素としてmark要素が出現し、入れ子になっています。これはルール上問題ありません。

しかし、この入れ子の関係を逆にはできません。つまり 02 にあるようなマークアップは不正となります。

01 正しい入れ子の例

```
<p>この<mark>キーワード</mark>はこの文章で重要なものを表します。</p>
```

02 不正な入れ子の例

```
<mark>この<p>キーワード</p>はこの文章で重要なものを表します。</mark>
```

02 は、p要素がmark要素の子要素になれないため不正となります。ある要素の内容に何を入れることができるかは、仕様で定義されています。このルールを「内容モデル(content model)」と呼びます。

内容モデルに反したマークアップは語彙的ルールに違反し、構文エラーとなります。

MEMO

内容モデルに反したマークアップが出現しても、原則としてエラー補正は行われず、そのままDOMツリーに追加されます。ただし、要素の種類によっては、直感に反したエラー補正が行われる場合もあります。CHAPTER 2-8も参照してください。

内容モデルの定義

HTML仕様の各要素の説明には、content modelの項目があり、そこで内容モデルが定義されています。前述のp要素やmark要素は、いずれも以下のようになっています。

Content model:
Phrasing content.

子としてPhrasing contentを持つことができると定義されています。Phrasing contentは要素の「カテゴリー(categories)」の1つで、mark要素をはじめとする多数の要素が属していますが、p要素はPhrasing contentに属していません。

そのため、p要素はPhrasing contentであるmark要素を子にできる一方で、mark要素はPhrasing contentではないp要素を子にできないことがわかります。

MEMO

4.4.1 The p element
https://html.spec.whatwg.org/multipage/grouping-content.html#the-p-element

4.5.23 The mark element
https://html.spec.whatwg.org/multipage/text-level-semantics.html#the-mark-element

カテゴリーによる内容モデルの定義

多くの要素は前述の例のように、カテゴリーを指定して内容モデルを定義しています。カテゴリーは仕様の3.2.5.2 Kinds of contentで規定されており、以下のようなものがあります。

- Metadata content
- Flow content
- Sectioning content
- Heading content
- Phrasing content
- Embedded content
- Interactive content

上記のカテゴリーのいずれにも属さない要素もあります。また、ある要素が複数のカテゴリーに属することもあります。内容モデルの定義によく出てくるのは、Metadata、Flow、Phrasingの3つです。

●Metadata

HTML文書のメタデータを扱う要素が属するグループです。原則としてhead要素内で使用され、画面上に表示されることはありません。Metadataにはlink、meta、title要素などが属します。

●Flow

HTML文書のコンテンツ内で使える要素のほとんどはFlowに属します。要素の内容モデルがFlowと定義されている場合、ほぼ任意の要素を子要素にできると考えて構いません。ただし、前述のMetadataや、tr要素、li要素など、特定の要素を親に持つ必要があるものを除きます。

Flowにはテキストも属しています。内容モデルがFlowと定義されている場合、要素の内容にテキストを直接入れることもできます。

●Phrasing

Flowに属する要素のうち、特に段落内のテキストに使用される要素がPhrasingに属します。Phrasingにはa、em、img、span、mark要素などが属します。また、テキストも属します。

Phrasingに含まれる要素はすべて、Flowにも属しています。逆は真ではなく、たとえばp、div、h1要素はFlowに属しますが、Phrasingには属しません。

要素間のASCII空白文字の扱い

テキストはFlowとPhrasingに属し、たいていの要素の子要素になることができます。ただし、スペースや改行などのASCII空白文字は、内容モデルの妥当性の判断においては特殊な扱いになります。

たとえば、03は構文エラーとなるマークアップです。

MEMO

3.2.5.2 Kinds of content
https://html.spec.whatwg.org/multipage/dom.html#kinds-of-content

MEMO

flowは「流れ」という意味ですが、ここでは「本文として流し込むことができるもの」というイメージです。CSSに通じている読者は、CSSのNormal Flowでレイアウトできる要素と捉えると想像しやすいでしょう。

MEMO

HTML4の知識がある読者は、HTML4での「インライン要素」に対応する分類がPhrasingだと考えるとわかりやすいでしょう。
ちなみに、「ブロックレベル要素」に対応する分類はありません。ブロックレベル要素とされていたものはFlowに分類されますが、FlowはPhrasingも含んでいるため、指すものが異なります。

03 構文エラーとなるマークアップの例

```
<ul>テキスト1<li>テキスト2</li></ul>
```

基本的にul要素の直下にはli要素しか入りませんが、03では「テキスト1」というテキストが入っているため、構文エラーとなります。

一方、04ではul要素の直下に改行とスペースによるインデントが入っています。このように、要素の内容の先頭と末尾に出現するASCII空白文字を「inter-element whitespace」と呼びます。

04 改行とスペースを入れた例

```
<ul>
  <li>テキスト</li>
</ul>
```

内容モデルの考慮においては、inter-element whitespaceは無視します。タグ前後の改行やインデントは、内容モデルに影響しません。04の例は内容モデルに違反せず、問題ないということになります。

ただし、内容モデルに影響しないだけで、テキストとしては扱われます。04のマークアップに05のようなJavaScriptを実行すると、テキストノードの存在を確認できます。要素のスタイルによっては表示に影響を及ぼす場合があるため注意が必要です。

05 04に対するJavaScriptコード断片と返り値

```
document.querySelector('ul').childNodes[0];
// textオブジェクトが返ってくる

document.querySelector('ul').childNodes[0].nodeName;
// "#text"が返ってくる

document.querySelector('ul').childNodes[0].length;
// 改行1つとスペース2つを含むため長さは3
```

特殊な内容モデルの定義

要素によっては、要素のカテゴリーを参照せずに、内容モデルを文章で説明したり、特殊なキーワードで説明している場合があります。

カテゴリーに属さない要素の場合

要素のカテゴリーに属さない要素を子要素とする場合、内容モデルは文章で説明されます。たとえば、ol要素の場合は以下のようになっています。

> Zero or more li and script-supporting elements.

0個以上のli要素、もしくは「script-supporting elements」を子要素にしなければならないことがわかります。この定義では0個以上なので、内容モデルの観点からは内容を空にもできます。

複雑な説明が長文で書かれていることもあります。たとえばtable要素では、以下のように要素の出現順序を定義しています。

> In this order: optionally a caption element, followed by zero or more colgroup elements, followed optionally by a thead element, followed by either zero or more tbody elements or one or more tr elements, followed optionally by a tfoot element, optionally intermixed with one or more script-supporting elements.

他の要素を子要素にできない場合

他の要素を子要素にできない要素も存在し、同様に文章で説明されます。たとえばtitle要素の内容モデルは以下のようになっています。

> Text that is not inter-element whitespace.

inter-element whitespaceではないテキストという説明です。この場合、先頭と末尾のASCII空白文字を除いたテキストが要素の内容となり、他の要素は入れられません。

制限がある場合

内容モデルの通常の定義に加えて、特殊な制限が書かれていることもあります。たとえばbutton要素では以下のようになっています。

> Phrasing content, but there must be no interactive content descendant and no descendant with the tabindex attribute specified.

この場合、Phrasingに属する要素を子要素にできますが、Interactiveに属する要素やtabindex属性を持つ要素を子孫にできないという制限があります。

transparent内容モデル

内容モデルがtransparentとされている要素もあります。これは、親要素の内容モデルをそのまま透過的に適用するもので、a要素やins要素、del要素などが該当します。

内容モデルがtransparentである要素は、親要素の内容モデルを受け継ぎます。つまり、この要素の内容モデルは親要素に依存します。たとえば、ins要素をp要素の中で使うと06のようになります。

MEMO

script-supporting elements はscript要素とtemplate要素を指すもので、ほぼどこにでも書くことができます。

3.2.5.2.9 Script-supporting elements
https://html.spec.whatwg.org/multipage/dom.html#script-supporting-elements

MEMO

transparentは「透明、透過」といった意味です。

MEMO

3.2.5.3 Transparent content models
https://html.spec.whatwg.org/multipage/dom.html#transparent-content-models

06 ins要素の使用例

```
<body>
  <p><ins>new</ins></p>
</body>
```

p要素の内容モデルはPhrasingであるため、06 のins要素の内容モデルもPhrasingとなります。この場合、たとえばp要素のような、Phrasingに属さない要素を入れることはできません。

それに対して、07 は親要素がbody要素となっている例です。

07 ins要素の子にp要素を入れた例

```
<body>
  <ins>
    <p>new</p>
  </ins>
</body>
```

body要素の内容モデルはFlowであるため、07 のins要素の内容モデルはFlowとなり、p要素を入れることができます。

要素の内容モデルがtransparentだからといって、この要素がどこでも使えるわけではありません。08 は構文エラーとなる例です。

08 ul要素の子にins要素を入れた誤った例

```
<ul>
  <ins><li>new</li></ins>
</ul>
```

08 ではul要素の直下にins要素を入れようとしていますが、ul要素の子要素になれるのはli要素だけです。ins要素自体は、他の多くの要素と同様にFlowとPhrasingに属しているため、それらが許可される場所でしか使えません。08 は、09 のように書き直せます。

09 08 の修正例

```
<ul>
  <li><ins>new</ins></li>
</ul>
```

基本的には、内容モデルがtransparentである要素の開始タグ・終了タグを取り除いても成立するようにマークアップすれば問題ありません。

Nothing内容モデル

要素の中には、内容モデルがNothingとされているものがあります。この要素には、inter-element whitespaceを除き、テキストや要素を入れることができません。

内容モデルがNothingとなっている要素のほとんどは空要素で、終了タグが書けないものです。ただし例外もあり、たとえばiframe要素は内容モデルがNothingですが、終了タグを省略できません。

MEMO
空要素についてはCHAPTER 2-1も参照してください。

See prose

要素によっては、内容モデルにSee proseと書いてある場合があります。これは、内容モデルが複雑すぎてContent modelの項に書ききれないため、本文で説明しているものです。

MEMO
proseは「散文」といった意味で、要素定義の下にある説明文を指しています。

内容モデルの逆引き

仕様では、内容モデルの逆引きもできるように、「Contexts in which this element can be used」という記述もあります。たとえば、p要素では以下のように書かれています。

> Contexts in which this element can be used:
> Where flow content is expected.

Flowが許可される場所で使えることがわかります。p要素の場合は自明ですが、要素によってはこの記述が便利なこともあり、たとえばli要素では以下のようになっています。

> Contexts in which this element can be used:
> Inside ol elements.
> Inside ul elements.
> Inside menu elements.

li要素がol、ul、menu要素の子になれることがわかります。

ただし、これは規範情報ではなく参考情報であり、あくまで利便性のために書かれているものです。仕様での正確な定義については、内容モデルを確認する必要があります。

COLUMN

空要素のvoidとempty

HTML4では、空要素は「empty element」と呼ばれていました。これはSGMLに由来します。SGMLでは、要素の内容モデルを「EMPTY」と定義すると、自動的に終了タグが書けなくなるというルールでした。

CHAPTER 1-3で説明したように、現在のHTMLにはSGMLの制約はありません。そのため、内容が空で、かつ終了タグを持つ要素も定義できます。また、空要素の呼び名もvoid elementに変更されています。

日本語ではどちらも空要素とされることが多いので、仕様の日本語訳だけを読んでいると、名前が変わったことに気づかないかもしれません。

05 HTMLで扱える文字

THEME テーマ

ウェブブラウザーは、画像、映像などさまざまなデータを扱うことができますが、基本となるのはやはりテキストです。ここでは、テキストをデジタルデータとして扱う際の表現方法について説明します。

文字のデジタル表現

文字だけで構成されたデータをテキストデータと呼びます。先に説明したように、HTMLは、マークアップを含んだテキストデータです。

コンピューターがテキストを扱う際には、デジタルデータにして処理する必要があります。具体的には、文字を0と1で表される特定のビット列に対応させることで表現します。

テキストデータは別のコンピューターでも読み取れる必要があるため、文字をビット列で表現する際の共通規格が制定されました。

1963年にアメリカで作られたのが、「ASCII（American Standard Code for Information Interchange）」という規格です。制御文字、アルファベット、数字、記号などが定義されており、これらは今ではASCII文字と呼ばれています。

文字コード

ASCIIでは、128種類の文字に対して、7ビットのビット列を割り当てるルールを決めました。たとえば、スペース、0、A、aに対して、それぞれ以下のようなビット列を割り当てています。

- （スペース）→ 0100000（32, 0x20）
- 0 → 0110000（48, 0x30）
- A → 1000001（65, 0x41）
- a → 1100001（97, 0x67）

カッコ内は、ビット列を10進数表記、16進数表記で書いたものです。10進数や16進数の表記に対応させられることから、これは、文字に番号を振っているとも言えます。

このようにして文字に割り当てられた番号を「文字コード（character code）」と呼びます。また、このような文字コードの割り当てルールの体系全体を指して文字コードと呼ぶこともあります。

WORD

ビット列

ビット（bit）とはデジタルデータの最小単位のことで、onとoff、真と偽、0と1のような2値の情報を持つ。ビットを羅列したものがビット列で、通常、0と1を列挙して表現する。たとえば、1000001は7ビットの情報量を持つビット列となる。

MEMO

ASCII規格は、何度か規格番号が変更されたものの、長らくANSI X3.4-1986として広く知られていました。また、ASCIIの後に制定されたISO/IEC 646という規格のベースになりました。

MEMO

7ビットは、2の7乗で128通りのデータを表現できます。

MEMO

慣習的に、16進数の先頭には「0x」という接頭辞を付けて10進数と区別します。

MEMO

ASCII規格に基づく文字コードの体系を「US-ASCII」と呼びます。

符号化文字集合

ASCIIは7ビットで文字を表現していましたが、7ビットで表現できるパターンは128通りしかありません。英数字のみを扱う場合は問題ありませんが、英語圏以外ではより多くの文字を扱う必要があります。そこで、ASCIIを拡張する形で、さまざまな文字コードの規格が作られました。

たとえば、ASCIIを8ビットに拡張して文字を追加したものがISO/IEC 8859-1という規格です。ISO/IEC 8859-1では、ASCIIにはなかった通貨記号(£、¥など)や、フランス語などで使われるアクセント付き文字(àなど)、ドイツ語などで使われるウムラウト付き文字(äなど)などが追加され、西ヨーロッパの諸言語に対応しています。

このように、番号を付けた文字の集まりのことを「符号化文字集合(coded character set)」と呼びます。また、特定の符号化文字集合における文字の番号を「コードポイント(code point)」あるいは「符号位置」と呼びます。

現在、もっとも広く利用されている文字コードの体系は、Unicodeと呼ばれる規格です。それまで、国やメーカーごとに異なっていた文字コードを単一の規格に統合することを試みた規格で、現在使われている各国語の文字だけでなく、古代の文字や各種記号にも対応しています。日本語では、ひらがな、カタカナ、漢字も含まれますし、最近では絵文字にも対応しています。

Unicodeのコードポイントは「Unicodeスカラー値(Unicode scalar value)」と呼び、「U+」に続けて16進数で表記します。たとえば、ひらがなの「あ」には10進数で12354、16進数で0x3042というコードポイントが割り当てられているため、Unicodeスカラー値はU+3042となります。同様に、🍣(寿司の絵文字)ではU+1F363となります。

MEMO
ISO/IEC 8859-1の規格に基づく文字コードの体系を「ISO-8859-1」と呼びます。ISO-8859-1はLatin-1と呼ばれることもあります。

MEMO
符号化文字集合は、単に「文字集合(character set)」あるいは「文字セット」と呼ぶこともあります。

MEMO
Unicodeとほぼ同等の規格として、ISO/IEC 10646が制定・保守されています。ISO/IEC 646にちょうど10000を加えた規格番号になっています。

文字エンコーディング

ASCIIやISO/IEC 8859-1が定義した文字コードの体系はシンプルで、文字数も少ないため、コードポイントをそのまま使っていました。しかし、複数の符号化文字集合を同時に扱いたい場合や、多数の文字を扱う必要がある場合などは、コードポイントをそのままビット列として表現すると不都合があります。

そこで、コードポイントを一定のルールで変換してから表現するという方法が考え出されました。このように、文字を実際のビット列に変換することを「符号化(encode, encoding)」といいます。そして、この符号化を行う際の変換ルールを「文字エンコーディング(character encoding)」と呼びます。

たとえば、UTF-8と呼ばれる文字エンコーディングを使用した場合、Unicodeの「あ」(U+3042)は0xE3 0x81 0x82というビット列に符号化されます。

MEMO
文字エンコーディングは「文字符号化方式」と呼ぶこともあります。単に「エンコーディング」と呼ばれることもあります。

HTMLで扱う符号化文字集合

CHAPTER 1-3で述べたように、初期のHTML(HTML 2.0～HTML 3.2)では日本語の文字が扱えませんでした。これは、初期のHTMLが符号化文字集合としてISO/IEC 8859-1を扱う仕様だったためです。

その後、HTML 2.x (HTML i18n)でHTMLの国際化の仕様が作られ、HTML4では符号化文字集合としてISO/IEC 10646を扱う仕様となりました。これはUnicodeの文字がすべて扱えるのとほぼ同義であり、現在のHTML仕様も同様にUnicodeの文字のすべてを扱えます。

MEMO
ただし、文字が扱えることと、文字が確実に表示できることは必ずしも等価ではありません。HTMLの仕様としては扱えても、端末にその文字を表示できるフォントがなければ表示されません。

HTMLで扱う文字エンコーディング

現在のHTMLで扱う文字エンコーディングはEncoding Standardにまとめられています。

Encoding Standardでは、コンテンツ制作者はUTF-8を使わなければならないとしています。今後新規に作成するHTML文書の文字エンコーディングは、UTF-8でなければなりません。

UTF-8以外の文字エンコーディングも定義されていますが、そのほとんどは「レガシーエンコーディング(legacy encoding)」とされています。これは、ユーザーエージェントが過去の文書を表示するためのものであり、コンテンツ制作者が利用すべきものではありません。

日本語のHTML文書で伝統的に使われてきたShift_JIS、EUC-JP、ISO-2022-JPもレガシーエンコーディングとして定義されています。

MEMO
Encoding Standard
https://encoding.spec.whatwg.org/

MEMO
レガシーエンコーディングで扱う符号化文字集合はUnicodeよりも文字数が少ないため、レガシーエンコーディングでは表現できない文字も存在します。そのような文字も、文字参照を利用すれば表現可能です。文字参照についてはCHAPTER 2-6で扱います。

文字エンコーディングの判定

HTML文書を処理する際には、まず文字エンコーディングを判定する必要があります。以下に文字エンコーディングの判定の概要を述べます。詳しくはHTML仕様の12.2.3.2 Determining the character encodingを参照してください。

まず、以下のような処理で判定を試みます。

- ユーザーが文字エンコーディングをブラウザーなどで指定している場合、それを採用する
- HTTPレスポンスヘッダーのContent-Typeで文字エンコーディングが指定されていれば、それを採用する
- HTMLの解析を始める前に先頭1024バイトを読み、その中に<meta charset>がないか探し、あればそこで指定されたものを採用する

ここまでで文字エンコーディングが確定しない場合、ユーザーエージェントは文字エンコーディングの推測をしながらHTMLの解析を始めることになります。具体的には、次のような方法で推測します。

MEMO
13.2.3.2 Determining the character encoding
https://html.spec.whatwg.org/multipage/parsing.html#determining-the-character-encoding

- 直前にいたページの文字エンコーディングから推測する
- 出現するビット列から推測する

コンテンツ制作者側の対応としては、ファイルの先頭1024バイト以内に<meta charset>を書くようにするのがもっとも簡単な方法です。

なお、<meta charset>よりもHTTPレスポンスヘッダーの設定が優先されるため、可能であればHTTPレスポンスヘッダーで指定するのが最良です。

> **MEMO**
> <meta charset>が先頭1024バイトで見つからず、HTMLの解析中に推測と異なる<meta charset>が見つかった場合、文字エンコーディングを変更してHTMLの解析をやり直します。HTMLの解析が最初からやり直しになるため、パフォーマンスが低下する可能性があります。

誤判定と文字化け、セキュリティ問題

テキストデータの文字エンコーディングが正しく判定できないと、データを適切な文字に復元できず、文字化けを引き起こすことになります。

たとえば、「テキストです」という文字列をShift_JISで符号化し、それをUTF-8として解釈した場合、01のように表示されてしまいます。

01 文字化けの例

```
�e�L�X�g�ł��B
```

文字エンコーディングの誤判定はセキュリティ上の問題につながることもあります。ここでは詳細は述べませんが、Shift_JISと誤判定させて先行バイト埋め込みによって後ろの文字を消す方法や、UTF-7と誤判定させて文字種のチェックをすり抜ける方法などがあります。

このため、HTML文書を作成する際には、文字エンコーディングを明確にして、誤判定が起きないようにすることが重要です。

06 / 文字参照

THEME テーマ ときには、HTMLのタグなどをそのままテキストとして書きたいこともあります。ここでは、そのような場合に利用できる文字参照の仕組みについて説明します。

文字参照の概要

HTMLのタグについて、タグとして解釈されると困る場合があります。01は、HTMLのタグの書き方を説明している文章です。

01 HTMLのタグを解説するテキスト

```
見出しの先頭に<h1>を、末尾に</h1>を入れてください
```

01をHTMLで表現するために、単純にp要素を使用して02のようにマークアップしてみます。02をブラウザーで表示すると03のようになってしまいます。

02 p要素で01をマークアップした例

```
<p>見出しの先頭に<h1>を、末尾に</h1>を入れてください</p>
```

03 ブラウザーによる02の表示例

見出しの先頭に

を、末尾に

を入れてください

03は、<の文字がタグを開始するマークと解釈され、<h1>がテキストではなくタグと認識された結果です。

このような場合には、「文字参照(character reference)」という仕組みを利用することで、文字をマークとして認識されないようにできます。02は、04のように書くことができます。

04 02を書き換えた記述例

```
<p>見出しの先頭に&lt;h1>を、末尾に&lt;/h1>を入れてください</p>
```

<という文字の代わりに、<という文字列を書きました。これが文字参照です。<という記述は、<という文字に置き換わります。<を直接書いた場合と異なり、マークとして解釈されることはありません。

このように、特別な意味を持つ文字について、特殊な書き方をすることで意味を失わせることを「エスケープ(escape)」といいます。

文字参照の方法は大きく2種類あります。1つが「名前付き文字参照(named character reference)」、もう1つが「数値文字参照(numeric character reference)」です。

いずれの文字参照も、& (U+0026、アンパサンド)で始まり、; (U+003B、セミコロン)で終わります。

名前付き文字参照

名前付き文字参照は、文字を名前で参照する方法です。先ほど紹介した< は名前付き文字参照の例で、lt; の部分が名前です。

名前付き文字参照には、比較的覚えやすい名前が使われています。たとえばltは「less than」の略で、小なり記号<に対応します。

HTMLでは、名前付き文字参照が延べ2230種類定義されています。すべての文字を網羅しているわけではなく、名前付き文字参照では表現できない文字もあります。

大文字小文字の区別

名前付き文字参照では、名前の大文字と小文字を区別します。通常、大文字と小文字の違いで別の文字を指します。たとえば、á はアキュートアクセントの付いた小文字の「á」を表しますが、Á は大文字の「Á」を表します。

なお、よく使われる&、<、>、" については、過去との互換性のために大文字の参照も定義されており、& のようにすべて大文字で書いても展開されます。ただし、&Amp; のように大文字と小文字の混ざったものは定義されていないので、この場合は展開されません。いずれにせよ、互換性のためのものなので、小文字で記述するべきです。

末尾のセミコロンがない場合のエラー処理

名前付き参照の末尾にはセミコロンが存在しなければならず、これを忘れるとエラーとなります。

ただし、一部の名前付き文字参照では、セミコロンのない名前も登録されています。その場合、例外的にセミコロンなしで文字参照として展開されます。

たとえばamp; の場合、セミコロンがないampも登録されています。そのため、セミコロンを書き忘れて&ampと書いても、エラー処理の結果として文字参照が有効になり、&に展開されます。

ただし、属性値の中ではエラー処理の結果が異なり、セミコロンのない文字参照は無効となって、書いたままの文字列&ampとして解釈されます 05。

MEMO

HTML仕様では、名前付き文字参照の名前はセミコロンを含む形で定義されています。これは後述のエラー処理との兼ね合いです。名前付き文字参照の末尾にセミコロンを2つ書くというわけではありません。

MEMO

2230種類は、同じ文字に別名が付いているものと、セミコロンの有無が両方定義されているものを含んだ延べ数です。仕様に一覧があります。
12.5 Named character references
https://html.spec.whatwg.org/multipage/named-characters.html

MEMO

一覧に登録されていない、末尾にセミコロンのない名前(例:&Aacute)の場合は、展開されずに文字列がそのまま表示されます。

MEMO

具体的には"missing-semicolon-after-character-reference parse error"となります。詳細は以下を参照してください。
13.2.5.73 Named character reference state
https://html.spec.whatwg.org/multipage/parsing.html#named-character-reference-state

05 セミコロンの有無による処理の違い

書いた内容	処理結果	備考
<p>&</p>	<p>&</p>	展開される
<p>&amp</p>	<p>&</p>	エラーだが、エラー処理の結果として展開される
href="&"	href="&"	展開される
href="&amp"	href="&amp"	エラー。属性値中では展開されない

属性値のエラー処理が特別扱いされているのは、URLに使用される&のエスケープのし忘れで問題を起こすことがあるためです。

たとえば、クエリー文字列の区切りに&を用いた/foo?type=square&degree=30というURLがあるとしましょう。このURLをhref属性に書く場合、本来は、06のように&を&にエスケープしなければなりません。しかし、残念ながら、多数の人がエスケープをし忘れて07のように書いてしまっています。

06 URL内にある&をエスケープしてhref属性に書いた例

```
<a href="/foo?type=square&amp;degree=30">
```

07 URL内にある&をエスケープせずにhref属性に書いた例

```
<a href="/foo?type=square&degree=30">
```

07で、属性値中の&に続く文字列に注目すると、&degとあるのがわかります。degという名前の名前付き文字参照は存在しており、°（U+00B0、度）という文字を参照します。もしエラー処理によって文字参照を展開するならば、08のようになってしまいます。

08 URL内にある&degの文字参照が仮に展開された場合の例

```
<a href="/foo?type=square°ree=30">
```

このように、属性値のURLに含まれる&をエスケープし忘れると、予期しない動作になります。エスケープを忘れる人が後を絶たないため、現在のHTMLでは、属性値の中のセミコロンなしの文字参照は置換しないことにしたのです。

いずれにしても、これはエラー処理の結果にすぎません。セミコロンを書かないのは正しい書き方ではなく、トラブルの原因にもなりますので、記述し忘れないようにしましょう。

MEMO

°の場合、セミコロンなしのdegという名前も定義されており、属性値の外で&degという表記が現れた場合は、セミコロンを忘れていてもエラー処理によって「°」に展開されます。

数値文字参照

数値文字参照は、名前ではなく数値によって文字を指定する方法です。文字のコードポイントを直接指定して文字を参照します。

名前付き文字参照との違いは、&の直後に#が入ることです。&#の後に数値を書き、末尾にセミコロンを書きます。

数値の表記の仕方は2つあり、それぞれ「10進数値文字参照(Decimal numeric character reference)」、「16進数値文字参照(Hexadecimal numeric character reference)」といいます。

10進数値文字参照では、&#の後にそのまま10進数のコードポイントを書きます。Unicodeスカラー値はU+003Cのように16進数で表記されるので、10進数値文字参照で書くときには10進数に直す必要があります。

> **MEMO**
> 指定する数値は、Unicodeの符号化文字集合におけるコードポイントです。文字エンコーディングの種類には依存しません。符号化文字集合と文字エンコーディングについてはCHAPTER 2-5を参照してください。

16進数表記をそのまま書きたい場合は、16進数値文字参照を使用します。&#の直後にxもしくはXを書き、その後に、16進数でコードポイントを指定します。

たとえば、Unicodeスカラー値がU+003Cである文字<は、10進数値文字参照、16進数値文字参照ではそれぞれ以下のようになります。

- <
- <

数値文字参照では、大文字小文字を区別しません。上記の例は大文字で書くこともできます。

- <

名前付き文字参照では、名前が定義されてない文字を表現できません。それに対し、数値文字参照では、HTMLで使用できるあらゆる文字を表現できます。

よく使われる文字参照

文字参照は、主にエスケープの目的で利用されます。よく利用されるのは、以下の4種類の名前付き文字参照です。

- <→<
- >→>
- "→"
- &→&

<はタグやコメントの開始として解釈されるため、それを防ぐためにエスケープします。

対になる>は、実際にはほとんどの場合エスケープ不要です。しかし運用上は、<だけをエスケープするとすわりが悪いからか、>もエスケープするケースが多いようです。

"は属性値の引用符として使われるため、"で括られた属性値の中ではエスケープする必要があります 09 。

> **MEMO**
> >のエスケープが必要になるのは、引用符で括られていない属性値の中で出現する場合です。ほとんどの場合、属性値は引用符で括るので、>のエスケープは不要になります。

09 "で括った属性値内で"をエスケープした記述例

```
<img alt="he said &quot;wait!&quot;" src="...">
```

属性値は'で括ることもできます。その場合は属性値に含まれる'を'としてエスケープします10。ただし、属性値を'で括るスタイル自体が稀であるため、このエスケープはあまり使われていません。

10 'で括った属性値内で'をエスケープした記述例

```
<img alt='What&apos;s New!' src='...'>
```

&は、今まさに紹介している文字参照に使用する文字です。11のようなテキストをそのままHTMLに書くと12のようになります。

11 &を含むテキスト例

```
アンパサンドは文字参照で&amp;と書きます。
```

12 11のマークアップ例

```
<p>アンパサンドは文字参照で&amp;と書きます。</p>
```

このとき、&は文字参照とみなされて&に展開されます。結果として13のような表示になり、文意が伝わらなくなってしまいます。

13 ブラウザーによる12の表示例

> アンパサンドは文字参照で&と書きます。

これを防ぐために、14のように&自身を文字参照で表現してエスケープします。

14 12の&自身をエスケープした例

```
<p>アンパサンドは文字参照で&amp;amp;と書きます。</p>
```

入力しにくい文字に使う文字参照

通常、HTMLファイルはUTF-8で符号化するため、Unicodeのすべての文字をそのまま書くことができます。

しかし、文字によっては入力が難しいこともあります。たとえば、©(U+00A9、コピーライトマーク)は比較的よく利用されますが、環境によっては簡単に入力できないかもしれません。

このような文字にも多くの場合、名前付き文字参照が定義されています。比較的よく使われるのは、次のようなものです。

MEMO

'という文字参照は、かつてのHTML4には存在しなかったため、数値文字参照を使って'とすることもあります。

MEMO

歴史的な理由でUTF-8を利用せず、別の文字エンコーディングを採用している場合、直接表現できない文字が存在することがあります。その場合でも、数値文字参照を使えばUnicodeの文字すべてを表現できます。

・©
・®
・
・&endash;

とはいえ、必要のないところで文字参照を使用すると、HTMLのソースコードが長く、読みにくくなります。入力が難しくなければ、文字参照を使わずにそのまま書いたほうがよいでしょう。

COLUMN

実体参照という呼び名

以前のHTMLでは、名前付き文字参照のことを「文字実体参照(character entity reference)」と呼んでいました。これは、SGMLの「実体参照(entity reference)」の仕組みを利用して文字を参照するものです。

実体参照とは、主に外部で定義した「実体(entity)」を文書などから参照するものです。01はXMLで実体参照を利用している例です。

01 XMLで実体参照を利用している例

```
<?xml version="1.0" encoding="utf-8" ?>
<!DOCTYPE foo [
  <!ENTITY greeting "こんにちは">
]>
<foo>
  <hello>&greeting;</hello>
</foo>
```

この例では、まず文書型定義の中で「こんにちは」という実体にgreetingという名前を付けています。文書の中で&greeting;のように書くと、その箇所が「こんにちは」という実体に置き換えられます。

実体は外部ファイルとしても定義できます02。

02 実体を外部ファイルとして定義

```
<?xml version="1.0" encoding="utf-8" ?>
<!DOCTYPE foo [
  <!ENTITY external-file SYSTEM "external.
  xml">
]>
<foo>
  <ext>&external-file;</ext>
</foo>
```

外部ファイルexternal.xmlを実体として、external-fileという名前を付けています。このとき、外部ファイルの内容を「外部実体(external entity)」と呼びます。文書の側に&external-file;と書くと、外部実体を参照し、ファイルの内容がここに展開されます。

「実体」というのは参照される側で、参照する側の記述は「実体参照」であることに注意してください。実体参照を「実体」「エンティティ」と呼んでしまう混乱がしばしば見られます。

現在のHTMLはSGMLではないため、SGMLの機能名を使う必要もなく、「実体参照」という呼び方はもはや使われていません。

07 コメント

THEME テーマ

HTMLにはコメントを書くこともできます。コメントは、ソースコード中では読むことができますが、原則として表示などには影響しません。

コメントの基本書式

コメントは、基本的に01のような形式になります。

<!--がコメントの開始、-->がコメントの終了を表すマークです。これらに囲まれた部分がコメントの内容となります。

01 コメントの記述例

```
<!--コメント-->
```

コメントは表示に影響しないので、コンテンツ制作者は好きな内容を書くことができます。02のように、ソースコード内のパーツの区切りを明示したり、終了タグがどの開始タグに対応するかをメモしておくために利用できます。

コメントは、DOMツリー上ではコメントノードとして扱われます。

02 コメントの利用例

```
<!-- ヘッダー開始 -->
<div class="header">
...
<!--/header--></div>
<!-- ヘッダー終了 -->
```

コメントの構文ルール

コメントにはさまざまな内容が記述可能です。改行を含むことも許されるため、03のように複数行のテキストを書くことができます。

03 複数行にわたるコメント

```
<!--
複数行にわたる
コメントも可能
-->
```

コメントは空でも構いません。04は有効なコメントで、内容が空のコメントノードができます。

コメントの中に<を書くこともできます。コメントの中でタグを記述した場合はタグとはみなされず、そのままコメントノードの内容となります。

MEMO

コメントは表示されませんが、DOMツリー上にはコメントノードとして存在するため、JavaScriptから内容を読み取ることができます。DOMツリーについてはCHAPTER 1-2も参照してください。

よくあるパターンとしては、既存のマークアップを一時的に除外するコメントアウトに使われます 05 。

04 空のコメント

```
<!---->
```

05 コメント内に<を記述した例

```
<!--
<h1>見出し</h1>
<p>テキスト</p>
-->
```

>も書けますが、コメント内容の先頭には記述できないという制限があります。06 は構文エラーとなり、空のコメントノードが追加されます。06 は、いずれもエラー処理によって、07 のようなマークアップと同じものとみなされます。

06 >をコメントの先頭に記述した誤った例

```
<!-->コメント-->
<!--->コメント-->
```

07 ブラウザーによる 06 の解釈結果

```
<!---->コメント-->
<!---->コメント-->
```

コメントは入れ子にできない

要素とは異なり、コメントは入れ子にできません。08 はエラーとなる例です。エラーとなりますが、<!-- はコメントの一部とみなされます。また、-->をコメントの中に入れようとすると、そこでコメントが終了したものとみなされます。そのため、「前<!-- 内側」というコメントノードと、「後 -->」というテキストノードになります。

08 コメントを入れ子にした例

```
<!-- 前 <!--内側--> 後 -->
```

また、コメントの内容の末尾に<!-を書くこともできません。09 はコメントを入れ子にしようとしたものと解釈され、構文エラーとなります。

09 コメント内容の末尾に<!-を記述した誤った例

```
<!-- <!--->
```

MEMO

>をコメントの先頭に記述した場合、abrupt-closing-of-empty-comment parse errorというエラーとして扱われます。

MEMO

07 からわかるように、06 の行末にある-->部分はコメントとはみなされません。

MEMO

入れ子にした場合、nested-comment parse errorというエラーとして扱われます。

コメントの前後にスペースを挟む

06 や 09 のように、コメントの内容の先頭に>や->を書いたり、末尾に<!-を書くとエラーになります。しかし、スペースを挟めば問題ありません。10 はいずれも正しいコメントです。

10 スペースを挟んだ正しいコメントの記述例

```
<!-- >コメント -->
<!-- ->コメント -->
<!-- コメント<!- -->
```

ただし、スペースを挟んだとしても、入れ子のコメントは書けないので、11 は構文エラーとなります。

11 スペースがあってもエラーになるコメントの記述例

```
<!-- <!-- -->
```

コメントの前後にスペースを入れる習慣をつけておくと、エラーを避けやすくなります。「コメントの前後にスペースを入れるとよい、ただし入れ子のコメントは書けない」と覚えておくとよいでしょう。

bogus comment

HTML構文の場合、SGMLやXMLで使われる宣言などのマークのほとんどは、元の意味通りには解釈されず、構文エラーとなります。そして、エラー処理の結果、コメントとみなされます。このように、マークがコメントとして処理されたものをbogus commentと呼びます。12 はbogus commentとなるマークの例です。これらは 13 のように解釈されます。

MEMO

bogusは「偽物の」という意味です。

12 bogus commentとなるマークの例

```
<!-- 実体宣言 -->
<!ENTITY external-file SYSTEM "external.xml">
<!-- XML宣言 -->
<?xml version="1.0" encoding="UTF-8"?>
<!-- xml-stylesheet処理命令 -->
<?xml-stylesheet type="text/xsl" href="basic.xsl" ?>
<!-- CDATA区間 -->
<![CDATA[<h1>CDATAのサンプル</h1>]]>
```

13 現在のHTML構文における 12 の解釈

```
<!-- 実体宣言 -->
<!--ENTITY external-file SYSTEM "external.xml"-->
<!-- XML宣言 -->
<!--xml version="1.0" encoding="UTF-8"-->
<!-- xml-stylesheet処理命令 -->
<!--xml-stylesheet type="text/xsl" href="basic.xsl"-->
<!-- CDATA区間 -->
<!--[CDATA[<h1-->CDATAのサンプル</h1>]]>
```

XML構文の場合、12 のマークはいずれもXMLのマークとして、本来の意味通りに解釈されます。

HTML構文の例外として、svg要素とmath要素の中のCDATA区間はbogus commentとはならず、CDATA区間として解釈されます。

<![CDATA[で始まり、]]>で終わるCDATA区間の中では、マークは解釈されず、すべて単なるテキストとみなされます。14 はsvg要素の中でCDATA区間を利用した例です。

14 svg要素の中でのCDATA区間の記述例

```
<svg width="20cm" height="2cm" viewBox="0 0 1000 40">
  <text>
  <![CDATA[
  <h1>CDATAのサンプル</h1>
  <p>XML構文ではタグは解釈されず、テキストとみなされます</p>
  ]]>
  </text>
</svg>
```

実際に 14 をブラウザーに解釈させると、15 のように表示され、CDATA区間が適切に扱われていることがわかります。

15 14 をブラウザーで表示した例

<h1>CDATAのサンプル</h1> <p>XML構文ではタグは解釈されず、テキストとみなされます</p>

CDATA区間がscript要素の中に含まれている場合は、扱いが異なります。この場合、全体がそのままの文字列と解釈され、<![CDATA[という文字列も込みでそのままスクリプトエンジンに送られます。script要素についてはCHAPTER 3-13も参照してください。

このほか、終了タグのタグ名に不正な文字が使用されてい場合もbogus commentとして処理されます。

MEMO

正確には、HTMLの名前空間に属さない要素の中ではCDATA区間が解釈されるというルールです。詳細はHTML仕様の「13.2.5.42 Markup declaration open state」を参照してください。
https://html.spec.whatwg.org/multipage/parsing.html#markup-declaration-open-state

MEMO

終了タグのタグ名が不正な場合のエラー処理は、CHAPTER 2-8の「タグ名に使用できる文字」を参照してください。

08 HTMLの細かい構文ルール

THEME テーマ 主にセキュリティの観点から、通常は行わないマークアップの解釈について、詳細な検討が必要となることがあります。ここでは、タグの書き方について、もう一歩踏み込んだ説明をします。

HTMLの細かい構文ルール

HTMLパーサー（HTMLを解釈するプログラム）のルールは仕様で明確に定められています。仕様のParsing HTML documentsのセクションでは、ある状況で特定の文字が出現した場合にどのように解釈するのか、というレベルまで挙動が規定されています。「このような書き方は可能か？」「このように書いた場合にどのように解釈されるのか？」という疑問は、ほとんどの場合、仕様をつぶさに読むことで解決できます。

> **MEMO**
> Parsing HTML documents
> https://html.spec.whatwg.org/multipage/parsing.html

タグ名に使用できる文字

HTMLのタグ名は「ASCII英字（ASCII alpha）」で始まる必要があり、数字で始まることは許されません。つまり、01のようなマークアップは構文エラーとなり、結果としてタグではなくテキストとして解釈されます02。

> **MEMO**
> ASCII英字は、a～zのアルファベット小文字とA～Zのアルファベット大文字です。
> https://infra.spec.whatwg.org/#ascii-alpha

01 タグ名が数字の開始タグを誤って記述した例

```
<42>
```

> **MEMO**
> この場合、invalid-first-character-of-tag-name parse errorとなります。

02 エラー処理による01の解釈

```
&lt;42>
```

ASCII英字でなければならないのは1文字目だけです。構文上、2文字目以降にはほとんどの数字や記号類が使用できます。2文字目以降に利用できない文字は、以下に挙げるものに限られます。

> **MEMO**
> タグ名の2文字目以降にASCII英字でない文字が使われている例としては、h1要素などがあります。

- >：タグの終了と解釈されます
- ASCII空白文字：属性値との区切りと解釈されます
- /：自己終了タグもしくは属性値との区切りと解釈されます

興味深いことに、タグの開始のマークである<も利用できる文字となっており、タグ名の一部として解釈されます。たとえば03は、<h1>タグの>が抜けた形ですが、これはh1<spanという名前の要素があるものとみなされ、04のように解釈されます。

03 <h1>タグの>が抜けた記述例

```
<body>
  <h1<span>test</span></h1>
</body>
```

04 03の解釈

```
<body>
  <h1<span>test</h1<span>
</body>
```

タグ名に<を含めることができるのは、SGMLやXMLとは互換性のない挙動です。SGMLでは、03のようなケースを「閉じない開始タグ(unclosed start tag)」とみなし、<h1><span>と補います。XML構文の場合には、Well-formedではないため、パースエラーとなります。

セキュリティの観点から、タグ名に後続する/の扱いに注意が必要です。05のマークアップは構文エラーですが、/はタグ名の一部とはみなされません。エラー処理により、/の後が属性名とみなされ、06のように解釈されます。タグ内部に空白を挿入できなくても、属性を挿入できる点に注意が必要です。

05 タグ内部に誤った/を含む記述例

```
<span/onmouseover="alert(1);">test</span>
```

06 エラー処理による05の解釈

```
<span onmouseover="alert(1);">test</span>
```

終了タグに属性は書けない

終了タグに属性を書くことはできません。終了タグに属性を書いた場合07、エラーとなり、属性は無視されます。なお、終了タグ自体は有効に機能します。

07 終了タグに誤って属性を記述した例

```
<p>foo</p class="foo">
```

終了タグ末尾の/

終了タグの末尾に/を書くことはできません。08の場合はエラーとなり、単に/が無視されます。なお、終了タグ自体は有効に機能します。

08 終了タグ末尾に誤って/を記述した例

```
<p>foo</p/>
```

MEMO

03は構文エラーですが、エラー処理により、対応する開始タグがない</h1>と</span>は無視され、</body>の前に</h1<span>の終了タグが補われています。

WORD

Well-formed（整形式）

XMLの文書について、タグの対応関係などの字句的ルールが満たされていること。語彙的ルールを満たすかどうかは問わない。

MEMO

この場合、unexpected-solidus-in-tag parse errorとなります。

MEMO

この場合、end-tag-with-attributes parse errorとなります。

MEMO

この場合、end-tag-with-trailing-solidus parse errorとなります。

空タグ

SGMLでは「空タグ(empty tag)」と呼ばれる記述が許されており、理論上はHTML4でも使用可能でした。これは文字通り、タグ名部分を省略した空のタグです。空の開始タグと、空の終了タグがあり、直近に開いた要素の名前を参照します。09は空タグの記述例です。

> **MEMO**
> もっとも、実際にはほとんどのブラウザーは空タグを仕様のとおりには処理していませんでした。

09 空タグの記述例

```
<p>テキスト</>
<>テキスト</>
```

09では、<>と</>は、それぞれ<p>と</p>の省略とみなされます。

しかし、このような空タグは現在のHTML構文では使用できません。空の開始タグはエラーとなり、<>という文字列のテキストノードになります。空の終了タグもエラーですが、こちらは終了タグが丸ごと無視されます。09の場合、p要素が2つできることはなく、“テキスト <>テキスト”というテキストノードを持った1つのp要素になります。

開始タグを省略すると属性は書けない

開始タグは省略できる場合があります。その一方で、開始タグを省略した際に属性のみを書く方法は存在しません。つまり、属性を指定したければ必ず開始タグを書かなければなりません。

たとえば、html要素の開始タグは省略可能ですが、lang属性を指定したい場合は開始タグを書く必要があります10。

10 属性値を指定した開始タグの記述例

```
<html lang="ja">
```

重複する属性

同一の属性は複数指定できません。

11は構文エラーとなり、後続の属性が無視されて12のように解釈されます。

> **MEMO**
> この場合、duplicate-attribute parse errorとなります。

11 同一属性を複数記述したエラーとなる例

```
<body class="type1" class="type2">
```

12 エラー処理による11の解釈

```
<body class="type1">
```

属性の種類によっては、1つの属性に複数の値を指定できる場合があります。class属性の場合、13のようにASCII空白文字で区切って指定します。

13 class属性で複数の値を指定した例

```
<body class="type1 type2 type3">
```

属性値の省略

CHAPTER 2-2（P059）のブール型属性でも触れましたが、空の属性値の記述は省略できます。14 の3つのimg要素の書き方は同じ意味になります。

14 属性値の省略例

```
<img alt>
<img alt="">
<img alt=''>
```

<img alt="">と書いた場合、ブラウザーの開発者ツールで調査してDOMツリーを見ると<img alt>と表示される場合があります。これは、もっとも短い書き方で正規化されているためです。

なお、属性自体を丸ごと省略した場合とは意味が異なることに注意してください。14 にあるimg要素のalt属性の場合は、属性を省略したときと意味が大きく異なり、ブール型属性の場合は意味が正反対となります。

引用符のない属性

属性を書く場合には属性値を引用符で括るのが基本ですが、引用符を省略できる場合もあります。引用符を省略した場合、以下のようになります。

- タブ、改行、スペース、>が出現すると属性値の終了とみなされる
- "、'、<、=、`が出現すると構文エラーとなるが、該当の文字は属性値の一部とみなされて処理される

属性値を引用符で括った場合、対応する引用符（「"」もしくは「'」）で終了するのに対し、括らない場合はさまざまな文字で属性値が終了します。これはクロスサイトスクリプティング（XSS）脆弱性の原因となりやすいため、セキュリティ上の観点からは、属性値を引用符で括ることが強く推奨されています。

plaintext要素の処理

昔のHTMLではplaintext要素が定義されていました。これはもともと、HTTP/0.9でContent-Typeフィールドが存在しなかった時代に、データの先頭に<plaintext>と書くことで、プレーンテキストであることを明示するものでした。

MEMO

img要素についてはCHAPTER 3-8で詳しく説明します。

MEMO

この場合、unexpected-character-in-unquoted-attribute-value parse errorとなります。

WORD

クロスサイトスクリプティング（XSS）

ユーザーが入力した内容を表示するようなウェブサイトで、不正な内容を表示させてHTMLの構文を破壊し、悪意のあるHTMLやスクリプトを挿入する攻撃。本物サイト上で偽情報が表示されたり、スクリプトが実行されて不正な操作、情報の詐取などが行われることがある。

現在のHTMLではこの要素は廃止されていますが、ブラウザーはplaintextというタグ名の開始タグに遭遇すると、以降をすべてプレーンテキストとして処理し、タグも文字参照も解釈しなくなります。</plaintext>という文字列があってもそのまま表示します。

現在では、Content-Type: text/plainを指定してプレーンテキストであることを示せるため、plaintext要素を使う必要はありません。

何らかの理由でContent-Typeを適切に設定できない場合に、これを書くことで、Content-Typeヘッダーの誤判定によるXSSを回避できるケースがあるかもしれません。

MEMO

HTML Standardでは obsolete feature（廃止された機能）として記載されています。

終了タグを書き漏らした際のエラー

終了タグを書き漏らした場合、特殊な方法で補われるケースがあります。15は問題のないマークアップです。

15 問題のないマークアップ例

```
<p><b>b要素</b></p>
<p>bのないp</p>
```

一方で、16のように終了タグ</b>を書き忘れたとしましょう。

b要素の終了タグは省略できないため、これは構文エラーになります。エラー処理の結果、これは17のように解釈されます。

終了タグが補われただけでなく、次のp要素の外側がb要素とみなされます。エラー修正のされ方は要素によっても異なり、かなり複雑です。後述のように、直感に反する挙動となることもあるため、エラーが起こらないようにマークアップすることをお勧めします。

16 </b>を書き忘れた記述例

```
<p><b>b開始タグ</p>
<p>bのないp</p>
```

17 エラー処理による16の解釈

```
<p><b>b開始タグ</b></p>
<b><p>bのないp</p></b>
```

直感に反するエラー処理

HTML Standardのエラー処理には、直感に反する独特なルールがいくつかあります。

ノアの箱舟ルール

16に<b>の終了タグを書き忘れた例を紹介しました。

18 は、<b>を4つに増やした例です。これは 19 のように補われます。

18 <b>を4つに増やした記述例

```
<p><b><b><b><b>4つのb開始タグ</p>
<p>bのないp</p>
```

19 エラー処理による 18 の解釈

```
<p><b><b><b><b>4つのb開始タグ</b></b></b></b></p>
<b><b><b><p>bのないp</p></b></b></b>
```

一見、<b>が1つのときと同じルールで補正されているように見えますが、よく見ると、2行目のp要素の外側に補われている<b>タグと</b>タグの数は3つしかありません。4つあったはずのb要素が1つ減っているのです。

これは、要素をまたがって補われる際、同一要素名・同一クラス名の要素は3つまでしか復元されないというルールがあるからです。

仕様の注記では、これは「ノアの箱舟(Noah's Ark)」であるとされています。

MEMO

ノアの箱舟は、旧約聖書で動物のつがいを1つずつ選ぶ話ですが、ここでは3つずつになります。99%のウェブサイトではフォント装飾要素の入れ子の数が3つ以下である、という調査結果からこの数が決められました。
https://www.w3.org/Bugs/Public/show_bug.cgi?id=10802

foster parenting

table要素にはfoster parentingと呼ばれる特殊なエラー処理があります。20 はtable要素のマークアップの例です。

20 table要素のマークアップ例

```
<table>
  <tr>
    <th>見出しセル</th>
    <td>データセル</td>
  </tr>
</table>
```

table要素直下には、caption、col、colgroup、thead、tbody、tfoot要素といったテーブル関連要素を入れることができます。

table要素の内部にテーブルとは関係のない要素が現れた場合はどうなるでしょうか。21 は、table要素の末尾にp要素を挿入しようとした例です。これは構文エラーとなり、22 のように解釈されます。

MEMO

table要素直下にはtr要素が出現してもかまいません。この場合はtbody要素が自動的に補われます。th要素やtd要素がtable要素直下に出現した場合は構文エラーとなりますが、エラー処理によってtr要素が補われます。

21 table要素の末尾にp要素を挿入した例

```
<table>
  <tr>
    <th>見出しセル</th>
    <td>データセル</td>
  </tr>
  <p>何かテキスト</p>
</table>
```

22 エラー処理による 21 の解釈

```
<p>何かテキスト</p>
<table>
  <tr>
    <th>見出しセル</th>
    <td>データセル</td>
  </tr>
</table>
```

22 では、21 で下方にあったp要素が、table要素の前に移動されています。

通常、このような語彙的ルールの違反があってもそのままの形でDOMツリーが構築されるのですが、table要素では不正な子孫要素が前に追い出される形になります。一見奇妙ですが、この処理は仕様に定められている正式な挙動で、foster parentingと呼ばれています。

MEMO
foster parentは「里親」というような意味です。

テキストノードでも同様の処理が行われるため、注意が必要です。23 は、一見すると問題のないマークアップですが、誤って全角スペース(U+3000)でインデントを行っている例です。

23 インデントに全角スペースを使用した例

```
<p>以下の表をご覧ください。</p>
<table>
  <tr>
  [  ]<td>日本</td>
  </tr>
</table>
```

[ ]の部分は全角スペースです。全角スペースはASCII空白文字ではないため、table要素の直下に出現できないテキストノードとして扱われます。よって、foster parentingによってtable要素の前に移動されます 24。

24 エラー処理による 23 の解釈

```
<p>以下の表をご覧ください。</p>
[  ]
<table>
  <tr>
    <td>日本</td>
  </tr>
</table>
```

結果としてp要素とtable要素の間に全角スペースのテキストノードが挿入され、余白ができることになります。このように、table要素の中に内容モデルに従わないものが存在すると、予想外の挙動になることがあります。

CHAPTER 3

HTMLの主要な要素

01 「HTMLの主要な要素」の読み方

THEME テーマ

CHAPTER 3では、HTMLのそれぞれの要素について簡単に説明し、その性質や注意点について述べていきます。ここでは、本書の要素解説についての注意点や、必要となる前提知識について説明します。

全般的な説明

要素名の見出しのすぐ後には、その要素についての説明があります。要素の意味(セマンティクス)や利用方法、利用時に注意が必要な点などを説明しています。

構文ルール

説明の中では、HTMLの構文ルールについて触れていることがあります。本書で触れる字句的ルールは、原則として仕様に沿った解説としています。語彙的ルールや意味論的ルールには解釈の幅があることが多く、筆者の価値観が反映されている場合があります。

要素の見た目とデフォルトスタイル

本書で要素の見た目に言及する際には、一般的なブラウザーで多く採用しているデフォルトスタイルを参考にしています。

アウトライン

文章の章や節といったまとまりを「セクション(section)」と呼びます。01のように、セクションの深さと概要を示したものを「アウトライン(outline)」と呼びます。

01 アウトラインの例

- 1章見出し
- 2章見出し
  - 2.1節見出し
    - 2.1.1項見出し
  - 2.2節見出し
- 3章見出し

要素の中には、文章のアウトラインに影響するものがあります。HTML仕様では、見出しやセクションなどのマークアップからアウトラインを決定する方法をルール化しており、「アウトラインアルゴリズム(outline algorithm)」と呼んでいます。

MEMO
本書ではHTMLの各要素について説明しています。ただし、すべての要素を網羅しているわけではなく、利用頻度の低い要素は取り上げていないことがあります。正確な要素の一覧は、仕様を参照してください。

MEMO
HTML仕様にはブラウザーのデフォルトスタイルの記述もあります。
https://html.spec.whatwg.org/multipage/rendering.html
ただし、これはヒントに過ぎず、ブラウザーやOS、支援技術などの環境によって要素の見た目は変化します。また、スタイルは、コンテンツ制作者やユーザーのCSSの設定でも上書きできます。

MEMO
アウトラインアルゴリズムの詳細は仕様を参照してください。
4.3.11.1 Creating an outline
https://html.spec.whatwg.org/multipage/sections.html#outlines

ただし、ブラウザーや支援技術によるアウトラインアルゴリズムのサポートは良好とはいえません。実際にアウトラインアルゴリズムが機能するとは限らないことに注意してください。

アウトラインアルゴリズムに関しては、大幅な仕様変更の提案もありますが、本書では2021年現在の仕様に沿って解説しています。

内容モデル

内容モデルのセクションでは、要素の内容モデルの定義について説明しています。内容モデルについてはCHAPTER 2-4を参照してください。

script-supporting elements

多くの要素は、内容にscript-supporting elementsを含めることができます。script-supporting elementsはscript要素とtemplate要素を指すもので、ほぼすべての要素に入れることができます。本書では、内容モデルの説明からscript-supporting elementsを省いています。

インタラクティブコンテンツ

一部の要素は、内容モデルにインタラクティブコンテンツを含められないという制約を持ちます。

要素の中には、リンクを表現するa要素、ボタンのbutton要素など、ユーザーの操作に対して反応(インタラクション)する機能を持つものがあります。このような要素をインタラクティブコンテンツと呼びます。

tabindex属性でフォーカスを受け取るようになった要素も、インタラクティブコンテンツとして扱われます。たとえば、span要素は通常はa要素の内容に入れることができますが、02ではtabindex属性によってインタラクティブになっているため、構文エラーとなります。

02 構文エラーとなるtabindex属性の記述例

```
<a href="/example">
  <span tabindex="0">example</span>
</a>
```

終了タグの省略

CHAPTER 2-1で説明したように、要素の終了タグは省略できる場合があります。しかし、本書では、内容を持つ要素の終了タグは省略しないことを勧めます。そのため、原則として要素の終了タグの省略可否を明言していません。省略の可否を知りたい場合には、仕様を参照してください。

終了タグを書いてはならない要素については、内容モデルの説明の中でその旨を明記しています。

MEMO

W3C HTML 5.2仕様の"Creating an outline"のセクションでは、アウトラインアルゴリズムの適合性チェッカーはあるが、ブラウザーや支援技術の実装は知られていないという旨の記述がされていました。
W3C HTML 5.2 4.3.9.1. Creating an outline
https://www.w3.org/TR/2021/SPSD-html52-20210128/sections.html#creating-an-outline

MEMO

アウトラインアルゴリズムの仕様変更に関する議論は以下で見られます。
Add heading-focused outlines and :heading
https://github.com/whatwg/html/pull/3499

MEMO

特定の条件下でインタラクティブかどうかが変化する場合があります。たとえばa要素の場合、href属性がなければインタラクティブにはなりません。

MEMO

tabindex属性についてはCHAPTER 4-1（P285)を参照してください。

属性

属性のセクションでは、その要素に指定できる属性を説明しています。ただし、利用頻度の低いものや、JavaScriptと組み合わせて利用するものは、説明を省いていることがあります。正確な情報は仕様を参照してください。

グローバル属性

HTMLでは、すべての要素に指定できるグローバル属性が定義されています。グローバル属性はCHAPTER 4-1で説明しています。

グローバル属性以外の固有の属性を持たない要素については、属性の説明そのものを省略しています。また、複数の要素に共通して指定できる属性は、別のセクションでまとめて説明している場合があります。

IDL属性

ある要素の属性にJavaScriptからアクセスする場合、大きくわけて2種類の方法があります。1つは 02 のように、DOMインターフェイスのgetAttribute()メソッドやsetAttribute()メソッドを利用する方法です。

もう1つは、「IDL属性(IDL attribute)」を利用する方法です。取得した要素のオブジェクトのプロパティに直接アクセスする方法で、03 は 04 のように書くことができます。

03 getAttribute()メソッドの利用例

```
<label id="label01" for="control01">test label</label>
<script>
const labelElement = document.getElementById('label01');

alert(labelElement.getAttribute("id")); // label01
alert(labelElement.getAttribute("for")); // control01
</script>
```

04 IDL属性の利用例

```
<label id="label01" for="control01">test label</label>
<script>
const labelElement = document.getElementById('label01');

alert(labelElement.id); // label01
alert(labelElement.htmlFor); // control01
</script>
```

IDL属性はHTML仕様で定義されており、Web IDLという言語で記述されています。

本書では、特段の注意点がない場合にはIDL属性について触れていません。IDL属性について知りたい場合は、HTML仕様を参照してください。

WORD

IDL

Interface Description Languageの略で、インターフェイス記述言語と訳される。人工言語の一種で、プログラムを他のプログラムから利用するためのインターフェイスを記述するためのもの。

MEMO

Web IDL
https://webidl.spec.whatwg.org

MEMO

IDL属性は通常、HTMLの属性名と同じ名前ですが、異なる名前で定義されていることもあります。たとえば 04 では、label要素のfor属性にアクセスするために、forプロパティではなくhtmlForプロパティを参照しています。

廃止された属性

一部の要素では、「廃止された属性」を記載しています。これは、過去のHTML仕様で定義されていたものの、現在のHTMLでは廃止された属性です。コンテンツ制作者は、廃止された属性を利用してはなりません。

MEMO

ブラウザーは互換性のために、廃止された属性について特別な処理を行うことがあります。CHAPTER 1-7の「古いHTMLとの互換性について知りたい」(P045)も参照してください。

アクセシビリティ上の注意点

アクセシビリティ上の注意点のセクションでは、アクセシビリティ上のポイントや問題になりやすい点を述べています。

スクリーンリーダーによる読み上げ

本書では、スクリーンリーダーによる読み上げ時の挙動について説明していることがあります。後述の「デフォルトのARIAロール」も参照してください。

MEMO

本書では、2021年時点のW3C勧告であるARIA in HTMLによる定義を参照しています。これはWAI-ARIA 1.1に基づいた定義です。WAI-ARIA 1.2の内容について本書で言及していることがありますが、ARIA in HTMLはWAI-ARIA 1.2に基づいたものではなく、筆者による将来的な予測を含んでいることに注意してください。

デフォルトのARIAロール

アクセシビリティ上の注意点として、各要素のデフォルトのARIAロールを説明しています。ARIAロールについてはCHAPTER 4-2を参照してください。

ARIAロールの情報はアクセシビリティツリーに反映され、これによって支援技術の挙動が変化します。スクリーンリーダーの読み上げとも密接な関係があり、たとえば、要素がlinkというARIAロールを持っていれば「リンク」と読み上げられます。アクセシビリティツリーについてはCHAPTER 1-2を参照してください。

2021年時点では、デフォルトのARIAロールがない要素が多数存在します。この場合、原則として支援技術はその要素を特別扱いしません。スクリーンリーダーは特別な通知をせず、単に内容のテキストを読み上げます。

MEMO

デフォルトのARIAロールがない要素について、ARIA in HTMLでは"no corresponding role"と定義されています。

ARIAロールがない要素でも、支援技術によっては独自の扱いをしている場合があります。本書では、独自の挙動が確認できている場合、その挙動を説明していることがあります。

MEMO

ブラウザーと同様に、すべての支援技術が同じ動作をするわけではないことに注意してください。

要素の中には、条件によってデフォルトのARIAロールが変化するものもあります。たとえば、img要素はalt属性の値によってARIAロールが変化します。また、「アクセシブルな名前(accessible name)」の有無によってロールが変化することもあります。アクセシブルな名前についてはCHAPTER 4-2を参照してください。

要素が特定のARIAロールを持つ場合、その要素は「ランドマーク(landmark)」として扱われます。ランドマークとして扱われるARIAロールを「ランドマークロール」と呼びます。要素がランドマークロールを持つことになった場合、扱いが大きく変わることになるため注意が必要です。

MEMO

スクリーンリーダーなどの支援技術は、ランドマークにジャンプしたり、ランドマークをスキップするといった機能を持つことがあります。これによって、本文をすぐに読み始めたり、利用する必要のない部分を読み飛ばしたりできます。詳細はCHAPTER 4-2を参照してください。

02 ルート要素と文書のメタデータ

THEME テーマ

ここでは、HTML文書でもっとも上位となるルート要素と、HTML文書自身の情報を表すメタデータについて見ていきます。

html要素

html要素はHTML文書でもっとも上位に出現する要素です。他のすべての要素は、この要素の子孫となります。このように、文書の最上位に出現する要素を「ルート要素(root element)」といいます。

CHAPTER 2-1で触れたように、HTML文書はDOCTYPEで始まります。通常は、その直後に<html>タグが出現することになります。01のように、コメントを間に挟むこともできます。

01 html要素の記述例

```
<!DOCTYPE html>
<!-- HTMLのコード例。...は内容が省略されていることを表す -->
<html>
  <head>...</head>
  <body>...</body>
</html>
```

内容モデル

html要素の内容モデルは、head要素1つ、その後に続いてbody要素1つとなります。

属性

html要素の属性には以下のようなものがあります。

lang属性

lang属性は、要素内の言語(自然言語)を指定するグローバル属性です。詳細はCHAPTER 4-1を参照してください。

html要素のlang属性はページ全体の言語を指定するため、特に重要です。02のように指定します。

02 ページ全体の言語が日本語であることを表すlang属性の記述例

```
<html lang="ja">
```

xmlns属性

CHAPTER 1-3で触れたように、HTML文書はXML構文としても記述できます。この場合、03のようにxmlns属性を指定します。これは名前空間宣言と呼ばれ、XMLの要素や属性がどのマークアップ言語由来なのかを区別するためのものです。

MEMO

仕様上はこの属性を省略できますが、WCAG 2.1達成基準3.1.1「ページの言語」でページの言語を指定することが要求されています。そのため、html要素のlang属性の指定は事実上必須に近いといえます。
Success Criterion 3.1.1 Language of Page
https://www.w3.org/TR/WCAG21/#language-of-page

03 xmlns属性の記述例

```
<html xmlns="http://www.w3.org/1999/xhtml">
  ...
  <title></title><!-- これはHTMLのtitle要素 -->
  ...
  <svg xmlns="http://www.w3.org/2000/svg">
    ...
    <title></title><!-- これはSVGのtitle要素 -->
    ...
  </svg>
```

"http://www.w3.org/1999/xhtml"はHTMLの名前空間で、この要素と子孫がHTMLの要素であることを表します。

head要素

head要素は文書に関するメタデータの集合を表すものです。子要素にはさまざまなメタデータを含みます。

内容モデル

head要素の内容モデルはMetadataです。主にlink要素、meta要素、script要素、style要素を入れることができます。また、原則としてtitle要素を必ず1つ含まなければなりません。

title要素

title要素はページのタイトルを表すものです。原則として、この要素はhead要素内に必ず1つ存在しなければなりません。

ページのタイトルは、ブラウザーのタブなどに表示されたり、検索エンジンによる検索結果のリンクテキストに使われたりします。

内容モデル

title要素の内容はテキストのみです。子要素を持つことはできず、タグを書いてもテキストとして扱われます。04のようにbr要素を入れようとすると、タイトルに
という文字列が入ります。

04 title要素にタブを含めた記述例

```
<title>改行されている<br>タイトル</title>
```

05 ブラウザーによる04の表示例

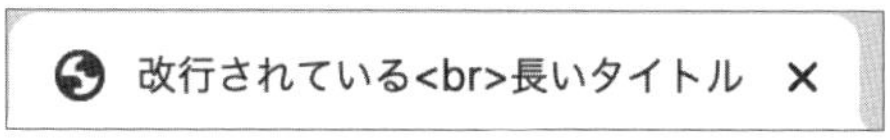

MEMO

CHAPTER 1-6で触れたように、MIMEタイプapplication/xhtml+xmlでHTML文書を配信するとXML構文であるとみなされます。MIMEタイプtext/htmlで配信される通常のHTML構文では、xmlns属性は不要です。指定自体は可能ですが、属性値として"http://www.w3.org/1999/xhtml"以外を指定した場合は構文エラーになります。

MEMO

HTML仕様で扱う名前空間はInfra Standardで定義されています。通常、名前空間を意識する必要はありません。
8. Namespaces
https://infra.spec.whatwg.org/#namespaces

MEMO

「メタデータ(metadata)」とは、「データのデータ」という意味で、ここではHTML文書についての各種の情報を指します。HTML文書はそれ自体がデータであり、その文書に関するデータはデータのデータであることからメタデータと呼ばれます。

MEMO

上位プロトコルでタイトルが示されている場合は例外となります。たとえば、電子メールの本文をHTMLで記述する場合、電子メールのタイトルはHTMLの外で別途指定されているため、title要素は不要です。

MEMO

タグだけでなく、コメントの記述も同様にテキストとして扱われ、コメント扱いされません。

ただし、文字参照は展開されます。たとえば 06 の場合、& は展開されて「タイトル&タイトル」というタイトルになります。

06 title要素内に文字参照がある場合の記述例

```
<title>タイトル &amp; タイトル</title>
```

title要素の指針

ユーザーにとって、ページタイトルは重要です。現在どのページを見ているのかがわかるように、ウェブサイト内の個々のページにはそれぞれ異なるタイトルを付けるとよいでしょう。

慣習として、タイトルにはページ自身の名前に加えて、サイト名やカテゴリー名を含めることがあります。07 はその一例です。

07 サイト名を含むタイトルの例

```
<title>CGWORLD vol. 248 (2019年4月号) | ボーンデジタル</title>
```

MEMO

WCAG 2.1達成基準2.4.2「ページタイトル」でも、ページの主題、または目的を説明するタイトルを付けることを求めています。
Success Criterion 2.4.2 Page Titled
https://www.w3.org/TR/WCAG21/#page-titled

MEMO

サイト名を前に置くこともありますが、スマートフォンやブラウザーのタブにタイトルが表示される場合、表示領域はかなり狭く、タイトルが長い場合は前半しか表示されません。それぞれのページのタイトルが区別できるように、共通の名称は後ろに置くとよいでしょう。

base要素

base要素を利用すると、基準URLや、リンク先を表示するデフォルトのウィンドウターゲットを指定できます。この要素はなくても構いませんが、存在する場合、1つしか存在してはなりません。

内容モデル

base要素の内容モデルはNothingで、内容を持つことはできません。また、終了タグを書くこともできません。

属性

base要素の属性には以下のようなものがあります。

●href属性

href属性で、基準となるURLを指定します。08 のように記述すると、ページ内の相対URLはhttps://example.com/を基準として解決されます。この例の場合、a要素のhref属性にpage.htmlという相対URLが書かれていますが、HTMLが存在している閲覧URLに関係なく、https://example.com/page.htmlへのリンクとして振る舞います。

08 href属性の記述例

```
<base href="https://example.com/">
...
<a href="page.html">ページ</a>
```

●target属性

target属性は、リンク先をどのフレームやタブ、ウィンドウで開くかの

MEMO

実際のところ、base要素を使う機会はほとんどないでしょう。使い方の例としては、ウェブ上にあるHTMLをダウンロードしてローカルで閲覧する際に、base要素を書き加え、元あったURLを基準URLにするというものがあります。こうすると、相対URLで指定されたサブリソースを簡単に読み込めます。

デフォルト値を指定します。属性値の詳細は、a要素のtarget属性(P165)を参照してください。たとえば09のように記述すると、タブブラウザーであれば常に新しいタブでリンクを開くように指定できます。

09 target属性の記述例

```
<base target="_blank">
```

link要素

link要素は、HTML文書と別のリソースとのつながりを表現します。href属性が必須で、属性に対象リソースのURLを指定します。

link要素の詳細はCHAPTER 3-6(P164)で紹介します。

meta要素

meta要素は、他の要素では表現できないさまざまな種類のメタデータを表します。

内容モデル

meta要素の内容モデルはNothingで、内容を持つことはできません。また、終了タグを書くこともできません。

属性

meta要素には、次の4つの属性のうち、少なくとも1つを指定する必要があります。

- charset:HTMLの文字エンコーディングを表します
- http-equiv:HTTPでウェブサーバーから与えられる情報と等価な情報を表します
- name:文書レベルのメタデータを表します
- itemprop:microdataによるメタデータを表します

charset属性を指定した場合を除き、content属性も同時に指定しなければなりません。

なお、meta要素のname属性については、仕様に記載されている「標準メタデータ名」と、WHATWG Wiki MetaExtensions pageに登録される「他のメタデータ名」があります。本書ではこのうちのいくつかについて取り上げていきます。

charset属性

charset属性を利用すると、HTML文書の文字エンコーディングを宣言できます。この用法を「文字エンコーディング宣言(character encoding

MEMO

ユーザーに対して事前に知らせることなく新しいタブやウィンドウを開くと、ユーザーを混乱させることがあります。WCAG 2.1達成基準3.2.5「要求による変化」では、ユーザーの要求なしに新しいウィンドウを開かないようにすることを求めています。
Success Criterion 3.2.5 Change on Request
https://www.w3.org/TR/WCAG21/#change-on-request

MEMO

meta要素は典型的にはhead要素内に出現しますが、microdataとして記載する場合に限って、body内に記載できます。もっとも、実際にbody内でmeta要素が使用されることは稀です。

MEMO

WHATWG Wiki MetaExtensions page
https://wiki.whatwg.org/wiki/MetaExtensions

MEMO

文字エンコーディングについてはCHAPTER 2-5を参照してください。

declaration)」と呼び、10のように指定します。

10 charset属性の記述例

```
<meta charset="utf-8">
```

CHAPTER 2-5で触れたように、現在のHTML仕様は文字エンコーディングとしてUTF-8を要求するため、charset属性の値は、utf-8としなければなりません(大文字小文字は区別しませんので、UTF-8と書いても問題ありません)。

ブラウザーがHTML文書を正しく読むためには、文書の文字エンコーディングが判断できるようになっている必要があります。

そこでブラウザーは、HTMLをパースするのではなく、簡素なパターンマッチングで文字エンコーディング宣言を検出します。そのため、文字エンコーディング宣言を書く際には以下のような制約があります。

- 文字参照を使用してはならない
- HTML文書の先頭から1024バイト以内に文字エンコーディング宣言の全体が含まれていなければならない

加えて、文字エンコーディング宣言は複数回出現してはならないという制限もあります。

●http-equiv属性

http-equiv属性を利用すると、HTTPレスポンスヘッダーと同等の情報を指定できます。

http-equiv属性は列挙型属性であり、決められた値しか指定できません。詳細は仕様の4.2.5.3 Pragma directivesを参照してください。ここでは、代表的なものに絞って説明します。

文字エンコーディング宣言(http-equiv="content-type")

文字エンコーディング宣言は、http-equiv属性を利用して11のように書くこともできます。

11 content属性を用いた宣言の記述例

```
<meta http-equiv="content-type" content="text/html; charset=utf-8">
```

この場合、content属性の値は、text/html; charset=で始まらなければなりません(大文字小文字は区別しません)。

http-equiv属性による文字エンコーディングの宣言は古い書き方であり、現在のHTMLでは、charset属性による宣言の単なる代替です。効果や制約事項は、charset属性を利用した場合と同様です。charsetによる文字エンコーディング宣言と重複して宣言してはなりません。

MEMO

ユーザーエージェントは互換性のため、UTF-8以外のレガシーエンコーディングも解釈できます。これはあくまで互換性のためのものです。新規でHTMLを作成する場合、コンテンツ制作者はUTF-8を指定しなければなりません。

MEMO

文字エンコーディング宣言より前に長いコメントを記述したり、html要素のclass属性に大量の値を記述したりすると、先頭から1024バイト以内に入らない場合があります。特に、ソースコードの冒頭に(お洒落で)アスキーアートのコメントを入れる場合は注意が必要です。

MEMO

http-equivとは、HTTPと等価という意味です。この属性で示される情報は、基本的にHTTPレスポンスヘッダーでも示すことができます。ウェブ上でHTMLコンテンツを提供する場合、HTMLのmeta要素で指定するよりも、サーバー側の設定によるHTTPレスポンスヘッダーで指定するほうが望ましいでしょう。

MEMO

4.2.5.3 Pragma directives
https://html.spec.whatwg.org/multipage/semantics.html#pragma-directives

ページのリフレッシュ（http-equiv="refresh"）

http-equiv="refresh"を指定して、content属性に負ではない整数を指定すると、指定秒数後にページを自動的に再読み込みするよう指示します。12は、300秒後にページを再読み込みする例です。

12 300秒後にページを再読み込みする記述例

```
<meta http-equiv="Refresh" content="300">
```

また、指定秒数後に特定のURLへリダイレクトする動作を指示できます。13のように秒数とリダイレクト先URLとの間に文字列"; URL="を書きます。13の例では30秒後にhttps://www.example.net/に移動します。

13 30秒後に移動する記述例

```
<meta http-equiv="Refresh" content="30; URL=https://www.example.net/">
```

ページが再読み込みされたり、リダイレクトが行われたりした場合、ユーザーの操作は強制的に中断されることに注意してください。WCAG 2.1達成基準3.2.5「要求による変化」では、ユーザーの要求なしに再読み込みするのを避けるように求めています。

14のように秒数として0を指定した場合、ユーザーがページを読んでいる途中でリダイレクトが発生することはなく、即時にリダイレクトするため、WCAGの観点からは問題ありません。

14 リダイレクト指定を0に設定した場合の記述例

```
<meta http-equiv="Refresh" content="0; URL=https://www.example.net/">
```

CSPの指定(http-equiv="content-security-policy")

http-equiv="content-security-policy"を指定すると、「CSP（Content Security Policy)」を指定できます。CSPを指定すると、ページ上でのJavaScriptの動作を制限できます。これにより、クロスサイトスクリプティングの攻撃を受けにくくなります。

CSPについても他のhttp-equiv属性で指定するものと同様に、基本的にはHTTPレスポンスヘッダーで指定できます。サーバー側での設定が難しい場合や、個別のページに試験的に適用する場合などには、meta要素を使用してもよいでしょう。

●name属性

name属性は、任意のメタデータを表現します。content属性でメタデータとなるテキストを指定し、name属性で任意の名前を付けます。

よく使われる名前は、仕様で標準メタデータ名として説明されています。ここでは、そのいくつかを紹介します。

ページコンテンツの説明(name="description")

name="description"を指定すると、content属性の値はページコンテ

MEMO

ブラウザーの設定により、この再読み込みの動作を無効にできる場合もあります。

MEMO

Success Criterion 3.2.5 Change on Request
https://www.w3.org/TR/WCAG21/#change-on-request

MEMO

即時のリダイレクトは、サーバー側での設定も可能です。Googleもサーバー側のリダイレクトを最初の候補として案内しています。
リダイレクトとGoogle検索
https://developers.google.com/search/docs/advanced/crawling/301-redirects?hl=ja

MEMO

CSPの詳細については本書では触れません。2021年時点でCSP2の仕様がW3C勧告となっており、CSP3が策定中となっています。

Content Security Policy Level 2
https://www.w3.org/TR/CSP2/

Content Security Policy Level 3
https://www.w3.org/TR/CSP3/

MEMO

4.2.5.1 Standard metadata names
https://html.spec.whatwg.org/multipage/semantics.html#standard-metadata-names

ンツの説明(ディスクリプション)となります。検索エンジンはこの説明文を検索結果ページに表示することがあります。

15 はサイトトップページの記述例です。基本的には、サイトの個々のページごとに異なる説明文を提供すべきです。ほとんどの場合、検索エンジンはページの内容から説明文を生成できます。適切な説明文を提供するのが難しいのであれば、指定を省略してしまうのがよいでしょう。

15 ディスクリプションの記述例

```
<meta name="description" content="ボーンデジタルはデジタルクリエイターを支援するサービスカンパニーです。ソフトウェア・ハードウェア・書籍・雑誌・セミナー・トレーニングなどさまざまなサービスで学びを提供しています。">
```

ページのキーワード(name="keywords")

name="keywords"は、ページに関連するキーワードをカンマ区切りで記述するものです。しかし、検索エンジンスパムに濫用された経緯があり、現在ではほとんどの検索エンジンがこれを無視します。ウェブ上で指定する必要性はほとんどないでしょう。

ビューポート(name="viewport")

name="viewport"は、主に画面の小さなモバイルブラウザーに対して、ウェブページの表示制御に関する情報を伝えます。たとえば 16 のように記述します。

16 ビューポートの記述例

```
<meta name="viewport" content="width=device-width, initial-scale=1">
```

とりうる値は、CSS Device Adaptation仕様を参照してください。

maximum-scale=1.0、user-scalable=noのようなズームを禁止する設定は、ウェブアクセシビリティに悪影響を与えるため、避けるべきです。

style要素

style要素は、CSSスタイルシートを埋め込む要素です。

link要素(<link rel="stylesheet">)が外部のスタイルシートを参照するのに対し、style要素は要素の内容にスタイルを記述します。link要素についてはCHAPTER 3-6を参照してください。

典型的なウェブサイトでは、メンテナンス性の観点から、外部スタイルシートを用いることが一般的です。特定ページだけに一時的にスタイルを適用するような場合には、style要素が便利です。

内容モデル

styleの内容モデルはテキストです。このテキストは、CSSの構文として適合するものでなければなりません。

MEMO

9. Viewport <META> element
https://www.w3.org/TR/css-device-adapt-1/#viewport-meta
不幸なことに、2021年時点では規範的な定義ではありません。以下のissueで議論が継続されています。
https://github.com/w3c/csswg-drafts/issues/331

MEMO

WCAG 2.1達成基準1.4.4「テキストのサイズ変更」では、ユーザーがテキストを拡大できるようにすることを求めています。
Success Criterion 1.4.4 Resize text
https://www.w3.org/TR/WCAG21/#resize-text

MEMO

一部のモバイルブラウザーは、ズームを禁止する設定を無視します。

MEMO

一般に、link要素で指定されたスタイルシートを「外部スタイルシート」、style要素に記述されたスタイルシートを「埋め込みスタイルシート」と呼びます。

かつては 17 のように、style 要素を解釈しないブラウザーへの対策として、style要素の中でHTMLコメントを書いてコメントアウトする手法が使われたこともありました。

極めて古い話であり、現在ではこのように書く必要はありません。

17 style要素内のコメント(非常に古い記述例)

```
<style type="text/css">
<!--
...
-->
</style>
```

> **MEMO**
> この場合、<!-- はHTMLのコメントとしては解釈されず、そのままの形でCSSを解析するエンジンに渡されます。そして、CSSの処理としてコメント扱いされます(<!-- という文字列はCSSの構文でもコメント扱いになります)。

属性

現在ではstyle要素に属性を指定することは稀です。HTML4ではtype属性が必須でしたが、現在では廃止されています。

> **MEMO**
> style要素と同じ名前の属性である、style属性も存在します。style属性はグローバル属性です。CHAPTER 4-1で説明しています。

●廃止された属性：type属性

style要素のtype属性はスタイルシート言語のMIMEタイプを指定するものでした。現在のHTMLでは、利用可能なスタイルシート言語はCSSのみであり、type属性がなくても、デフォルトのスタイルシート言語はCSSとなります。そのため、この属性は不要です。

> **MEMO**
> type属性は廃止されていますが、値が "text/css" の場合(大文字小文字は区別しません)のみ、旧式だが適合する機能(Obsolete but conforming)として仕様に適合します。

COLUMN

style要素はbody要素内に出現できるか

01 のように、style要素をbody要素の子孫として記述しているケースがあります。過去にはこのような書き方を許可すべきという提案もあり、現に廃止されたHTML 5.2では仕様に適合するとされていました。実際、ブラウザーはこのようなstyle要素を解釈して、スタイルを適用します。

しかし、body要素内にスタイルを記述すると、ページの再描画や再レイアウトを引き起こし、パフォーマンスに悪影響を及ぼします。そのためHTML Standardでは、古いHTML4と同様に、引き続き仕様に適合しないものとしています。

なお、body要素の内部に<link rel="stylesheet">を記述して外部スタイルシートを参照することは許されています。CMSの都合などによりbody要素内でスタイルシートを設定したい場合は、link要素を利用するとよいでしょう。

01 style要素をbody要素の子孫として記述した例

```
<body>
  <div>
    <!-- スタイルが適用される -->
  </div>
  ...
  <style>
    div {
      /* スタイルシートの記述 */
    }
  </style>
</body>
```

03 セクション

THEME テーマ
ここでは、文書全体の構造を表現する要素、主に見出しとセクションに関する要素を紹介します。

アウトラインアルゴリズムによるセクションの決定

ここで紹介する要素の多くは、アウトラインの決定に関わります。CHAPTER 3-1で触れたように、HTML仕様はアウトラインアルゴリズムを定義しています。マークアップからセクション構造を決定する方法は2つあり、1つは見出しによる暗黙のセクション、もう1つはセクショニングコンテンツによる明示的なセクションです。

暗黙のセクション

HTMLには「見出し(heading)」を表現する要素があります。見出し要素はh1からh6まで6種類が用意されており、セクションの「ランク(rank)」を表現できます。ある見出しが出現してから、次の同じランクもしくはランクの高い見出しが出現するまでを、1つのセクションとみなすことができます。

このように、自動的に生成されるセクションのことを「暗黙のセクション(implied section)」と呼びます。見出しを適切に使うだけで、自動的にセクションを表現できるのです 01。

01 見出しと暗黙のセクションの関係

ただし、暗黙のセクションではうまく表現できないケースもあります。02 のマークアップは、本文の途中に注釈を挟み、注釈が終わったあとにまた本文が続く構造を意図しています。

MEMO

CHAPTER 3-1でも言及したように、アウトラインアルゴリズムの実装はほとんど存在しません。マークアップする上での概念として、参考に留めておくとよいでしょう。

02 注釈の記述例

```
<h1>見出し1</h1>
<p>最初の本文です</p>
<div class="note">
  <h2>注釈</h2>
  <p>注意書きです</p>
</div>
<p>本文の続きです</p>
```

暗黙のセクションでは、各要素は直前の見出しのセクションに所属するものとみなします。ここでは注釈をdiv要素でマークアップしていますが、div要素はアウトラインに影響しません。そのため、02 の最後の段落は 03 のように、本文ではなく注釈の一部と解釈されてしまいます。

03 暗黙のセクションを解釈した様子

セクショニングコンテンツによる明示的なセクション

現在のHTML仕様では、セクションの範囲を明示するための要素が用意されています。前述の 02 の例に対して、04 のようにsection要素を使うことで、最後の段落がh1要素のセクションに所属することを明示できます。

04 明示的なセクションの記述例

```
<h1>見出し1</h1>
<p>最初の本文です</p>
<section class="note">
  <h2>注釈</h2>
  <p>注意書きです</p>
</section>
<p>本文の続きです</p>
```

セクションを明示する機能を持つ要素には、article、section、aside、navの4つがあります。これらはセクショニングコンテンツ(sectioning content)と呼ばれます。

MEMO

セクショニングコンテンツ以外の要素は明示的なセクションを作りません。特に、header要素やmain要素が明示的なセクションを作らないことに注意してください。これらの要素は 02 のdiv要素と同じ扱いであり、04 のsection要素の代わりにはなりません。

header要素やmain要素はセクショニングコンテンツではないため、見出しを直接の子要素にすると暗黙のセクションが作成されます。

セクショニングルート

見出しやセクショニングコンテンツが単純にアウトラインに組み込まれると困る場合もあります。その典型例は引用です。05 はblockquote要素を使用して文章を引用している例です。引用部分に見出しが含まれますが、これは単に引用元に見出しがあったに過ぎません。

このようなケースでは、引用内部の見出しが文書全体のアウトラインに出現すると、混乱が生じます。だからといって見出しを無視すると、引用部のアウトラインを理解できなくなります。

05 blockquote要素で引用している記述例

```
<section>
  <h1>Vivaldi</h1>
  <section>
    <h2>はじめに</h2>
    <p>このセクションでは、ウェブブラウザーのVivaldiについて説明します。</p>
  </section>
  <section>
    <h2>生い立ち</h2>
    <p>Vivaldiは2016年にリリースされたブラウザーです。ここでWikipediaの『Vivaldi (ウェブブラウザ)』
    の記述を見てみましょう。</p>
    <blockquote>
      <h1>概要</h1>
      <p>Vivaldi Technologiesは、オペラ・ソフトウェアの創設者の1人でありCEOであった...</p>
    </blockquote>
  </section>
</section>
```

HTML仕様では、blockquote要素の内側と外側ではそれぞれ独立したアウトラインを持つことになっています。このように、要素内に独自のアウトラインを持ち、内側のセクションと見出しが祖先のアウトラインに影響しないものを「セクショニングルート(sectioning root)」と呼びます。

05 では、blockquote要素はセクショニングルートであるため、内側の見出しは文書全体のアウトラインには現れません。文書全体のアウトラインは 06 のようになります。

06 05 のアウトライン

```
Vivaldi
├─ はじめに
└─ 生い立ち
```

body要素もセクショニングルートになるため、注意が必要です。07 のようにマークアップした場合、body要素に対応する見出しがないため、

MEMO

セクショニングルートとなるのは、blockquote要素、body要素、details要素、dialog要素、fieldset要素、figure要素、td要素です。テーブルのセルを表すtd要素の場合、セル中に見出しが出現しても文書全体のアウトラインに影響しません。table要素をレイアウト目的に使っていると、意図したアウトラインにならないことがあります。

タイトルのないセクションができます。アウトラインを解釈するツールで可視化すると、08 のようになります。

07 body要素に対応する見出しがない記述例

```
<body>
  <section>
    <h1>Apples</h1>
    <p>Pomaceous.</p>
  </section>
</body>
```

08 07 のアウトライン

```
[body element with no heading]
  └─ Apples
```

ただし、繰り返しになりますが、アウトラインアルゴリズムはほとんど実装されていません。セクショニングルートもサポートされておらず、スクリーンリーダーなどの支援技術も、セクショニングルートを解釈して見出しの扱いを変えるようなことはありません。

body要素

body要素は、文書のコンテンツを表します。html要素の2番目の子として、つまりhead要素の次の要素として、HTML文書に必ず1つ存在します。head要素の内容は原則として画面に表示されないのに対し、body要素は原則として表示される内容を記述するセクションです。

属性

body要素にはグローバル属性と、JavaScriptと組み合わせて利用するいくつかの固有のイベントハンドラー属性を指定できます。詳細は仕様を参照してください。

●廃止された属性: bgcolor、text、link、alink、vlink属性

かつてのHTML仕様では、body要素にbgcolor、text、link、alink、vlink属性が定義されていました。いずれも見た目の色を指定するものであり、現在ではCSSで指定できるため、これらの属性は廃止されています。

内容モデル

body要素の内容モデルはFlowです。通常は見出しやセクショニングコンテンツを配置しますが、09 のようにbody要素の直下にテキストや画像を置くこともできます。

MEMO

body要素は開始タグも終了タグも省略可能です。そのため、マークアップ上は<body>タグが現れないこともありますが、その場合でもbody要素は必ず補われてDOMツリーに追加されます。

MEMO

イベントハンドラー属性についてはCHAPTER 4-1のP288も参照してください。

MEMO

bgcolor属性はページの背景色、text属性は文字色、link、alink、vlink属性はリンク色(未訪問時、アクティブ時、訪問済み)を指定するものでした。

09 body要素の記述例

```
<body>
  <img src="image.jpg" alt="">
  テキスト
</body>
```

> **MEMO**
> XHTML1.1 や HTML4 の strict 内容モデルでは、09のようにbody要素直下にimg要素やテキストを記述することができませんでした。現在のHTMLにはそのような制限はありません。

section要素

section要素は、文書やアプリケーションの一般的なセクションを表します。

内容モデル

section要素の内容モデルはFlowです。

通常、section要素の先頭にはh1要素などの見出しを配置します。見出しがなくても構文エラーにはなりませんが、タイトルのないセクションができることは望ましくありません。10は望ましくない例です。

> **MEMO**
> 見出しがない場合、アウトラインを解釈するツールはエラーとして報告することがあります。

10 h2要素の直後のsection要素に見出しがない例

```
<section>
  <h2>セクションについて</h2>
  <section>
    <p>セクション(section)は、一般には区分や区画といった意味を持ちます。</p>
  </section>
  <section>
    <h3><code>section</code>要素</h3>
    <p><code>section</code>要素は、文書やアプリケーションのセクションを表します。</p>
  </section>
</section>
```

見出しを持たないようなブロック、たとえば見た目上の単なる囲みや、JavaScriptで制御するための領域などが必要な場合は、div要素を使用します。10は、11のようにできます。

11 10のsection要素をdiv要素に変更した例

```
<section>
  <h2>セクションについて</h2>
  <div><!-- 見た目の囲み -->
    <p>セクション(section)は、一般には区分や区画といった意味を持ちます。</p>
  </div>
  <section>
    <h3><code>section</code>要素</h3>
    <p><code>section</code>要素は、文書やアプリケーションのセクションを表します。</p>
  </section>
</section>
```

アクセシビリティ上の注意点

section要素は、通常はデフォルトのロールを持たず、ランドマークとして扱われることもありません。

ただし、section要素がアクセシブルな名前を持つ場合は、デフォルトがregionロールとなり、ランドマークとして扱われます。

アクセシブルな名前を与える方法はいくつかありますが、section要素の中に見出しがある場合は、12のようにaria-labelledby属性で結び付けることができます。詳細はCHAPTER 4-2（P302）を参照してください。

12 aria-labelledbyで参照した記述例

```
<section aria-labelledby="region-title">
  <h3 id="region-title">セクションのタイトル</h3>
  <p>...</p>
</section>
```

もっとも、名前を付けてランドマークにすることが常に望ましいわけではありません。section要素は文書内で多用される場合があり、そのすべてがランドマークとして扱われるとユーザーは混乱します。ランドマークにしたい特段の理由がなければ、積極的に名前を与える必要はありません。

article要素

article要素は、自己完結型の構造を表します。サイトのページやアプリケーションの中での、ブログの投稿、ニュースの記事、インタラクティブなウィジェットなどが該当します。

section要素と似ていますが、article要素は、そのセクションだけで自己完結するものを表します。

内容モデル

article要素の内容モデルはFlowです。

article要素は入れ子にできます。この場合、内側のarticle要素は、原則として外側のarticle要素に関連したものとなります。13は、ブログエントリーをarticle要素とし、それに対する個々のコメントそれぞれをarticle要素として入れ子にした例です。表示例は14のようになります。

MEMO

たとえば、Twitterのツイートは、その1つのツイートで1つのコンテンツとなるため、article要素で表現できます。連続したツイートでコンテンツが表現される場合、それぞれのツイートをsection要素でマークアップした上で、一連のツイート全体をarticle要素としてもよいでしょう。コンテンツの長さで使いわけるのではなく、文脈によって使いわけるようにしましょう。

13 article要素を入れ子にした記述例

```
<article class="entry">
  <header>
    <h2>テスト投稿</h2>
    <p><time>2017-01-23</time></p>
  </header>
  <p>テスト投稿だよ。自由にコメントしてね。</p>
  <section class="user_comments">
    <h3>コメント (2件):</h3>
    <article class="user_comment">
      <p>記念にコメントするッスよー！</p>
      <footer>
        <p>ななしさん <time>2017-02-01 01:35</time></p>
      </footer>
    </article>
    <article class="user_comment">
      <p>あなたはブログがかけるフレンズなんだね！</p>
      <footer>
        <p>ななしさん <time>2017-02-01 02:05</time></p>
      </footer>
    </article>
  </section>
</article>
```

14 ブラウザーによる13の表示例

テスト投稿

2017-01-23

テスト投稿だよ。自由にコメントしてね。

コメント (2件):

記念にコメントするッスよー！

ななしさん 2017-02-01 01:35

あなたはブログがかけるフレンズなんだね！

ななしさん 2017-02-01 02:05

article要素内にaddress要素を入れると、そのarticle要素の著作者の連絡先情報を表します。たとえば、複数の著作者が執筆しているブログでは、ブログエントリーそれぞれをarticle要素とし、中にaddress要素を入れることで、記事ごとに異なる執筆者の連絡先を示すことができます。

アクセシビリティ上の注意点

article要素はデフォルトでarticleロールを持ちます。articleロールはランドマークロールではありませんが、スクリーンリーダーによってはランドマークのように扱うことがあります。たとえば、iOSのVoiceOverは、article要素に差し掛かると「記事 ランドマーク」と読み上げます。

aside要素

aside要素は、メインコンテンツと副次的には関連するものの、メインコンテンツから分離できるセクションを表します。典型的には、サイドバーや広告、その他の補足情報などを表すために利用します。

内容モデル

aside要素の内容モデルはFlowです。15は、広告を挿入するためのiframe要素を含めた例です。

15 aside要素内にiframe要素を含めた記述例

```
<aside>
  <iframe src="..." title="広告"></iframe>
</aside>
```

アクセシビリティ上の注意点

aside要素はデフォルトでcomplementaryロールを持ち、ランドマークとして扱われます。スクリーンリーダーでは、任意のaside要素にジャンプしたり、aside要素を丸ごとスキップできる場合があります。

MEMO

メインコンテンツに含まれる注釈や引用などは、コンテンツから切り離してしまうとコンテンツの理解に支障が出ます。このようなものをaside要素でマークアップするべきではありません。

nav要素

nav要素は、ナビゲーションのセクションを表します。ナビゲーションには、サイトの他のページへのリンクが含まれていることもあれば、ページ内のリンクが含まれることもあります。

コンテンツ内のリンクのグループすべてをnav要素に入れる必要はありません。たとえば16のように、ページのフッターに少量のリンクが含まれるようなケースはよく見られますが、小さなフッターは、単にfooter要素だけで十分です。footer要素の中にnav要素を入れることも可能ですが、無理にnav要素を使う必要はないでしょう。

16 ウェブサイトに存在するページフッターの例

サイトのご利用について | 勧誘方針 | 個人情報のお取扱い

内容モデル

nav要素の直下にul要素などのリストを入れてリンクのa要素を列挙するパターンがよく見られます。リストは必須ではなく、他の要素を入れることもできます。17はMDNの左ナビゲーションの例で、18のように表示されます。このように見出しがあると、スクリーンリーダーなどで複数のナビゲーションを区別しやすくなります。

MEMO

1つのページに複数のnav要素があっても構いません。たとえば、グローバルナビゲーションとローカルナビゲーションの両方がある場合、それぞれをnav要素としてマークアップできます。

17 nav要素の中に見出しを入れたMDNの記述例

```
<nav id="sidebar-quicklinks" class="sidebar">
  <h4>Related Topics</h4>
  <div>
    <ol>
      <li><a href="/ja/docs/Web/HTML/Element/aside"><code>&lt;aside&gt;</code></a></li>
      <li><a href="/ja/docs/Web/HTML/Element/nav"><code>&lt;nav&gt;</code></a></li>
      <!-- 略 -->
    </ol>
  </div>
</nav>
```

18 ブラウザーによる 17 の表示例

> **MEMO**
> 17 はMDNのnav要素のページで使われているものです。
> https://developer.mozilla.org/ja/docs/Web/HTML/Element/nav

アクセシビリティ上の注意点

nav要素はデフォルトでnavigationロールを持ち、ランドマークとして扱われます。スクリーンリーダーでは、不要なナビゲーションは読み飛ばし、必要なナビゲーションにジャンプできるため、利便性が大きく向上します。nav要素を使うかどうか迷った場合は、読み飛ばしやジャンプができると便利ならばnav要素にする、と考えるとよいでしょう。

ただし、使い過ぎには注意してください。ページ内に多数のnav要素があると、それぞれの区別が困難になり、ジャンプやスキップの操作も煩雑になります。

> **MEMO**
> 複数のnav要素がある場合、それぞれに名前を付けることで見分けさせる方法もあります。詳しくはCHAPTER 4-1（P313）で説明します。

h1-h6要素

h1-h6要素は、セクションの見出しを表します。これらの要素は、要素名の数字で与えられるランクを持ちます。h1要素が最高ランクを持ち、h6要素が最低ランクを持ちます。

内容モデル

h1-h6要素の内容モデルはPhrasingです。Flowではないため、h1要素の中にdiv要素などを入れることはできません。

アクセシビリティ上の注意点

h1-h6要素はデフォルトでheadingロールを持ち、要素名の数字に等しいaria-levelを持ちます。

> **MEMO**
> たとえば、h2要素にはデフォルトでrole=headingとaria-level=2が設定されます。

スクリーンリーダーは一般的に、たとえばh2の場合は、見出しを「見出し レベル 2」のように読み上げます。また、ユーザーは見出しにジャンプする機能も利用できます。

HTML仕様のアウトラインアルゴリズムはsection要素の入れ子でランクを表現できますが、ほとんどのスクリーンリーダーはこの機能に対応していません。見出しのランクを適切に設定しないと、ユーザーは混乱することがあります。

見出しランクは6までしかなく、h7要素は存在しません。aria-level属性を用いると、7以上のランクも表現できます 19。

19 aria-level属性を利用してh7に相当する要素を表現する例

```
<h6>h6見出し</h6>
<h6 aria-level="7">h7見出し</h6>
```

MEMO

ランドマークに対応していない古いスクリーンリーダーでも、見出しジャンプには対応しているケースがほとんどです。aria-levelは、CHAPTER 4-2でも説明します。

MEMO

h7のような、深いランクのアウトラインがユーザーに理解できるかどうかはまた別の問題です。また、aria-level属性に対応していないスクリーンリーダーも存在します。深いランクの使用は慎重に検討してください。

COLUMN

サブタイトルのマークアップとhgroup要素

見出しがサブタイトルを伴う場合、どうマークアップするべきかという議論があります。01のような見出しとサブタイトルがあるとしましょう。

01 見出しとサブタイトルの例

```
Selectors Level 3
W3C Recommendation 06 November 2018
```

単にそれぞれを見出しとしてマークアップすると、見出しが2つできます 02。

02 01をマークアップ

```
<h1>Selectors Level 3</h1>
<h2>W3C Recommendation 06 November 2018</
h2>
```

この場合、後者の見出しがサブタイトルであることは伝わらず、それぞれ独立した見出しと解釈されてしまいます。

HTML仕様では、このようなニーズのためにhgroup要素が定義されています。副見出しやキャッチフレーズのような複数レベルの見出しをグループ化し、ひとまとまりにします。02は03のようになります。

03 hgroup要素を利用した記述例

```
<hgroup>
  <h1>Selectors Level 3</h1>
  <h2>W3C Recommendation 06 November
  2018</h2>
</hgroup>
```

こうすると、アウトラインアルゴリズムによってhgroup要素内の見出しの扱いが変化し、見出しと副見出しのかたまりとして扱われることが期待されるはずでした。

しかし、本書で繰り返し述べているように、アウトラインアルゴリズムを適切に実装したブラウザーや支援技術は知られていません。hgroup要素が適切に扱われることは期待できないのです。

03は、たとえば04のように書き換えることができます。サブタイトル部分があまり長くない場合は、見出しの中に含めてspan要素でマークアップする方法もあります。

04 03を書き換えた例

```
<div>
  <h1>Selectors Level 3</h1>
  <p>W3C Recommendation 06 November
  2018</p>
</div>
```

W3C HTML 5.2 の 4.13.1 にいくつかの書き換え例があるので、参考にするとよいでしょう。
4.13.1. Subheadings, subtitles, alternative titles and taglines
https://www.w3.org/TR/2021/SPSD-html52-20210128/common-idioms-without-dedicated-elements.html#subheadings-subtitles-alternative-titles-and-taglines

header要素

header要素は、いわゆるヘッダーを表します。ヘッダーには一般的に、コンテンツの導入部分やナビゲーション部分が含まれます。

header要素は、もっとも近い祖先のセクショニングコンテンツ、またはセクショニングルートのヘッダーとみなされます。

●祖先にセクショニングコンテンツがない場合

body要素の直接の子要素になっている場合など、header要素の祖先にセクショニングコンテンツがない場合、header要素はページ全体のヘッダーとして扱われます。20 はページのヘッダーの例です。

20 header要素の記述例

```
<body>
  <header>
    <h1>メインページのタイトル</h1>
    <img src="logo.png" alt="サイトのロゴ">
  </header>
...
</body>
```

●他のセクショニングコンテンツに入れた場合

header要素を他のセクショニングコンテンツに入れた場合、そのセクションのヘッダーを表します。21 のようにarticle要素に入れると、22 のような記事のヘッダーを表現できます。

21 article要素内にheader要素を記述した例

```
<article>
  <header>
    <h1>HTML</h1>
    <h2>Living Standard — Last Updated <time datetime="2019-08-30">30 August 2019</span></h2>
  </header>
  <p>HTML Living Standardは随時更新される文章です。</p>
  <p><a href="/20190930">続きを読む...</a></p>
</article>
```

22 ブラウザーによる 21 の表示例

HTML

Living Standard — Last Updated 30 August 2019

HTML Living Standardは随時更新される文章です。

続きを読む...

内容モデル

header要素自身はセクショニングコンテンツではないため、新しいセクションを設けません。23のように、header要素のあとに見出しがないケースでは、意図しないアウトラインが作成されます。

23 header要素のあとに見出しがない記述例

```
<header>
  <h1>このページについて</h1>
  <p>このページは……</p>
</header>
<p>こんにちは、私は……</p>
```

この場合、header要素の外にある「こんにちは、私は……」という文は「このページについて」という見出しのセクションに属することになります。これを避けたい場合、section要素で明示的にマークアップするか、見出しを置くようにしましょう。

アクセシビリティ上の注意点

header要素の祖先にセクショニングコンテンツがない場合、つまりページ全体のヘッダーとして扱われる場合は、デフォルトでbannerロールを持ち、ランドマークとして扱われます。スクリーンリーダーは「バナー ランドマーク」と読み上げることがあります。

header要素の祖先にセクショニングコンテンツがある場合は、header要素はデフォルトのロールを持たず、ランドマークとしては扱われません。

footer要素

footer要素は、いわゆるフッターを表現します。もっとも近い祖先のセクショニングコンテンツ、またはセクショニングルートのフッターを表します。フッターは、著作者に関する情報、関連文書へのリンクなどを含みます。24は著作権の情報を記述した例です。

footer要素は、多くの点がheader要素と共通しています。body要素の子要素になっている場合など、祖先に他のセクショニングコンテンツがない場合には、ページ全体のフッターとして扱われます。

24 footer要素の記述例

```
<footer>
  <p>最終更新 2021年12月22日 (水) 12:30 (日時は個人設定で未設定ならばUTC)。</p>
  <p>テキストはクリエイティブ・コモンズ 表示-継承ライセンスの下で利用可能です。...</p>
</footer>
```

内容モデル

footer要素の内容モデルはFlowです。ただし、header要素やfooter要素は子孫にできません。

アクセシビリティ上の注意点

footer要素の祖先にセクショニングコンテンツがない場合、footer要素はデフォルトでcontentinfoロールを持ち、ランドマークとして扱われます。スクリーンリーダーは「フッター ランドマーク」などと読み上げることがあります。

footer要素の祖先にセクショニングコンテンツがある場合は、footer要素はデフォルトのロールを持たず、ランドマークとしては扱われません。

address要素

address要素は連絡先情報を表します。祖先にarticle要素がある場合、もっとも近いarticle要素の連絡先情報となります。そうでない場合はbody要素と関連付けられ、文書全体の連絡先情報を表します。

連絡先情報の内容に決まりはありません。著作者の名前や電子メールアドレス、SNSのアドレスなどが書かれることが一般的ですが、25のように、電話番号、郵便番号、住所といったものでも構いません。

これらはaddress要素の属する文書や記事に対応する連絡先とみなされることに注意してください。コンテンツとは関係のない住所(たとえば懸賞の送り先など)を提示する場合には、address要素は使わず、単にp要素などでマークアップします。

25 address要素の記述例

```
<body>
  ...
  <!-- article要素が祖先になければ、文書全体の連絡先となる -->
  <address>
    <p>株式会社ボーンデジタル</p>
    <p>〒102-0074<br>
       東京都千代田区九段南一丁目5番5号<br>
       九段サウスサイドスクエア(旧 Daiwa九段ビル)
    </p>
  </address>
</body>
```

内容モデル

address要素の内容モデルはFlowです。address要素の内容モデルには歴史的な移り変わりがあります。HTML3.2までのルールでは、address要素の中にはPhrasingに属する要素とp要素だけを入れることができました。HTML4 strictではp要素を入れられなくなりました。現在のHTML仕様にはそのような制限はなく、Flowに属する要素を自由に入れられます。p要素はもちろん、div要素やul要素などを入れることも可能です。

アクセシビリティ上の注意点

address要素にデフォルトのARIAロールはありません。ランドマークとして扱われることもありません。

MEMO

一般的に、連絡先の情報はフッターに入れられることが多いため、footer要素の中に入れておくと見つけやすいでしょう。

04 グルーピングコンテンツ

THEME テーマ　ここでは、テキストのかたまりのグループ化に関係する、グルーピングコンテンツについて説明します。

p要素

p要素は「段落(paragraph)」を表します。段落は、いくつかの文で構成される、文のかたまりです。後述するように、ここでいう段落は「構造的(structural)」なまとまりであり、必ずしも「論理的(logical)」なまとまりであるとは限りません。

基本的に、特別な役割を持たない文のかたまりはp要素でマークアップして差し支えありません。文のかたまりが特別な役割を持ち、その役割を表現する適切な要素があるならば、その要素を使うべきです。01の例では、セクションの末尾にある作成日と著作者の連絡先をp要素でマークアップしています。

01 p要素の記述例

```
<section>
  <!-- セクションの本文(省略) -->
  <p>作成日: 2012-03-21</p>
  <p>作者: info@example.com</p>
</section>
```

01は構文的には問題ありませんが、02のようにfooter要素やaddress要素を使用すると、より明確なセマンティクスを提供できます。p要素はfooter要素の中に入れることもできるので、03のようなマークアップも考えられます。

02 01により明確なセマンティクスを与える記述例

```
<section>
  <!-- セクションの本文(省略) -->
  <footer>作成日: 2012-03-21</footer>
  <address>作者: info@example.com</address>
</section>
```

03 footer要素内にp要素を入れた、セクションのフッターを明示する記述例

```
<section>
  <!-- セクションの本文(省略) -->
  <footer>
    <p>作成日: 2012-03-21</p>
    <address>作者: info@example.com</address>
  </footer>
</section>
```

内容モデル

p要素の内容モデルはPhrasingです。よって、p要素の中にはh1要素などの見出しやdiv要素などは入れられません。p要素に別のp要素を入れることもできないため、p要素は入れ子にできません。

同様に、ul要素やol要素などのリストも入れられない点に注意してください。文中で箇条書きを使いたくなることはありますが、04のようなマークアップは正しくありません。04は、05のように解釈されます。

04 p要素内にul要素を記述しようとした不適切な記述例

```
<p>ウェブページは、
<ul>
  <li>HTML</li>
  <li>CSS</li>
  <li>JavaScript</li>
</ul>
の3つの技術から構成されます。</p>
```

05 ブラウザーによる04の解釈

```
<p>ウェブページは、</p>
<ul>
  <li>HTML</li>
  <li>CSS</li>
  <li>JavaScript</li>
</ul>
の3つの技術から構成されます。<p></p>
```

このようなケースの対応方法の1つとして、リストの前後をそれぞれp要素としてマークアップする方法があります06。

06 リストの前後をp要素でマークアップした記述例

```
<p>ウェブページは、</p>
<ul>
  <li>HTML</li>
  <li>CSS</li>
  <li>JavaScript</li>
</ul>
<p>の3つの技術から構成されます。</p>
```

06のp要素の文は中途半端な場所で途切れていますが、構文上は問題ありません。このように、p要素は単に構造上のまとまりに過ぎないことがあり、論理的な意味でのまとまりになるとは限りません。

文が途中で切れるのを避けたい場合や、見た目をひとかたまりにしたい場合は、07のようにdiv要素でマークアップする方法もあります。

MEMO

p要素の終了タグは省略可能であるため、p要素に入れられない要素を入れようとした場合、終了タグが補われて解釈されます。

07 リストの前後をdiv要素でマークアップした記述例

```
<div>ウェブページは、
<ul>
  <li>HTML</li>
  <li>CSS</li>
  <li>JavaScript</li>
</ul>
の3つの技術から構成されます。</div>
```


属性

p要素にはalign属性がありましたが現在では廃止されています。

●廃止された属性：align属性

かつてのHTMLでは、p要素にalign属性が定義されていました。要素の内容の配置を指定するもので、主にテキストの左寄せや右寄せ、センタリングの指定に用いられました。

> **MEMO**
> 現在では、文字寄せの指定にはCSSのtext-alignプロパティを使用します。

アクセシビリティ上の注意点

p要素にはデフォルトのARIAロールはありません。

2021年時点では、p要素について特別な読み上げをするスクリーンリーダーは知られていません。特別扱いする必要がない段落について、p要素とするかどうかを神経質に考える必要はないといえます。

> **MEMO**
> WAI-ARIA 1.1では「段落」に相当するARIAロールが定義されていません。WAI-ARIA 1.2ではparagraphロールが導入される予定です。近い将来、p要素はデフォルトでparagraphロールを持つことになるでしょう。

hr要素

hr要素は、段落レベルのテーマの区切りを表します。小説であれば場面の変化、論説であれば別の話題に移行するときなどに使用します。

section要素やh1-h6要素を使っている場合、それだけでテーマの変更を表現できるので、hr要素を追加で使用する必要はありません。明示的に切れ目を表現したいが見出しは置けない、という場合にhr要素を使うことがあります08。

08 hr要素を用いた記述例

```
<p>ウェブでもっともよく目にする動物といえば、なんといっても猫でしょう。…</p>
<hr>
<p>そうはいっても、現実世界の道ばたで人と一緒に散歩しているのは犬です。…</p>
```

09のように、多くのビジュアルブラウザーでは、デフォルトスタイルで水平線が表示されます。しかし、この要素は線を表す目的で使うべきではありません。スタイル目的で線を引く場合はCSSを使います。

09 ブラウザーによる 08 の表示例

> ウェブでもっともよく目にする動物といえば、なんといっても猫でしょう。…
>
> ---
>
> そうはいっても、現実世界の道ばたで人と一緒に散歩しているのは犬です。…

内容モデル

hr要素の内容モデルはNothingです。この要素は空要素であり、内容を持つことはできません。また、終了タグを書くこともできません。

アクセシビリティ上の注意点

hr要素はデフォルトでseparatorロールを持ちます。スクリーンリーダーは「区切り」などと読み上げることがあります。また、スクリーンリーダーによっては、次の区切りにジャンプする機能が提供されていることもあります。

> **MEMO**
> 古いHTMLではhr要素は「横罫線(horizontal rule)」として定義されていたため、hr要素を「横方向分割バー」と読み上げるスクリーンリーダーも存在します。

pre要素

pre要素は、「整形済みテキスト(preformatted text)」を表します。整形済みテキストとは、テキストが空白や改行によって整形され、その整形された見た目に一定の意味があるものです。例としては、電子メールの文面、コンピューターコードの断片、アスキーアートなどが挙げられます。

通常は、要素内のテキストに改行を入れたり、スペースを複数入れたりしても、見た目には反映されません。10 は、Python言語で書かれたコードの断片をp要素に入れた例です。これは、11 のように表示されます。

10 コードの断片をp要素に入れた記述例

```
<p>
with open(filename, 'w') as fp:
    fp.write(body.encode('UTF-8'))

print('saved:' + filename)
</p>
```

11 ブラウザーによる 10 の表示例

> with open(filename, 'w') as fp: fp.write(body.encode('UTF-8')) print('saved:' + filename)

p要素の場合、11 のように改行はスペースとなります。複数のスペースや改行が連続しても、1つのスペースにまとめられます。

Pythonのコードでは空白や改行に意味があるため、10 のような表示をそのままコピーしても意図どおりには動作しません。

pre要素を使うと、改行やスペースを維持してそのまま表示します。

> **MEMO**
> HTML要素の整形は、HTMLのルールではなく、CSSのwhite-spaceプロパティによるものです。
> p要素を含むほとんどの要素は、デフォルトスタイルとしてwhite-spaceプロパティの値にnormalが設定されていますが、pre要素には値preが設定されており、これがpre要素の挙動を実現しています。
> プロパティの値を上書きすれば整形のスタイルも変更できますが、そのようなスタイルの上書きは混乱の元になるため避けるべきです。

HTML構文では、<pre>タグ直後の改行はinter-element whitespaceとみなされて除去されます。つまり、12と13の2つは同じように表示されます。表示例は14のようになります。

12 <pre>タグ直後で改行しない記述例

```
<pre>with open(filename, 'w') as fp:
    fp.write(body.encode('UTF-8'))

print('saved:' + filename)
</pre>
```

13 <pre>タグ直後で改行した記述例

```
<pre>
with open(filename, 'w') as fp:
    fp.write(body.encode('UTF-8'))

print('saved:' + filename)
</pre>
```

14 ブラウザーによる12および13の表示例

```
with open(filename, 'w') as fp:
  fp.write(body.encode('UTF-8'))

print('saved:' + filename)
```

内容モデル

pre要素の内容モデルはPhrasingです。Phrasingに属する要素を入れることができるため、15のようにkbd要素(P150)を利用して、テキストの一部をマークアップすることもできます。

15 ユーザーが入力する部分をkbd要素でマークアップした例

```
<pre>
&gt; <kbd>copy before.txt after.txt</kbd>
after.txt を上書きしますか? (Yes/No/All): <kbd>No</kbd>
        0 個のファイルをコピーしました。
&gt;
</pre>
```

pre要素の中でも文字参照(P076)は展開されます。文字として&や<を書きたい場合は、それぞれ&、<とする必要があります。

アクセシビリティ上の注意点

pre要素を使ってアスキーアートを表現する場合、スクリーンリーダーでは無意味な記号の羅列として読み上げてしまうことがあります。その場合、明示的にrole=imgを指定するとよいでしょう。16はARIA in HTMLで紹介されている例です。

MEMO

XML構文ではinter-element whitespaceは除去されないため、13のようにすると先頭に空行が追加されます。
なお、HTMLの要素にxml:space属性を指定しても効果はなく、この挙動は変更できません。
https://html.spec.whatwg.org/multipage/dom.html#global-attributes:attr-xml-space

16 pre要素にrole=imgを指定した例

```
<figure>
  <pre role="img">
  o           .'`/
    '      /  (
  O    .-'` ` `'-._      .')
      _/ (o)        '.  .' /
      )       )))     ><  <
      `\  |_\      _.'  '. \
        '-._  _ .-'       '.)
    jgs     `\__\
  </pre>
  <figcaption id="fish-caption">
    Joan G. Stark, "<cite>fish</cite>".
    October 1997. ASCII on electrons. 28×8.
  </figcaption>
</figure>
```

16では、pre要素でアスキーアートを表現し、figcaption要素でキャプションを付けています。支援技術がrole=imgを解釈する場合、アスキーアートの中身を読み上げずに、キャプションを読み上げることが期待できます。

MEMO

ARIA in HTML EXAMPLE 6
https://www.w3.org/TR/html-aria/#example-6

blockquote要素

blockquote要素は、別のソースから引用されているセクションを表します。

内容モデル

blockquote要素の内容モデルはFlowです。テキストをそのまま書くことも可能であり、p要素やul要素などを入れても構いません。

h1要素などの見出しを入れることも可能です。CHAPTER 3-3で紹介したように、アウトラインアルゴリズムでは、blockquote要素はセクショニングルートとなります。17のようにblockquote要素の中に見出しが入っていても、文書全体のアウトラインには影響しません。

17 blockquote要素の中に見出しが入っている例

```
<h4>著作権法について</h4>
<p>以下引用</p>
<blockquote>
  <h3>(保護を受ける著作物)</h3>
  <p>第六条　著作物は、次の各号のいずれかに該当するものに限り、この法律による保護を受ける。</p>
</blockquote>
```

引用元を表現したい場合は、明示的に記述するべきです。たとえば18のように、blockquote要素の直後に書いてもよいでしょう。

18 blockquote要素の外側でcite要素を用いて引用元を明示する例

```
<blockquote>
  <p>吾輩は猫である。名前はまだ無い。</p>
</blockquote>
<p>—夏目漱石 『<cite>吾輩は猫である</cite>』</p>
```

参考までに、W3C HTML 5.2では、19のようにfooter要素を使用してblockquote要素の内側に書く方法が示されていました。

19 blockquote要素の内側にfooter要素を記述した例

```
<blockquote>
  <p>吾輩は猫である。名前はまだ無い。</p>
  <footer>—夏目漱石 『<cite>吾輩は猫である</cite>』</footer>
</blockquote>
```

冗長ではありますが、20のようにfigure要素とfigcaption要素を使って、明示的に引用文と引用元を関連付けることもできます。

20 figure要素とfigcaption要素を利用した記述例

```
<figure>
  <blockquote>
    <p>吾輩は猫である。名前はまだ無い。</p>
  </blockquote>
  <figcaption>夏目漱石 『<cite>吾輩は猫である</cite>』</figcaption>
</figure>
```

属性

blockquote要素の属性について解説します。

●cite属性

cite属性を利用すると、引用元のURLを示すことができます。しかし、現在のHTML仕様では、cite属性で指定したURLをブラウザーが解釈してユーザーに提示することを想定していません。

cite属性で指定したURLは、ユーザーには伝わらないことがあります。cite要素を使うなどして引用元を提示するとよいでしょう。

アクセシビリティ上の注意点

blockquote要素にデフォルトのARIAロールはありません。

多くのスクリーンリーダーは、この要素に差し掛かると「引用」と読み上げ、この要素から抜けるときに「引用終了」と読み上げます。このように、スクリーンリーダーはblockquote要素を明確に引用として伝えます。引用ではない箇所にこの要素を使ってはなりません。

MEMO

HTML 5.2 - 4.4.5. The blockquote element
https://www.w3.org/TR/2021/SPSD-html52-20210128/grouping-content.html#the-blockquote-element

MEMO

WAI-ARIA 1.1では「引用」に相当するARIAロールが定義されていません。WAI-ARIA 1.2ではblockquoteロールが導入される予定です。近い将来、blockquote要素はデフォルトでblockquoteロールを持つことになるでしょう。

ol要素

ol要素は、リストを表します。後述するul要素と異なり、ol要素は順序を持ち、順序に意味がある項目、たとえば料理のレシピやスポーツ競技の順位結果などに用います。

内容モデル

ol要素の内容モデルは「Zero or more li and script-supporting elements.」と定義されています。基本的にはli要素だけが子要素になると考えて差し支えありません。21のように、ol要素でリスト全体を、li要素で個々のリスト項目を表現します。

21 ol要素とli要素でリストの全体と個々のリスト項目を表現した例

```
<ol>
  <li>豚肉を2cm幅に切る<li>
  <li>もやしは洗ってザルに上げて水気をきる</li>
...
</ol>
```

リスト項目の中に別のリストを入れることもできます。ol要素を他のol要素の直接の子要素にはできませんが、li要素の子要素にはできるため、22のようにリストを入れ子にできます。表示例は23になります。li要素の終了タグの位置に注目してください。

22 ol要素をli要素の子要素にした記述例

```
<ol>
  <li>1番目の項目</li>
  <li>2番目の項目        <!-- ここには終了タグはない -->
    <ol>
      <li>2番目の項目の、1番目のサブ項目</li>
      <li>2番目の項目の、2番目のサブ項目</li>
      <li>2番目の項目の、3番目のサブ項目</li>
    </ol>
  </li>                  <!-- ここに終了タグを記述し、要素を閉じる -->
  <li>3番目の項目</li>
</ol>
```

23 ブラウザーによる22の表示例

1. 1番目の項目
2. 2番目の項目
    1. 2番目の項目の、1番目のサブ項目
    2. 2番目の項目の、2番目のサブ項目
    3. 2番目の項目の、3番目のサブ項目
3. 3番目の項目

MEMO

一般に、ol要素のリスト項目には番号が振られます。この番号はスタイルシートによってリストマーカーとして付与されたものです。多くのブラウザーではlist-style-type: decimalをデフォルトとしており、算用数字が表示されます。CSSによって文字種を変更したり、表示しないようにすることも可能です。
DOMツリーにはリスト項目の番号は含まれていないことに注意してください。ol要素を選択してコピーした際、番号はコピーされない場合があります。利用規約の条文など、番号が重要な意味を持つ場合は、あえてol要素を使用せずに番号をテキストで書くという判断もありえます。

MEMO

li要素の個数は0個でもよいので、中身が空のol要素も構文上は許されています。最初は空のol要素だけ置いておき、JavaScriptで後からli要素を挿入するという利用法もあります。

属性

ol要素の固有の属性について解説します。

●reversed属性

通常、ol要素は昇順リストとなり、番号は1, 2, 3, … のように振られます。reversed属性を指定すると、降順リスト(…, 3, 2, 1)を表すことができます。

●type属性

type属性を使用すると、リストマーカーの種類を指定できます。デフォルトでは10進数の数字ですが、大文字小文字のアルファベットまたはローマ数字で表示させることもできます。

●start属性

start属性を使用すると、先頭のリストマーカーの値を指定できます。属性の値は整数です。24の例では、リストマーカーは1から始まってカウントダウンすることになります。結果として、25のように1, 0, -1というリストマーカーが付けられます。

24 start属性およびreversed属性の記述例

```
<ol start="1" reversed>
  <li>このリストは1から始まって</li>
  <li>カウントダウンしていくという</li>
  <li>やや風変わりな例です。</li>
</ol>
```

25 ブラウザーによる24の表示例

 1. このリストは1から始まって
 0. カウントダウンしていくという
-1. やや風変わりな例です。

アクセシビリティ上の注意点

ol要素のデフォルトのARIAロールはlistです。スクリーンリーダーは、これがリストであることを伝えます。伝え方はスクリーンリーダーによって異なり、「リストの開始位置」とだけ読み上げるもの、「リスト2項目」のように項目数を読み上げるものなどがあります。

ほとんどの場合、リストマーカーの番号も読み上げられます。CSSを用いるなどしてリストマーカーの種類を変えたり、start属性などで番号を変更した場合の挙動は、ブラウザーやスクリーンリーダーによって異なります。見た目どおりに読み上げる場合もあれば、属性などによる指定が無視されて1から順に読み上げられる場合もあります。リストマーカーの種類や番号を変更している場合、そのことがスクリーンリーダーに伝わらない可能性があることに注意してください。

MEMO

リストマーカーはCSSのlist-style-typeプロパティによる指定が優先されます。また、list-style-typeプロパティで指定できる値の種類は、type属性に比べて非常に豊富です。

MEMO

type属性とstart属性は、HTML4の仕様では非推奨とされていましたが、現在のHTMLでも廃止されることなく定義されています。HTML4ではCSSで代用する想定でしたが、リストマーカーの数値は単なる装飾ではなく、意味を持つ場合もあるため、HTMLの属性として情報を持つことができるようになっています。

ul要素

ul要素はリストを表します。ol要素と異なるのは、項目の順序が重要ではない点です。つまり、項目の順序を変更しても文書の意味が変わらないようなリストを表します。ul要素はリスト全体を表現し、個々のリスト項目はli要素で表現します。

内容モデル

ul要素の内容モデルはol要素と同一です。li要素が子要素となる点、空のul要素が許される点､li要素の中に別のリストを入れられる点も同様です。

26 のように、ul要素とol要素を組み合わせた入れ子も可能です。表示例は 27 のようになります。

26 ul要素とol要素を組み合わせた入れ子の記述例

```
<ul>
  <li>(順番が重要でない) 1番目の項目</li>
  <li>(順番が重要でない) 2番目の項目   <!-- ここには終了タグはない -->
    <ol>
      <li>2番目の項目の､(順番に意味がある) 1番目のサブ項目</li>
      <li>2番目の項目の､(順番に意味がある) 2番目のサブ項目</li>
      <li>2番目の項目の､(順番に意味がある) 3番目のサブ項目</li>
    </ol>
  </li>   <!-- ここに終了タグを記述し､要素を閉じる -->
  <li>(順番が重要でない) 3番目の項目</li>
</ul>
```

27 ブラウザーによる 26 の表示例

- （順番が重要でない） 1番目の項目
- （順番が重要でない） 2番目の項目
  1. 2番目の項目の、（順番に意味がある） 1番目のサブ項目
  2. 2番目の項目の、（順番に意味がある） 2番目のサブ項目
  3. 2番目の項目の、（順番に意味がある） 3番目のサブ項目
- （順番が重要でない） 3番目の項目

アクセシビリティ上の注意点

ul要素のデフォルトのARIAロールはlistであり、ol要素と同様です。スクリーンリーダーは、ol要素と同様にリストであることを伝えます。

ul要素の場合、リストマーカーは読み上げられることはありません。

MEMO

CSSでリストマーカーのスタイルを変更した場合、リストマーカーが読まれることもあります。また、スクリーンリーダーによっては、このリスト項目がリスト全体の何番目なのかわかるように、「2分の1」などと読み上げる場合があります。

li要素

li要素は、リストに含まれる個々の項目を表します。これまでに取り上げたol要素やul要素の子要素として利用できます。具体的な使用例については、ol要素やul要素を参照してください。

内容モデル

li要素の内容モデルはFlowです。他のほとんどの要素を入れることができます。先に述べたように、ol要素やul要素を入れ子にできます。

h1などの見出しを入れることも可能です。ただし、li要素はセクショニングルートにならないため、見出しを入れると暗黙のセクションが作られます。見出しをリストの途中で記述すると、そこから新たな暗黙のセクションが始まり、1つのli要素が複数のセクションに分割されることになります。そのような構造は望ましくないことが多いでしょう。

属性

li要素の属性について解説します。

● value属性

li要素の親がol要素である場合、value属性を指定するとリストマーカーの番号を変更できます。28 の例では、3番目のli要素にvalue=2を指定しています。

28 value属性の記述例

```
<ol>
  <li>最初の項目</li>
  <li><del>2番目の項目を削除</del></li>
  <li value="2">3番目だった項目を2番手に昇格</li>
  <li>4番目だった項目</li>
</ol>
```

29 ブラウザーによる 28 の表示例

1. 最初の項目
2. ~~2番目の項目を削除~~
2. 3番目だった項目を2番手に昇格
3. 4番目だった項目

28 は 29 のように表示され、リストマーカーの番号は順に1、2、2、3となります。後続のli要素も変更の影響を受けることに注意してください。

アクセシビリティ上の注意点

li要素のデフォルトのARIAロールはlistitemです。スクリーンリーダーによる扱いは、親要素がol要素の場合とul要素の場合とで異なります。ol要素やul要素を参照してください。

MEMO

value属性もol要素のtype属性やstart属性と同様に、HTML4の仕様では非推奨とされていました。しかし、現在のHTMLでも廃止されることなく定義されています。

MEMO

番号を決定するアルゴリズムの詳細は、HTML仕様を参照してください。
4.4.8 The li element
https://html.spec.whatwg.org/multipage/grouping-content.html#ordinal-value

COLUMN

もう1つのリスト：menu要素

li要素を親にできる要素は、ol要素やul要素のほかにもう1つあります。それがmenu要素です。

menu要素はHTML 2.0の頃から存在していた要素で、当時はリスト項目の内容が1行で収まるものとされていました。現在のHTML仕様では意味が再定義され、ユーザーが操作可能なボタンやリンクなどを列挙するツールバー、メニューバーなどを表すものと定義されています。

しかし、2021年現在、ウェブサイトでmenu要素を見かけることはほとんどありません。menu要素についての詳細は、仕様を参照してください。

dl要素、dt要素、dd要素

dl要素は、名前と値のグループから構成される、説明リスト(description list)あるいは関連リスト (association list) を表します。名前と値のグループの例としては、用語とその定義、メタデータのトピックと値、質問と回答などが挙げられます。

dl要素は一見便利に利用できますが、本当にdl要素が適切かどうかは慎重に検討してください。

対談や会話の表現にdl要素を利用し、話者をdt要素、発言をdd要素で表現するケースも見られますが、HTML Standardでは単純にp要素で表現することを勧めています。

ただし、発言に対する返答が階層構造になるような複雑なケースについては、dl要素で表現するケースも例示されています。対応関係や階層構造を表現する必要がある場合はdl要素を利用し、そうでない場合は他の要素を検討するとよいでしょう。

内容モデル

dl要素の内容モデルは以下のように定義されています。

> Either: Zero or more groups each consisting of one or more dt elements followed by one or more dd elements, optionally intermixed with script-supporting elements.
> Or: One or more div elements, optionally intermixed with script-supporting elements.

dl要素を使用する場合、名前をdt要素、値をdd要素で表現します。名前と値の対応は、必ずしも1対1である必要はありません。30の例は、2つの用語を1つの定義に対応させている例です。表示例は31になります。

MEMO

古いHTMLでは用語の定義のために用いられており、定義リスト(definition list)と呼ばれていました。現在は意味が再定義され、用語定義以外の用途にも使えるようになっています。

MEMO

4.14.3 Conversations
https://html.spec.whatwg.org/multipage/semantics-other.html#conversations

30 dl要素、dt要素、dd要素の記述例

```
<dl>
  <dt lang="ja"> <dfn>色</dfn> </dt>
  <dt lang="en-GB"> <dfn>colour</dfn> </dt>
  <dd>光の波長の違い(色相)によって受ける感覚。
  また、明るさ(明度)や鮮やかさ(彩度)によっても異なるように感じる。</dd>
</dl>
```

31 ブラウザーによる 30 の表示例

> 色
> *colour*
> 　　光の波長の違い（色相）によって受ける感覚。 また、明るさ（明度）や鮮やかさ（彩度）によっても異なるように感じる。

多くの場合、dl要素の直下にdt要素とdd要素を入れますが、名前と値のグループをdiv要素で囲むこともできます。32の例は、メタデータをマークアップするdl要素の使用例です。最後のグループが、2つのメタデータラベル(「著作者」と「編集者」)と2つの値(Robert RothmanとDaniel Jackson)を持ちます。

32 メタデータをマークアップするdl要素の記述例

```
<dl>
  <div>
    <dt>最終更新日</dt>
    <dd>2004-12-23T23:33Z</dd>
  </div>
  <div>
    <dt>推奨の更新間隔</dt>
    <dd>60秒</dd>
   </div>
  <div>
    <dt>著作者</dt>
    <dt>編集者</dt>
    <dd>Robert Rothman</dd>
    <dd>Daniel Jackson</dd>
  </div>
</dl>
```

このようにdiv要素で囲む場合、dl要素直下にはdiv要素だけが出現しなければならず、dt要素やdd要素が直接出現することはできません。33のように混在させると構文エラーとなります。

33 dl要素直下にdt要素やdd要素を記述した構文エラーとなる記述例

```
<dl>
  <dt>最終更新日</dt>
  <dd>2004-12-23T23:33Z</dd>
  <dt>推奨の更新間隔</dt>
  <dd>60秒</dd>
  <div>
    <dt>著作者</dt>
    <dt>編集者</dt>
    <dd>Robert Rothman</dd>
    <dd>Daniel Jackson</dd>
  </div>
</dl>
```

dt要素とdd要素の内容モデルは基本的にはFlowです。ただし、dt要素には追加の制約があり、見出しやセクションなどを含めることができません。詳しくは仕様を確認してください。

アクセシビリティ上の注意点

dl要素のアクセシビリティ上の扱いには注意が必要です。2021年現在のARIA in HTMLによる定義では、dl要素にはデフォルトのARIAロールはなく、dt、dd要素のロールはそれぞれterm、definitionとなります。

しかし、2018年5月時点のARIA in HTMLでは、dl要素はlistロール、dt要素とdd要素はlistitemロールとされていました。そのため、スクリーンリーダーによっては、dl要素を単なるリストとし、dt要素とdd要素をリスト項目として扱うことがあります。34の例は1つの名前と値の組み合わせですが、「2件のリスト」と読み上げられる場合があります。

34 dt要素とdd要素を1つずつ入れた記述例

```
<dl>
  <dt>name</dt>
  <dd>value</dd>
</dl>
```

2021年現在で勧告候補となっているWAI-ARIA 1.2では、termロールはdfn要素に対応するものとされ、definitionロールはdd要素と無関係なものと位置付けられています。

また、2021年12月時点のEditor's DraftのWAI-ARIA 1.3では、dl、dt、dd要素に対応するassociationlist、associationlistitemkey、associationlistitemvalueというロールが新たに定義されています。

dl要素に関連するロールの仕様はかなり流動的です。当面の間、スクリーンリーダーによるdl関連要素の扱いは安定しないものと考えられます。

なお、dt要素は見出しではないため、小見出しのようなものをdt要素とすると、見出しにジャンプする機能は提供されません。dd要素の内容が長文になるようなケースでは、見出しを利用したほうがよいでしょう。

MEMO

ARIA in HTMLのロールの変遷については、仕様の履歴からたどることができます。
https://www.w3.org/standards/history/html-aria

figure要素

figure要素は、文書の本文から参照される自己完結型のコンテンツを表します。figureという単語は図や挿絵といった意味ですが、単なる図の他にも画像、図表、例、コード断片などに使用できます。以下の性質をすべて満たすものはfigure要素としてマークアップ可能です。

- 本文から参考として参照されている
- 本文から切り離しても、本文の説明が成立する
- 自己完結しており、本文とあわせて読まなくても、単独で1つのコンテンツとして成立する

たとえば、文の一部となっている画像は、文から切り離すと成立しなくなるため、figure要素にすることは不適切です。逆に1つの段落全体が画像で表現されているような場合は、前後の文と切り離しても単独で成立するため、figure要素にできると考えられます。

内容モデル

figure要素の内容モデルは、以下のように定義されます。

> Either: one figcaption element followed by flow content.
> Or: flow content followed by one figcaption element.
> Or: flow content.

figure要素の子要素としてFlowに属する要素を入れることができます。

さらに、オプションでfigure要素が表す(図表の)キャプションに当たる、figcaption要素を1つだけ入れることができます。

figcaption要素を記述する場合は、figure要素の中の先頭か末尾に置く必要があります。

35は、figure要素の内容の末尾にfigcaption要素を置いた例です。

35 figure要素の内容の末尾にfigcaption要素を記述した例

```
<figure id="fig2">
  <img src="saji.png" alt="匙が山のように積み上がっている絵">
  <figcaption>図 2. 投げた匙の数</figcaption>
</figure>
```

アクセシビリティ上の注意点

figure要素のデフォルトのARIAロールはfigureです。一方、figcaption要素にデフォルトのARIAロールは規定されていません。

figcaption要素がある場合、その内容はfigure要素のキャプションとみなされます。figure要素の子要素にimg要素を入れている場合、figcaption要素でalt属性と同じ内容を指定すると、スクリーンリーダーは同じ内容を2回読み上げるため注意が必要です。

MEMO

figure要素をまるごと別ページや付録に移動したと仮定して、それでもコンテンツが成立するかどうかを考えてみるとよいでしょう。

MEMO

アウトラインアルゴリズムにおいて、figure要素はセクショニングルートとなります。セクショニングルートについてはCHAPTER 3-3を参照してください。

MEMO

WAI-ARIA 1.1では「キャプション」に相当するARIAロールが定義されていません。WAI-ARIA 1.2ではcaptionロールが導入される予定です。近い将来、figcaption要素はデフォルトでcaptionロールを持つことになるでしょう。

MEMO

figcaption要素とalt属性を組み合わせたときの内容については、仕様などを参照してください。
https://html.spec.whatwg.org/multipage/grouping-content.html#the-figure-element

main要素

main要素は、文書の主要なコンテンツを表します。とくに、スクリーンリーダーのユーザーが長いヘッダーやナビゲーション部分を読み飛ばして本文のあるmain要素にジャンプする、いわゆるスキップリンクのような挙動を期待できます。36はmain要素を使用した例です。

36 main要素の記述例

```
<nav>
...多数のナビゲーションリンク...
</nav>
<main>
  <h1>...</h1>
  <article>
    <h2>...</h2>
    <p>...</p>
  </article>
</main>
```

main要素はその性質上、原則として、1つのHTMLページに1つしか置くことができません。例外として、hidden属性を指定したmain要素は複数存在しても構いません。37の例のように、1つを除いてhidden属性を指定することで、複数のmain要素を1つのHTMLに置くことができます。これは、HTMLにあらかじめ複数のmain要素を配置しておき、JavaScriptで表示を切り替えるようなケースが想定されています。

37 hidden属性を使用してmain要素を2つ記述した例

```
<main>
  <h1>Home</h1>
  ...
</main>
<main hidden>
  <h1>About</h1>
  ...
</main>
<main hidden>
  <h1>Contact</h1>
  ...
</main>
```

また、main要素は基本的にbody要素の直下に置く必要があります。div要素やアクセシブルな名前を持たないform要素を挟むことは許されますが、他の意味のある要素の子孫要素にはできません。このため、main要素を他のランドマーク要素の中に入れることはできません。

内容モデル

main要素の内容モデルはFlowです。見出しや段落など、多くの要素を自由に子要素にできます。ただし、この要素は文書の主要な箇所を示すものです。主要でない部分を内容に含めないように注意してください。

アクセシビリティ上の注意点

main要素のARIAロールは、要素名と同じmainです。mainロールはランドマークロールであり、スクリーンリーダーはこの要素に差し掛かると「メインランドマーク」のように読み上げることがあります。

ページのmain要素にグローバルヘッダー部分を含めているケースがありますが、その場合、mainランドマークロールにジャンプしてもナビゲーションをスキップできません。ヘッダーやフッター、サイトナビゲーションを除いた範囲を文書の主要部分として、main要素を指定するのがよいでしょう。

div要素

div要素は、特別な意味を持ちません。具体的な使用例としては、スタイルを付ける目的でid属性やclass属性と一緒に使用する、あるいはlang属性などを付与するために使用することなどが挙げられます。38は、単にスタイリングのためにdiv要素を使用している例です。

38 スタイリングのためにdiv要素を入れ子にした記述例

```
<div class="wrapper">
  <div class="inner">
    <p>...</p>
  </div>
</div>
```

39のように、文書の一部で異なる言語が使われていることを示すこともできます。

39 div要素で異なる言語を明示した例

```
<div lang="lzh">
國破山河在
</div>

<div lang="ja">
国破れて山河在り
</div>
```

MEMO

特別な意味を持たない要素としては、div要素の他にspan要素があります。カテゴリーと内容モデルが異なっており、div要素のほうがより大きなグループ化に向いています。つまり、div要素は汎用のグループ化のための要素といえます。

この要素は、他に適切な要素がなかった場合の最後の手段としても使われます。たとえば、section要素が定義されていなかった頃のHTMLでは、セクションを示すためにdiv要素を使用するケースがありました 40 。

40 div要素でセクションを表現していた古い記述例

```
<div class="section">
  <h1>見出し</h1>
  <p>本文...</p>
</div>
```

しかし、適切な要素が他にある場合は、その要素を使用すべきです。上記の例は、現在では 41 のように書いたほうがよいでしょう。

41 現在推奨されている記述例

```
<section>
  <h1>見出し</h1>
  <p>本文...</p>
</section>
```

内容モデル

通常、div要素の内容モデルはFlowです。多くの要素を子要素にできるため、柔軟なグルーピングが可能です。

例外として、div要素がdl要素の子要素として使われている場合、dt要素とdd要素のみが子要素となります。この用法についてはdl要素を参照してください。

属性

div要素の属性はalign属性がありましたが、現在では廃止されています。

●廃止された属性：align属性

かつてのHTMLでは、div要素にalign属性が定義されていましたが、p要素のalign属性と同様に廃止されています。詳しくはp要素の説明(P122)を参照してください。

アクセシビリティ上の注意点

div要素にデフォルトのARIAロールはありません。div要素自体は意味を持たないため、スクリーンリーダーのユーザーには何の意味も伝わりません。何か意味を伝えたい場合、div要素以外の適切な要素が他にあるならば、その要素を使用するべきです。

他に適切な要素がない場合、div要素とrole属性を併用して意味を伝える方法もあります。role属性についてはCHAPTER 4-2を参照してください。

05 テキストレベルセマンティクス

THEME テーマ

ここでは、HTML仕様でテキストレベルセマンティクスとして分類されている要素を紹介します。これらは主にテキストをマークアップすることを目的とし、要素カテゴリーPhrasingに属するものです。

a要素

a要素は、「アンカー（anchor）」を表現する要素です。多くの場合はhref属性を指定して、リンクとして利用します。詳細はCHAPTER 3-6で紹介します。

em要素

em要素は、強調、強勢を表します。たとえば、文の一部を強調してニュアンスを変化させることができます 01。

01 em要素の記述例

```
<p>猫はかわいい動物です。</p>
<p><em>猫</em>はかわいい動物です。</p>
<p>猫<em>は</em>かわいい動物です。</p>
<p>猫はかわいい<em>動物</em>です。</p>
<p><em>猫はかわいい動物です。</em></p>
```

em要素の有無や場所によってニュアンスが違ってきます。「猫」を強調すれば、動物の種類が重要というニュアンスになりますし、「動物」を強調すれば、かわいいけれどあくまで動物であるというニュアンスになるでしょう。文全体を強調した場合は、この文全体を熱心に伝えたいというニュアンスが出てきます。

em要素は重要性を伝えるものではない点に注意してください。重要性を伝えたい場合には、後述のstrong要素を使います。

内容モデル

em要素の内容モデルはPhrasingです。em要素自身もPhrasingに属するのでem要素を入れ子にもできます。これによって、より強いレベルの強調を表現できます。

アクセシビリティ上の注意点

em要素にデフォルトのARIAロールはありません。多くのスクリーンリーダーは、em要素について特別な読み上げをしません。em要素の有無によって文の意味が大きく変わる表現は避けたほうがよいでしょう。

MEMO

典型的なブラウザーのデフォルトスタイルシートでは、em要素はイタリック体（斜体）で表現されます。しかし、em要素はイタリック体のための要素ではなく、CSSによってイタリック体ではないスタイルを与えることも可能です。そのため、em要素をイタリック体を表現する目的で使うべきではありません。英語のようなアルファベット主体の言語において、慣用的にイタリック体にする箇所については、i要素を利用します。

MEMO

WAI-ARIA 1.2ではemphasisロールが導入される予定です。近い将来、em要素はデフォルトでemphasisロールを持つことになるでしょう。
https://www.w3.org/TR/wai-aria-1.2/#emphasis

strong要素

strong要素は、重要性、深刻性、緊急性を表します。見出し、キャプション、段落などの文の中で、本当に重要な部分を区別するために使用します。02 はstrong要素で重要性を表現した例です。

> **MEMO**
> 古いHTMLではより強い強調を表すとされていましたが、現在では強調のために使うことは推奨されません。強調にはem要素を使います。

02 strong要素で重要性を表現した例

```
<p><strong>酸性タイプ</strong>の製品と一緒に使う(まぜる)と有害な塩素ガスが出て<strong>危険</strong>。</p>
```

03 は深刻性を示した例です。警告または注意の通知をマークアップするために使用できます。

03 strong要素で深刻性を表現した例

```
<p><strong>注意。</strong>テレビを見るときは、部屋を明るくして、なるべくテレビから離れて見てね。</p>
```

04 は緊急性を示した例です。ユーザーに、他の部分より先に読んでほしい箇所を示すために使用しています。これらをブラウザーで表示すると 05 となります。

04 strong要素で緊急性を表現した例

```
<p>リマインダー</p>
<p>今日のタスク:</p>
<ul>
  <li><p><strong>オーブンの電源を切る。</strong></p></li>
  <li><p>ごみを出す。</p></li>
  <li><p>洗濯する。</p></li>
</ul>
```

05 ブラウザーで 02 ～ 04 を表示した例

酸性タイプの製品と一緒に使う（まぜる）と有害な塩素ガスが出て**危険。**

注意。テレビを見るときは、部屋を明るくして、なるべくテレビから離れて見てね。

リマインダー

今日のタスク:

- **オーブンの電源を切る。**
- ごみを出す。
- 洗濯する。

内容モデル

strong要素の内容モデルはPhrasingです。strong要素自身もPhrasingに属するのでstrong要素を入れ子にもできます。これによって、より強い重要性、深刻性、緊急性を表現できます。

アクセシビリティ上の注意点

strong要素にデフォルトのARIAロールはありません。重要性を伝えるとされているにもかかわらず、多くのスクリーンリーダーは、strong要素について特別な読み上げをしません。strong要素の有無によって文の意味が大きく変わる表現は避けたほうがよいでしょう。

> **MEMO**
> WAI-ARIA 1.2ではstrongロールが導入される予定です。近い将来、strong要素はデフォルトでstrongロールを持つことになるでしょう。
> https://www.w3.org/TR/wai-aria-1.2/#strong

small要素

small要素は、一般的に小さい文字で表記されるような、副次的なコメントを表します。例としては、補足説明、著作権表示、免責事項、法的な注意書きなどが挙げられます。基本的には、06のように文章のテキストの一部を修飾する形で利用します。表示例は07のようになります。

> **MEMO**
> small要素が文を弱める意味を持たないことに注意してください。em要素やstrong要素と反対の意味にはなりません。

06 small要素の記述例

```
<p>しょうゆ 198円<small>(税込み)</small></p>
```

07 ブラウザーによる06の表示例

しょうゆ 198円 (税込み)

文全体をsmall要素で囲むこともできます。08は著作権の帰属表示(Copyright)に用いた例です。

08 small要素で文全体を囲んだ記述例

```
<p><small>© ボーンデジタル</small></p>
```

長文にsmall要素を利用するべきではありません。たとえば、複数の段落で構成される利用規約を掲載する場合、その利用規約はもはや主題となる内容であって、副次的なコメントとはいえません。

内容モデル

small要素の内容モデルはPhrasingです。em要素と併用して一部を強調したり、strong要素と併用することで重要性の表現も可能です。

アクセシビリティ上の注意点

small要素にデフォルトのARIAロールはありません。多くのスクリーンリーダーは、small要素について特別な読み上げをしません。small要素の有無で意味が大きく変わる表現は避けたほうがよいでしょう。

s要素

s要素は、もはや正確でなくなったものや、関連しなくなったものを表します。ブラウザーのデフォルトスタイルシートでは、多くの場合、打ち消し線を伴って表現されます。09では、価格が値下げされ、値下げ前の価格がもはや正確でないことを表現するためにs要素を用いています。

10が表示例です。

09 s要素の記述例

```
<p>ゲーミングキーボード</p>
<p><s>希望小売価格 15000円</s></p>
<p>セール価格 9800円</p>
```

10 ブラウザーによる09の表示例

ゲーミングキーボード

~~希望小売価格 15000円~~

セール価格 9800円

s要素は、編集による削除や訂正を表現するものではありません。編集による削除を表現したい場合はdel要素を使用します。

内容モデル

s要素の内容モデルはPhrasingです。他のPhrasingに属する要素をまるごと修飾可能です。p要素など、Phrasingに属さない要素は子にできないため、一括で複数の段落をs要素で修飾するような使い方はできません。

アクセシビリティ上の注意点

s要素にデフォルトのARIAロールはありません。多くのスクリーンリーダーは、s要素について特別な読み上げをしないことに注意してください。

MEMO

関連するdel要素(P178)も参照してください。

cite要素

cite要素は、作品などのタイトルを表します。ここでいう作品には、書籍、文書、楽曲、映画、ゲーム、プログラム、美術作品、ウェブページといったさまざまなものが含まれます。

典型的には、引用の際の出典や、参考文献のタイトルを示す際に利用します。たとえば、12のようにマークアップできます。

12 cite要素の記述例

```
<p>Berners-Lee, Tim. <cite>Web の創成 World Wide Web はいかにして生まれどこに向かうのか</cite>. 高橋徹監訳. 毎日コミュニケーションズ, 2001, 279p.</p>
```

12において、cite要素が著作者名を含んでいないことに注意してください。cite要素の内容はあくまで作品のタイトルであり、著作者、発言者などの表現に使うべきではありません。13のように、タイトルに加えて他の情報を含めることも避けるべきです。14のように、正式なタイトルのみをcite要素とします。

13 cite要素でタイトル以外を含めた望ましくない記述例

```
<p>本文は<cite>英語版WikipediaのHTMLの項目</cite>を参考にしました。</p>
```

14 cite要素でタイトル部分のみを含めた記述例

```
<p>本文は英語版Wikipediaの<cite>HTML</cite>の項目を参考にしました。</p>
```

内容モデル

cite要素の内容モデルはPhrasingです。作品タイトルの一部を強調するようなことは稀でしょうが、たとえばsup要素やsub要素などを入れることが可能です。

アクセシビリティ上の注意点

cite要素にデフォルトのARIAロールはありません。前後の文脈から作品のタイトルであることは伝わる場合が多いと思われますが、cite要素の有無によって意味が変わるような表現は避けたほうがよいでしょう。

> **MEMO**
> 12の記述例はSIST 02『参照文献の書き方』に従った文献情報です。
> SIST 02 参照文献の書き方
> https://jipsti.jst.go.jp/sist/handbook/sist02_2007/main.htm

q要素

q要素は、別のソースから引用されたフレージングコンテンツを表します。

この要素を用いると、ブラウザーによって要素の前後に引用符が自動的に挿入されます。そのため、要素の前後には引用符の文字を入れてはなりません。逆に、テキスト中の引用箇所に既に引用符が付いているならば、無理にq要素としてマークアップする必要はありません。

> **MEMO**
> q要素は文中に短いフレーズを引用するためのものです。一定以上の長さのある、段落のかたまりを引用するような場合は、blockquote要素を利用します。

15 はq要素を使用して俳句を引用した例です。一般的なブラウザーのデフォルトスタイルでは、16 のように引用符が挿入されます。

> **MEMO**
> 挿入される引用符の種類は言語に依存します。たとえば、日本語ではかぎ括弧(「」)、英語ではクォーテーションマーク("")となるのが一般的です。また、引用符の種類はスタイルシートで変更できます。
> 12.3.1 Specifying quotes with the 'quotes' property
> https://www.w3.org/TR/CSS2/generate.html#propdef-quotes

15 q要素の記述例

```
<p lang="ja">松尾芭蕉が<q>五月雨をあつめて早し最上川</q>と詠んだ最上川は……</p>
<p lang="en">The Mogami River, which Matsuo Basho wrote the Japanese
poem <q>五月雨をあつめて早し最上川</q>, is ...</p>
```

16 ブラウザーによる 15 の表示例

> 松尾芭蕉が「五月雨をあつめて早し最上川」と詠んだ最上川は……
>
> The Mogami River, which Matsuo Basho wrote the Japanese poem “五月雨をあつめて早し最上川”, is ...

引用ではないものに対してq要素を使用してはなりません。特別な意味で使用する単語や、人物の発言などを引用符で括る表現は一般的ですが、それらは引用ではないため、q要素で表現することは不適切です。

内容モデル

q要素の内容モデルはPhrasingです。q要素自身もPhrasingに属するため、q要素を入れ子にもできます。つまり、引用を含むフレーズをさらに引用する表現が可能です。

属性

q要素にはcite属性が定義されています。

cite属性

cite属性を指定すると、引用の出典となるURLを示すことができます。これは、blockquote要素のcite属性と同じです。

blockquote要素のcite属性と同様に、一般的なブラウザーはリンクとして扱わないため、このURLがユーザーに伝わるとは限りません。出典へのリンクを設けたい場合は、cite要素とa要素を併用するとよいでしょう。

アクセシビリティ上の注意点

q要素にデフォルトのARIAロールはありません。スクリーンリーダーはq要素を特別なものとして読み上げない可能性があります。ただし、前後に補われた引用符は読み上げられる場合があります。

> **MEMO**
> 基本的にスクリーンリーダーはq要素に補われた引用符を認識します。ただし、引用符は記号であるため、読み上げられない場合もあります。記号が読み上げられるかどうかは、スクリーンリーダーの設定や読み上げのモードに依存します。

dfn要素

dfn要素は、文書中で用語を定義する際の、定義された用語を表します。この要素を使用する際は、その定義(用語の説明)とセットにする必要があります。dfn要素のもっとも近い祖先要素となる段落、セクション、あるいは説明リスト(dl要素)のグループに定義の説明を含めなければなりません。

通常は、dfn要素の内容が用語としての定義となります。17の例では「dfn」という単語を定義していることになります。

17 dfn要素で囲まれたテキスト「dfn」が定義となる記述例

```
<p><dfn><code>dfn</code></dfn>要素は、用語の定義を表します。</p>
```

内容モデル

dfn要素の内容モデルはPhrasingですが、dfn要素を子孫要素に持つことは禁止されています。

18のように、dfn要素の唯一の子要素がtitle属性を持つabbr要素だった場合は、そのabbr要素のtitle属性の値が用語として定義されたことになります。後述するtitle属性の説明も参照してください。

18 abbr要素のtitle属性の値「Hypertext Markup Language」が用語として定義となる記述例

```
<p><dfn><abbr title="Hypertext Markup Language">HTML</abbr></dfn>
は、マークアップ言語の一種であり……</p>
```

属性

dfn要素に固有の属性はありませんが、title属性は特殊な扱いを受けます。

●title属性

dfn要素にtitle属性が指定されている場合、title属性で指定した値が用語として定義されます。19の例では、説明文としては「重曹」という単語を提示しつつ、「炭酸水素ナトリウム」という用語の定義をしています。

このため、dfn要素にtitle属性を指定する際には、定義される用語以外のものを含めることはできません。

19 dfn要素のtitle属性の値「炭酸水素ナトリウム」が定義となる記述例

```
<p><dfn title="炭酸水素ナトリウム">重曹</dfn>は、常温で白い粉末であり……</p>
```

アクセシビリティ上の注意点

dfn要素のデフォルトのARIAロールはtermです。ただし、多くのスクリーンリーダーは特別な読み上げをしません。前後の文脈から、用語の定義であることがわかるようにするとよいでしょう。

MEMO

段落は典型的にはp要素ですが、p要素に限定されません。

abbr要素

abbr要素は、略語や頭字語を表します。多くの場合、title属性を利用して何の略語であるのかを示します。

略語や頭字語をすべてabbr要素でマークアップする必要はありません。たとえば、20のように前後に括弧書きを付けることでマークアップすることなく略語であることを示すことができます。このような表記ができない場合や、読者に馴染みのない単語で明示的にマークアップしたい場合、スタイル付けしたい場合などにabbr要素を使用するとよいでしょう。

20 略語の後に括弧書きで完全な表記を示している例

```
HTML (HyperText Markup Language)はマークアップ言語の一種であり……
```

内容モデル

abbr要素の内容モデルはPhrasingです。必要があるかは別として、abbr要素自身を入れ子にもできます。

属性

abbr要素に固有の属性はありませんが、title属性は特殊な扱いを受けます。

title属性

21のようにabbr要素にtitle属性を指定すると、その値は内容の単語を展開したもの(省略しない、完全な表記)を表します。

21 abbr要素のtitle属性の記述例

```
<abbr title="World Wide Web Consortium">W3C</abbr>
<abbr title="日本銀行">日銀</abbr>
```

前後で何の略語かを説明している場合など、展開を示す必要がないケースでは、22のようにtitle属性を指定せずに使うこともできます。

22 title属性を指定しないabbr要素の記述例

```
<abbr>HTML</abbr>はHyperText Markup Languageの略です。
```

ただし、title属性を指定せずにabbr要素を使った場合、同一の略語は同一の展開を持つものとみなされます。異なる言葉が同じ略語になる場合は、23のようにそれぞれにtitle属性を指定して区別します。

23 異なる言葉が同じ略語になる場合にabbr要素でtitle属性を指定した例

```
<p><abbr title="System and Organization Controls">SOC</abbr>レポートの中では、
<abbr title="Security Operation Center">SOC</abbr>によるシステム監視に言及している。</p>
```

アクセシビリティ上の注意点

abbr要素にデフォルトのARIAロールはありません。スクリーンリーダーにはtitle属性の読み上げを期待したいところですが、2021年現在、この読み上げを行う支援技術は知られていません。何の略であるか確実に伝えたい場合は、20のような括弧書きも検討するとよいでしょう。

COLUMN

廃止された要素:acronym要素

古いHTML4では、abbr要素と別に、頭字語を表現するためのacronym要素が定義されていました。略語をどちらでマークアップするべきか迷う場面がよくありましたが、現在のHTMLではacronym要素は廃止され、abbr要素に一本化されています。頭字語もabbr要素で表現すればよく、迷う必要はありません。

ルビ関連要素

ルビ関連要素は複雑であり、2021年時点で仕様が整理されていないことから、本書では概要の説明に留めます。

ruby要素、rt要素はルビ注釈を付けるための要素です。ルビを付ける範囲全体をruby要素としてマークアップし、ルビとなる文字をrt要素で表します。たとえば24のようになります。表示例は25となります。

24 ruby要素とrt要素の記述例

```
<ruby>漢<rt>かん</rt>字<rt>じ</rt></ruby>
```

25 ブラウザーによる24の表示例

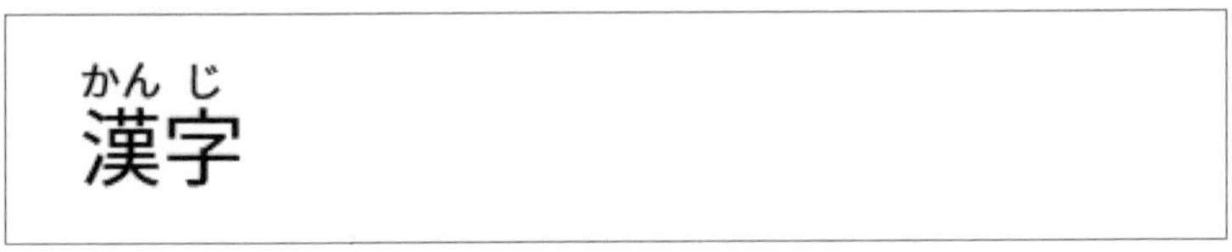

ただし、ruby要素を理解しないブラウザーや支援技術は、これを「漢かん字じ」のように表示(読み上げ)する可能性もあります。これでは意味が通じなくなるため、ruby要素を理解しないブラウザーとの互換性のために、rp要素が用意されています。rp要素の内容は、ruby要素を理解するブラウザーには無視されます。26の例は、ruby要素を理解しないブラウザーでは「漢(かん)字(じ)」のように表示されます。

26 rp要素の記述例

```
<ruby>漢<rp>(</rp><rt>かん</rt><rp>)</rp>字<rp>(</rp><rt>じ</rt><rp>)</rp></ruby>
```

MEMO

W3C HTML 5.2では正式な要素として定義されていた一方で、HTML Standardは2021年時点でrb要素とrtc要素はdeprecated(旧式の機能)とされています。ルビ関連要素がHTML仕様に包括的に取り込まれることを目指し、W3Cで(再)開発が行われる見込みです。
https://github.com/whatwg/html/pull/7405

time要素

time要素は、日付や時刻などの値をマシンリーダブルな形式で表現します。

後述のdatetime属性がない場合は、要素の内容となっているテキストがマシンリーダブルな日時のデータであることを表します。たとえば、2017年1月23日という日付は27のようにマークアップできます。

27 time要素を用いた日付のマークアップ例

```
<time>2017-01-23</time><!-- 日付 -->
```

time要素で扱うことができる日時データの種類にはさまざまなものがあり、それぞれについて形式が決められています。28に代表的なものを取り上げます。CHAPTER 2-2の日付と時刻(P061)もあわせて参照してください。

28 time要素で表現可能な日時データの例

```
<time>2017-01</time><!-- 2017年1月 -->
<time>01-23</time><!-- ある年の1月23日 -->
<time>14:56</time><!-- 14時56分 -->
<time>2017-08-29T01:23:45</time><!-- 日付と時刻 -->
<time>-0600</time><!-- タイムゾーンオフセット -->
<time>0789</time><!-- 西暦789年 -->
```

形式が適切でない場合はエラーになります。28の最後の例は西暦789年を表していますが、29のように書くことはできません。

29 間違ったtime要素の記述例

```
<time>789</time><!-- 西暦789年のつもり…… -->
```

このように誤りやすいパターンもあるため、Nu Html Checkerなどのチェックツールを使って、time要素の書式が正しいかどうかを確認するとよいでしょう。

内容モデル

time要素の内容モデルはdatetime属性の有無によって異なります。datetime属性が存在する場合の内容モデルはPhrasingであり、Phrasingに属する他の要素を子要素にできます。

datetime属性が存在しない場合、time要素の内容は仕様に定められた日時形式のテキストでなければならず、他の要素を入れることはできません。

属性

time要素ではdatetime属性によってもマシンリーダブルな形式のデータを提供できます。

datetime属性

datetime属性を利用すると、任意の形式で書かれた日時に対してマシンリーダブルなデータを提供できます。30の例では、日本語で書かれた日付に対してマシンリーダブルな形式のデータを提供しています。

30 日本語の日付をtime要素でマークアップした例

```
<time datetime="2017-01-23">2017年1月23日</time>
```

> MEMO
> WAI-ARIA 1.2ではtimeロールが導入される予定です。近い将来、time要素はデフォルトでtimeロールを持つことになるでしょう。
> https://www.w3.org/TR/wai-aria-1.2/#time

アクセシビリティ上の注意点

time要素にデフォルトのARIAロールはありません。多くのスクリーンリーダーは、time要素について特別な読み上げをしません。

COLUMN

data要素

日時以外のデータをマシンリーダブルにしたい場合はdata要素を使用します。データはvalue属性で指定します。

01の例では、書名とISBNコードを結び付けています。

01 書名にISBNコードを紐付けた記述例

```
<data value="978-4-86246-265-7">デザイニングWebアクセシビリティ - アクセシブルな設計やコンテンツ制作のアプローチ</data>
```

02の例では、人間に対して提示したテキストと同じ意味の値を、マシンリーダブルな形で提供しています。

02 data要素で表示と同等の数値データを提供する例

```
<data value="20000">弐萬圓</data>
```

03のように、Microdataと組み合わせてメタデータを提供する方法もあります。

03 Microdataを用いて製品名にIDを紐付けた記述例

```
<h1 itemscope>
  <data itemprop="product-id" value="9678AOU879">The Instigator 2000</data>
</h1>
```

code要素

code要素は、コンピューターコードを表します。プログラムのソースコードやファイル名など、機械が読み取るコードを表現するのに利用します。31はHTMLの要素名をcode要素として表記する例です。

> MEMO
> WHATWGが提供するドキュメントでも、HTMLの要素名はcode要素でマークアップされています。

31 code要素の記述例

```
<p><code>code</code>要素は、コンピューターコードを表します。</p>
```

32のように、pre要素と併用して複数行にわたるコードを表すこともできます。表示例は33のようになります。

32 pre要素を使用した複数行にわたるコードの記述例

```
<pre><code>
(() => {
  const target = document.getElementById('target');
  if (target === null) return;
  target.textContent = 'Hello, World';
})();
</code></pre>
```

33 ブラウザーによる 32 の表示例

```
(() => {
  const target = document.getElementById('target');
  if (target === null) return;
  target.textContent = 'Hello, World';
})();
```

内容モデル

code要素の内容モデルはPhrasingです。var要素など、Phrasingに属する要素を入れることができます。

アクセシビリティ上の注意点

code要素にデフォルトのARIAロールはありません。多くのスクリーンリーダーは、code要素について特別な読み上げをしません。

var要素

var要素は、数式やプログラムコードにおける変数を表します。34 は、数学に関する記述において変数をマークアップした例です。

34 var要素の記述例

```
<p><var>n</var>, <var>m</var>はそれぞれ任意の自然数とします。</p>
```

内容モデル

var要素の内容モデルはPhrasingです。変数名の一部を修飾できます。また、35 のようにsub要素やsup要素も使用できます。表示例は 36 のようになります。

35 変数名を装飾する記述例

```
<p>2つの点の座標をそれぞれ (<var>x<sub>1</sub></var>, <var>y<sub>1</sub></var>)、(<var>x<sub>2</sub></var>, <var>y<sub>2</sub></var>) とします。</p>
```

36 ブラウザーによる 35 の表示例

2つの点の座標をそれぞれ (x_1, y_1)、(x_2, y_2) とします。

MEMO

本格的に数式を扱いたい場合は、MathMLと呼ばれるマークアップ言語を用いた表現も可能です。
ただし、MathMLはSVGと同様にHTMLに取り込まれているにもかかわらず、ブラウザーのサポート状況は芳しくありません。これを解消すべく、W3CのMathML Working Groupは、ブラウザーの実装に適したMathMLのサブセットであるMathML Coreの策定を進めています。
https://www.w3.org/Math/

アクセシビリティ上の注意点

var要素にデフォルトのARIAロールはありません。スクリーンリーダーが特別な読み上げをしないことに注意しましょう。

samp要素

samp要素は、コンピューターープログラムのサンプルや出力結果などを表します。37はコンピューターが出力したメッセージをマークアップした例で、表示例は38のようになります。

37 samp要素の記述例

```
<p>パソコンで<samp>ディスクがいっぱいです。</samp>というエラーメッセージが出力されました。
```

38 ブラウザーによる37の表示例

パソコンでディスクがいっぱいです。というエラーメッセージが出力されました。

内容モデル

samp要素の内容モデルはPhrasingです。kbd要素やvar要素などと組み合わせて使うこともできます。

アクセシビリティ上の注意点

samp要素にデフォルトのARIAロールはありません。多くのスクリーンリーダーは、samp要素について特別な読み上げをしません。

kbd要素

kbd要素はユーザーの入力を表します。典型的にはキーボード入力を指しますが、音声や他のデバイスによる入力でも構いません。39の例では、ユーザーが実際にキーボード等で入力する部分をkbd要素としてマークアップしています。表示例は40のようになります。

39 kbd要素の記述例

```
<p>コピーのショートカットキーは、Windowsでは<kbd>Ctrl+C</kbd>、MacOSでは<kbd>command+C</kbd>です。
```

40 ブラウザーによる39の表示例

コピーのショートカットキーは、WindowsではCtrl+C、MacOSではcommand+Cです。

内容モデル

kbd要素の内容モデルはPhrasingです。kbd要素の入れ子も可能で、41のような修飾キーを使った入力の表現に利用できます。

41 kbd要素を入れ子にした例

```
コピーのショートカットキーは、Windowsでは<kbd><kbd>Ctrl</kbd>+<kbd>C</kbd></kbd>、
MacOSでは<kbd><kbd>command</kbd>+<kbd>C</kbd></kbd>です。
```

アクセシビリティ上の注意点

kbd要素にデフォルトのARIAロールはありません。多くのスクリーンリーダーは、kbd要素について特別な読み上げをしません。

MEMO

41のように細かくマークアップすることは必須ではありません。複雑なスタイルを適用しないのであれば、39のように一括りにするだけで十分です。

sup要素およびsub要素

sup要素は上付き文字(superscript)を、sub要素は下付き文字(subscript)を表します。42のようにマークアップすると、表示例は43のようになります。

42 sup要素とsub要素の記述例

```
<p>二酸化炭素はCO<sub>2</sub>と書き表せます。
<p>2<sup>8</sup>は256です。
```

43 ブラウザーによる42の表示例

二酸化炭素はCO_2と書き表せます。

2^8は256です。

内容モデル

sup要素、sub要素の内容モデルはPhrasingです。読みやすいかどうかはともかく、sub要素やsup要素を入れ子にできます。

アクセシビリティ上の注意点

sup要素、sub要素にデフォルトのARIAロールはありません。多くのスクリーンリーダーは特別な読み上げをしないため、文字が上付き・下付きであることは伝わらない可能性があることに注意しましょう。

MEMO

sup要素およびsub要素は、上付き・下付きになることで意味を持つ文字に対して使用します。装飾目的などで、単に文字の表示位置をずらすために使うべきではありません。

MEMO

WAI-ARIA 1.2ではsuperscriptロールとsubscriptロールが導入される予定です。近い将来、sup要素はsuperscriptロールを、sub要素はsubscriptロールを持つことになるでしょう。
https://www.w3.org/TR/wai-aria-1.2/#superscript
https://www.w3.org/TR/wai-aria-1.2/#subscript

i要素

i要素は、典型的にイタリック体(斜体)で表されるような、通常のテキストとは異なる部分を表します。

日本語における伝統的な組版では、そもそもイタリック体で文字を表現することがないため、i要素でマークアップするべきテキストを想定することは難しいでしょう。無理に使わず、他に適切な要素がないかどうかを検討すべきです。たとえば、強調ならばem要素を使います。

MEMO

古いHTMLではイタリック体のための要素として定義されていました。そのため、多くのブラウザーのデフォルトスタイルシートではイタリック体で表現されますが、スタイルは変更できるため、必ずイタリック体になるとは限りません。

内容モデル

i要素の内容モデルはPhrasingです。実用上の意義はさておき、i要素を入れ子にもできます。

アクセシビリティ上の注意点

i要素にデフォルトのARIAロールはありません。スクリーンリーダーは特別な読み上げをしないため、i要素が使われていることは伝わらない可能性があります。

44のように、この要素はアイコンフォントを使用する際に使われることがありますが、HTML仕様ではそのような用法は定義されていません。45のようにspan要素を使用します。

44 不適合となるi要素を用いたアイコンフォントの記述例

```
<i class="fas fa-address-book"></i>
```

45 span要素を用いたアイコンフォントの記述例

```
<span class="fas fa-address-book"></span>
```

もっとも、アイコンフォント自体にウェブアクセシビリティ上の問題が多く、span要素を使ってもそれらの問題は解決しないことに注意してください。

> **MEMO**
> 欧文フォントの多くは、イタリック体を表現する専用の書体を持っています。それに対し、漢字やひらがなにはイタリックの書体がなく、文字を単純に傾ける処理をしたもの(オブリーク体)が表示されることがほとんどです。この場合、文字がつぶれて読みにくくなることがあります。

> **MEMO**
> 現実にi要素がアイコンとして利用されることがあるため、用法の1つとして認めるべきか議論されたこともありました。しかし、i要素はiconの"i"の意味を表すものではなく、その用途にはspanを使うべきという結論になっています。
> https://github.com/w3c/html/issues/732

b要素

b要素は、特に重要ではないものの、注目すべきテキストの範囲を表します。文中のキーワードや記事のリード文など、慣習的に太字にされるようなものを表現できます。46はリード文をb要素とした例で、表示例は47のようになります。

46 b要素の記述例

```
<h3>山登りの魅力について</h3>
<p><b>そこに山があるから</b></p>
<p>山ならではの四季折々の景色、街の喧騒を離れた自然、登山仲間との交流などなど、いろいろな魅力について記します。</p>
```

47 ブラウザーによる46の表示例

山登りの魅力について

そこに山があるから

山ならではの四季折々の景色、街の喧騒を離れた自然、登山仲間との交流などなど、いろいろな魅力について記します。

あるテキストを太字にしたい場合、ほとんどのケースでb要素よりも適切な要素があるはずです。見出しを表すならばh1-h6要素を、重要性を表すならばstrong要素を、強調を表すならばem要素を使うべきです。文中のキーワードもmark要素で表現できることがあります。b要素を使うのは、他に適切な要素がない場合の最後の手段と考えましょう。

内容モデル

b要素の内容モデルはPhrasingです。実用上の意義はさておき、b要素を入れ子にもできます。

アクセシビリティ上の注意点

b要素にデフォルトのARIAロールはありません。スクリーンリーダーは特別な読み上げをしないため、b要素が使われていることは伝わらない可能性があります。

> **MEMO**
> 古いHTMLでは太字を表現する要素として定義されていました。そのため、多くのブラウザーのデフォルトスタイルシートでは太字で表現されますが、スタイルは変更できるため、必ず太字になるとは限りません。

u要素

u要素は、一般的に下線付きで表現されるようなものを表します。

この要素の使用が望ましい状況は稀でしょう。多くの場合、em要素、strong要素、mark要素などといった他の要素がより適切です。

内容モデル

u要素の内容モデルはPhrasingです。実用上の意義はさておき、u要素を入れ子にもできます。

アクセシビリティ上の注意点

u要素にデフォルトのARIAロールはありません。スクリーンリーダーは特別な読み上げをしないため、u要素が使われていることは伝わらない可能性があります。

u要素のデフォルトスタイルは下線ですが、a要素のハイパーリンクも下線付きで表現されることが多いため、u要素を多用するとリンクと見分けにくくなる問題もあります。

a要素のデフォルトスタイルでは下線だけでなく色も付くため、色で見分けられるという意見もあるかもしれません。しかし、WCAG 2.1達成基準1.4.1「色の使用」では色に依存しないことを求めているため、色の違い以外で見分けられるようにするべきです。

> **MEMO**
> 古いHTMLでは単に下線を引く要素として定義されていました。そのため、多くのブラウザーのデフォルトスタイルシートでは下線付きで表現されますが、スタイルは変更できるため、必ず下線が付くとは限りません。

> **MEMO**
> HTML仕様では、中国語において固有名詞を区別するために下線を使うことがあると述べられています。しかしWikipediaの記事によれば、中国語においてもあまり一般的な用法ではないようです。
> https://en.wikipedia.org/wiki/Proper_name_mark

mark要素

mark要素は、文章作成者の意図によらない強調やハイライトを表します。たとえば、引用文の一部を引用者が強調するケースや、検索結果ページ上で検索した語句をハイライトする場合に使います。48は、引用文の一部を引用者が強調した例です。表示例は49のようになります。

48 mark要素の記述例

```
<p>バーナーズ=リーは以下のように述べています。</p>
<blockquote>
<p>ウェブの力はその普遍性にあります。障害の有無にかかわらず誰もがアクセスできるというの
が<mark>ウェブの本質的な側面</mark>なのです。</p>
</blockquote>
<p>※強調は引用者による</p>
```

49 ブラウザーによる 48 の表示例

> バーナーズ=リーは以下のように述べています。
>
> ウェブの力はその普遍性にあります。障害の有無にかかわらず誰もがアクセスできるというのが**ウェブの本質的な側面**なのです。
>
> ※強調は引用者による

元の文の文意としての強調であればem要素などを使うべきです。また、スペルミスの指摘などであればu要素を使う判断もあり得ます。

内容モデル

mark要素の内容モデルはPhrasingです。em要素などを含むテキストを一括でmark要素でのマークアップもできます。

アクセシビリティ上の注意点

mark要素にデフォルトのARIAロールはありません。ただし、一部のスクリーンリーダーは「マークあり」などと読み上げます。

bdi要素およびbdo要素

bdi要素を使うと、文字を書き進める書字方向が異なる可能性のあるテキストの範囲を明示できます。

日本語や英語のテキストは通常、左から右に向かって書かれますが、言語によってはそうでないものもあり、たとえばアラビア語は右から左に向かって書かれます。通常、論理的な順に文字を記述しておけば、ブラウザーが適切に書字方向を切り替えて表示するため、特に問題はありません。

しかし、書字方向の異なる言語が混在する場合は面倒なことになります。特に、アラビア数字(算用数字)や算術記号は複数の言語で使われるため、書字方向がどちらなのか判別できないことがあります。50は、英語の文中に、アラビア語のユーザー名と日付が出現する例です。

50の上段では、:以降の数字と記号がアラビア語の一部であるのか、英語の一部であるのか、はっきりとしません。ブラウザーは数字をアラビア語の一部と解釈して、右から左に向かって表示する可能性があります。

50の下段のように、アラビア語の範囲をbdi要素でマークアップすると、異なる書字方向の可能性があるのはbdi要素の内容だけであることが伝わります。その外にある記号と数字の部分は英語の書字方向であると判断されます。それぞれの表示例は51のようになります。

MEMO
49はわかりやすさのためにCSSでmark要素を太字にし、背景色を付けています。

MEMO
WAI-ARIA 1.3 (Editor's Draft)ではmarkロールが検討されています。
https://w3c.github.io/aria/#mark

MEMO
ここでいう書字方向は右か左のいずれか、すなわち水平方向の書字方向です。テキストを縦書きにしたり縦方向のレイアウトを制御したい場合は、CSSのwriting-modeプロパティを利用します。

MEMO
左から右と、右から左のテキストの混在を、「双方向テキスト(Bidirectional text)」といいます。

50 英語の文中にアラビア語が混在する記述例

```
<p>User <b>إيان</b> : 2012/12/26</p>
```

```
<p>User <bdi>إيان</bdi> : 2012/12/26</p>
```

51 ブラウザーによる 50 の表示例

User 2012/12/26 : إيان

User إيان : 2012/12/26

bdo要素は、テキストの書字方向規則を明示的に上書きします。HTML文書では通常、論理的な順に文字を記述すれば、ブラウザーが適切な表示順に並び替えます。データがもともと表示順に並べ替えられている場合、ブラウザーの制御によって表示が逆転してしまうことがあります。52 のようにbdo要素を使うことで、書字方向を強制できます。

52 bdo要素で方向を強制した記述例

```
User <bdo dir="rtl">إيان</bdo> : 2012/12/26
```

内容モデル

bdi要素とbdo要素の内容モデルはPhrasingです。マークアップを含むテキストを一括でbdi要素でのマークアップもできます。

属性

bdi要素、bdo要素には特別な属性はありませんが、dir属性は特殊な扱いを受けます。

dir属性

dir属性は、書字方向を指定するグローバル属性です。"ltr" を指定すると左から右、"rtl" を指定すると右から左となります。"auto" を指定すると、ブラウザーの書字方向アルゴリズムに従って自動処理されます。

通常の要素では、dir属性が指定されていない場合に書字方向を親要素から継承しますが、bdi要素とbdo要素は継承しません。

bdi要素の場合、dir属性を省略すると "auto" の状態になります。親要素の書字方向の指定は無視され、要素内は書字方向アルゴリズムに従って処理します。

bdo要素の場合、dir属性が必須であり、"ltr" か "rtl" のいずれかを指定しなければなりません。"auto" は指定できません。

アクセシビリティ上の注意点

bdi要素とbdo要素にデフォルトのARIAロールはありません。bdo要素を利用して書字方向を強制した場合でも、スクリーンリーダーはソースコード上の順で読み上げる可能性があることに注意してください。

MEMO

bdi要素とbdo要素のどちらを使うのかよいのかなど、より深い書字方向の設定については、関連するW3Cの文書を参照してください。
Authoring HTML & CSS - Text direction
https://www.w3.org/International/techniques/authoring-html?collapse#direction

span要素

span要素は、特別な意味を持ちません。具体的な使用例としては、スタイルを付ける目的でid属性やclass属性と一緒に使用する、あるいはlang属性などを付与するために使用することなどが挙げられます。

単なるスタイリングのために用いることもあります。53の例は、シンタックスハイライト(コンピューターコードの色付け)のために、span要素とclass属性を使用しています。

> **MEMO**
> 特別な意味を持たない要素としては、span要素の他にdiv要素があります。カテゴリーと内容モデルが異なっており、span要素はテキストの一部だけをマークアップするのに向いています。

53 span要素の記述例

```
<pre class="syntax-highlight"><code>
<span class="synComment">&lt;!doctype html&gt;</span>
<span class="synIdentifier">&lt;</span><span class="synStatement">html</span><span class="synIdentifier"> </span><span class="synType">lang</span><span class="synIdentifier">=</span><span class="synConstant">&quot;ja&quot;</span><span class="synIdentifier">&gt;</span>
</code>
</pre>
```

テキストの一部をマークアップする場合、より適切な他の要素を利用できることが多いでしょう。この要素は、他に適切な要素がなかった場合の最後の手段として用います。

内容モデル

span要素の内容モデルはPhrasingです。マークアップを含むテキスト全体をspan要素でマークアップできます。

アクセシビリティ上の注意点

span要素にデフォルトのARIAロールはありません。span要素を使って要素の見た目を変更しても、スクリーンリーダーでは特別な読み上げがなされないことに注意してください。

特に、span要素にonclick属性などを付けてボタンのような挙動にした場合、スクリーンリーダーではボタン扱いされませんし、キーボード操作もできない場合があります。このような問題に関しては、CHAPTER 4-3を参照してください。

> **MEMO**
> WAI-ARIA 1.2ではgenericロールが導入される予定です。将来的には、これがネイティブロールとして提供される可能性があります。
> https://www.w3.org/TR/wai-aria-1.2/#generic

br要素

br要素は改行を表します。これは単なる改行であり、意味的な区切りではありません。たとえば54のように、住所の途中で適宜改行したい場合に用いることができます。表示例は55のようになります。

> **MEMO**
> 住所のほかには、詩などの改行を表現するのにも使用できます。

54 br要素の記述例

```
<p>
〒102-0074<br>
東京都千代田区<br>
九段南一丁目5番5号<br>
九段サウスサイドスクエア(旧 Daiwa九段ビル)
</p>
```

55 ブラウザーによる 54 の表示例

〒102-0074
東京都千代田区
九段南一丁目5番5号
九段サウスサイドスクエア（旧 Daiwa九段ビル）

実際にbr要素が必要になるケースは多くありません。改行の位置が意味的な区切りになる場合は、br要素ではなく他のマークアップを利用するべきです。56 の例は、たとえば 57 のようにp要素としてマークアップします。

56 br要素を濫用している記述例

```
<p><a ...>34件のコメント</a><br>
<a ...>コメントを追加する</a></p>

<p><label>名前: <input name="name"></label><br>
<label>住所: <input name="address"></label></p>
```

57 56 を適切な形で記述した例

```
<p><a ...>34件のコメント</a></p>
<p><a ...>コメントを追加する</a></p>

<p><label>名前: <input name="name"></label></p>
<p><label>住所: <input name="address"></label></p>
```

特に、58 のようにbr要素を連続で用いて段落の区切りを表現することは避けるべきです。59 のようにそれぞれをp要素としてマークアップし、段落間の空きはCSSで調整するようにします。

58 br要素を区切りに用いた不適切な記述例

```
最初の段落です。<br>
<br><!-- 1行空けることで段落間を表現 -->
次の段落です。
```

59 p要素を用いた 58 の修正例

```
<p>最初の段落です。</p>
<p>次の段落です。</p>
```

COLUMN

br要素による余白

CSSが利用できなかった時代には、01のように余白を設ける目的でbr要素が使われたことがありました。

01 余白にbr要素を用いた不適切な記述例

```
<p>段落の下に余白を作る<br>
<br>
<br>
</p>
```

しかし、古いブラウザーは、br要素が連続しても1度しか改行しないことがありました。そのため、02のようにbr要素をp要素に入れることでブラウザーに認識させる手法も見られました02。

02 br要素をp要素に入れた不適切な記述例

```
<p>段落の下に余白を作る</p>
<p><br></p>
<p><br></p>
```

いずれにせよ、現在ではこのようなことをする必要はありません。余白を設けたい場合はbr要素ではなく、CSSを用います。

属性

br要素に独自の属性はありませんが、ブラウザーは互換性の目的でclear属性に対応していることがあります。

●廃止された属性: clear属性

かつてのHTML仕様では、br要素にclear属性が定義されていました。これを指定すると、img要素のalign属性で指定されたフロートを解除し、続くテキストが画像の下から始まるようになります。img要素のalign属性が廃止されるとともに、この属性も廃止されました。フロートの指定や解除はCSSで行います。

MEMO

端的に言えば、br要素のclear属性はCSSのclear:bothと同じ機能です。

内容モデル

br要素の内容モデルはNothingです。この要素は空要素であり、内容を持つことはできません。また、終了タグを書くこともできません。

アクセシビリティ上の注意点

br要素にデフォルトのARIAロールはありません。スクリーンリーダーは特別な読み上げをしませんが、br要素は単語の区切りとして扱われることがあることに注意してください。たとえば、60のようにbr要素を利用すると、文字を縦書きのように見せかけることができます。

60 br要素で縦書きを表現した不適切な記述例

```
<p>
縦<br>
書<br>
き<br>
</p>
```

しかし、スクリーンリーダーは1つの単語としては読み上げず、1文字ずつ「たて」「しょ」「き」と読み上げてしまう場合があります。

文字の配置を整えるためにbr要素を使うことは避けるべきです。文字の配置にはCSSを用います。縦書きの場合は、CSSのwriting-modeプロパティで実現できます。

MEMO

writing-mode
https://developer.mozilla.org/ja/docs/Web/CSS/writing-mode

wbr要素

wbr要素は、その位置で改行が可能であることを表します。br要素と異なり、常に改行されるわけではありません。

たとえば、長いURLが存在するとき、61のようにwbr要素を入れておくと、必要に応じてwbr要素の位置で改行されることが期待できます。表示例は62ようになります。

61 wbr要素の記述例

```
<p>http://this<wbr>.is<wbr>.a<wbr>.really<wbr>.long<wbr>.
example<wbr>.com/With<wbr>/deeper<wbr>/level<wbr>/pages<wbr>/
deeper<wbr>/level<wbr>/pages<wbr>/deeper<wbr>/level<wbr>/
pages<wbr>/deeper<wbr>/level<wbr>/pages<wbr>/deeper<wbr>/
level<wbr>/pages
</p>
```

62 ブラウザーによる61の表示例

```
http://this.is.a.really.long.example.com/With/deeper
/level/pages/deeper/level/pages/deeper/level/pages
/deeper/level/pages/deeper/level/pages
```

内容モデル

wbr要素の内容モデルはNothingです。この要素は空要素であり、内容を持つことはできません。また、終了タグを書くこともできません。

アクセシビリティ上の注意点

wbr要素にデフォルトのARIAロールはありません。スクリーンリーダーは特別な読み上げをしません。

06 リンク関連要素

THEME テーマ

HTMLでは、a要素やarea要素、link要素、form要素を使って外部リソースへのリンクを表現できます。ここでは、主にa要素とlink要素の2つの要素を取り上げ、リンクに関連する要素で使える属性について紹介します。

a要素

a要素は、「アンカー（anchor）」を表現する要素です。href属性を指定することで、ハイパーリンクとして機能します。ユーザーがハイパーリンクをクリックしたり、フォーカスを当ててEnterキーを押すと、指定されたURLへのナビゲーションが行われ、リンク先のコンテンツが表示されます。

このように、href属性を持つa要素はユーザーの操作を受け付けるインタラクティブなコンテンツとなります。

多くのブラウザーデフォルトスタイルでは、ハイパーリンクのテキストを下線の付いた青文字で表現します 01。このスタイルはCSSで変更可能です。

> **MEMO**
> URLのスキームや、リンク先リソースのMIMEタイプの値によって異なる挙動になる場合もあります。CHAPTER 1-6「MIMEタイプ」、CHAPTER 2-3「サブリソースとURLスキーム」を参照してください。

01 a要素の表示例

COLUMN

href属性を持たないa要素

典型的なa要素はhref属性を持ちますが、href属性は必須の属性ではありません。01のような、href属性のないa要素も許可されています。

01 href属性のないa要素

```
<a>リンクになるかもしれないテキスト</a>
```

この場合、a要素はインタラクティブにはならず、ハイパーリンクとしては機能しません。JavaScriptであとからhref属性を付与すると、ハイパーリンクとして利用できるようになります。

また、02のようにid属性を指定し、リンク先として機能させる使い方もあります。

02 id属性を指定

```
<h1><a id="midashi">見出し</a></h1>
```

この書き方は古いHTMLの名残であり、現在では利用する必要はありません。「廃止された属性：name属性」を参照してください。

内容モデル

a要素の内容モデルはtransparentで、親要素の内容モデルを引き継ぎます。ただし、インタラクティブコンテンツを子孫要素にすることはできません。大まかには、a要素の中にキーボード操作が可能な要素を含むことができないと捉えるとよいでしょう。

古いHTMLでは、a要素はdiv、p、h1要素などを子要素にできませんでしたが、現在のHTMLでは可能で、02のように見出しや段落をまるごとリンクにできます。

ハイパーリンクとなっているa要素の内容に含まれるテキストを「リンクテキスト(link text)」と呼びます。子孫要素に複数の要素が含まれている場合、それらの含むテキストすべてをつなぎ合わせたものがリンクテキストになります。02の例では、リンクテキストは「商品名 説明文」となります。

> **MEMO**
> インタラクティブコンテンツには、a要素、button要素、tabindex属性が指定された要素などが含まれます。詳しくはCHAPTER 3-12を参照してください。

02 見出しや段落をリンクにした記述例

```
<div>
  <a href="/product/01">
    <h1>商品名</h1>
    <p>説明文</p>
  </a>
</div>
```

属性

a要素には多数の属性があります。多くの場合はhref属性を指定して、ハイパーリンクとして利用します。a要素の属性の詳細は、後述の「リンク関連要素の属性」を参照してください。

●廃止された属性：name属性

CHAPTER 1-5で説明したように、URLにフラグメントの指定を含めることで、ページ内の特定の箇所を参照できます。この際、あらかじめリンク先となるHTMLの要素にフラグメントIDを指定しておく必要があります。古いHTMLでは、03のようにa要素のname属性で指定していました。

> **MEMO**
> 現在でも、フラグメントIDへのリンクを俗に「アンカーリンク」と呼ぶことがありますが、それは当時a要素(アンカー)が使われていた頃の名残です。

03 a要素のname属性の記述例

```
<h1><a name="midashi">見出し</a></h1>
```

HTML4では、要素にid属性を指定することでフラグメントIDとして利用できるようになりました。互換性のためにa要素も引き続き利用され、id属性と併用されることもありました04。

04 a要素のname属性とid属性を併記した例

```
<h1><a id="midashi" name="midashi">見出し</a></h1>
```

現在のHTMLでは、a要素のname属性は廃止されています。単に 05 のように記述すれば十分です。

05 04 の修正例

```
<h1 id="midashi">見出し</h1>
```


アクセシビリティ上の注意点

href属性を持つa要素のデフォルトのARIAロールはlinkです。

ほとんどのスクリーンリーダーは、リンクテキストをすべて読み上げたあとに「リンク」と読み上げます。前述のように、現在のHTMLではa要素に見出しなどを含むさまざまな要素を入れられますが、リンクテキストが長くなりすぎると、リンクであることが伝わりにくくなります。

ウェブにおいて、ハイパーリンクは極めて重要です。リンクが利用できないと、ウェブサイトをまったく利用できなくなることもあります。そのため、a要素のアクセシビリティも重要であり、注意点も多数あります。

●リンク先を理解できるようにする

ユーザーがハイパーリンクをたどるかどうか判断するためには、リンク先の内容を推測する必要があります。06 は望ましくない例で、「here症候群」と呼ばれるものです。この例では前後のコンテキストもなく、リンク先がどのような内容か推測できません。

06 リンクテキストに「こちら」とあるが、リンク先の推測が困難な例

```
<p><a href="wcag.html">こちら</a>をご覧ください。</p>
```

07 のように、リンク先に関する情報がa要素の外に書かれていることもあります。この場合、a要素の直前のテキストとあわせて読むことで、リンク先を推測できます。

07 リンク直前のテキストとあわせて、リンク先が推測できる例

```
<p>WCAGの関連資料は<a href="wcag.html">こちら</a></p>
```

一方で、スクリーンリーダーをはじめとする多くの支援技術は、リンクにジャンプする機能や、リンクだけを読み上げていく機能を持ちます。

この場合、リンクの前後のテキストは読み上げられないため、リンクテキストだけでリンク先を理解できるようにすることが望ましいでしょう。たとえば 08 のように、リンク先のコンテンツのタイトル(title要素の内容)をそのままリンクテキストにします。

08 リンクテキストをタイトルにした記述例

```
<p><a href="wcag.html">WCAGの関連資料</a>をご覧ください。</p>
```

MEMO

a要素のname属性は旧式だが適合する機能とされています。ブラウザーは互換性のためにname属性を解釈しますが、コンテンツ制作者は原則としてname属性を使用してはなりません。
16.1 Obsolete but conforming features
https://html.spec.whatwg.org/multipage/obsolete.html#obsolete-but-conforming-features

MEMO

here症候群の名前は、英語圏で"click here" の here という単語をリンクテキストにしてしまうことから来ています。

MEMO

WCAG 2.1達成基準2.4.4「リンクの目的(コンテキスト内)」では、リンクテキスト単独か、リンクテキストの前後のコンテキスト(文脈)とあわせてリンクの目的を理解できるようにすることを求めています。
Success Criterion 2.4.4 Link Purpose (In Context)
https://www.w3.org/TR/WCAG21/#link-purpose-in-context

MEMO

より高度なアクセシビリティ基準として、WCAG 2.1達成基準2.4.9「リンクの目的(リンクのみ)」があります。これは、コンテキストに頼らず、リンクテキストのみでリンク先を理解できるようにすることを求めるものです。
Success Criterion 2.4.9 Link Purpose (Link Only)
https://www.w3.org/TR/WCAG21/#link-purpose-link-only

画像をリンクにする場合、代替テキスト(alt属性の値)がリンクテキストになります。このとき、リンクテキストが空にならないように注意してください。09は望ましくない例です。

09 代替テキストが空のため、リンクテキストが空の状態の例

```
<a href="pr.html"><img src="banner.png" alt=""></a>
```

09の場合、a要素の内容にテキストが存在しないため、リンクテキストは空になります。スクリーンリーダーはリンク先のURLを読み上げてしまうことがあり、ユーザーはリンク先の内容を推測できません。

a要素をボタンのように見せる場合の注意点

a要素を利用して擬似的なボタンを作成することがあります。a要素の見た目をボタンのように変更し、10のようにclickイベントを定義して、クリックしたときにJavaScriptを実行させることが可能です。

10 a要素にclickイベントを定義した例

```
<p><a href="#" onclick="...">実行</a></p>
<p><a href="javascript:void(0)" onclick="...">実行</a></p>
```

しかし、href属性のあるa要素はデフォルトでlinkロールを持つため、スクリーンリーダーはこれをリンクとして扱います。10の例では「実行 ボタン」ではなく「実行 リンク」と読み上げられます。スクリーンリーダーのユーザーにはボタンであることは伝わりません。

target属性の注意点

後述するtarget属性(P165)について、属性値に"_blank"を指定すると、多くの場合、リンク先を新しいブラウザータブで開く挙動になります。

ほとんどのブラウザーはtarget="_blank"を指定した場合に特別な通知をすることはありません。また、この挙動がユーザーに伝わりにくいことがあります。特に、スクリーンリーダーのユーザーや画面を拡大しているユーザーの場合、新しいタブで開いたことに気づかず、混乱することもあります。そのため、target="_blank"を指定する場合は、リンクテキスト内に新しいタブで開くことがわかる説明を検討するとよいでしょう。

また、ユーザーによってはブラウザータブを閉じるのが容易でない場合や、わずらわしいと感じることがあります。target="_blank"が本当に必要かどうかもあわせて吟味したほうがよいでしょう。

スキップリンク

ウェブページの冒頭に大きなヘッダーがある場合、スクリーンリーダーのユーザーやキーボードユーザーは、メインコンテンツへたどり着くまでに多大な労力を必要とすることがあります。この問題を解決する方法のとして、ページの冒頭に、メインコンテンツに飛ぶリンクを設けるというものがあります。このテクニックは「スキップリンク」と呼ばれます。

MEMO

CHAPTER 4-2で紹介するWAI-ARIAを使用すると、ボタンと読み上げさせることもできます。とはいえ、ボタンには素直にbutton要素を使用するほうがよいでしょう。

MEMO

多くの場合、新しく開いたタブでブラウザーの「戻る」機能が動作せず、これが混乱の原因となります。ただし、macOS/iOSのSafariでは別タブで開いた場合でも「戻る」が機能するようです。

MEMO

WCAG 2.1達成基準3.2.5「要求による変化」でも配慮が必要とされています。
Success Criterion 3.2.5 Change on Request
https://www.w3.org/TR/WCAG21/#change-on-request

MEMO

WCAG 2.1達成基準2.4.1「ブロックスキップ」では、ブロックをスキップできる仕組みを提供するように求めています。
Success Criterion 2.4.1 Bypass Blocks
https://www.w3.org/TR/WCAG21/#bypass-blocks

11 スキップリンクの記述例

```
<body>
  <a href="#content">メインコンテンツへ</a>
  <header>
    ...
  </header>
  <main id="content">
    ...
  </main>
</body>
```

ただし、スキップリンクの導入は、逆にアクセシビリティの問題を起こす場合もあります。スキップリンクを視覚的に不可視にした場合、視覚情報を利用するキーボードユーザーはフォーカスを見失うことがあるためです。フォーカス可能要素を隠した場合の問題については、CHAPTER 4-2も参照してください。

MEMO
スキップリンクは必須ではありません。スキップリンクを設けなくても、メインコンテンツの位置に見出しを配置したり、メインコンテンツをmain要素としてマークアップしたりすることで、WCAG 2.1達成基準2.4.1の要件を満たすことができます。

link要素

link要素は、このHTML文書とリンク先リソースとの関係性を表現します。

通常、link要素はhead要素内に記述します。ただし、itemprop属性を指定した場合にはbody要素内でも有効です。また、rel属性のキーワードによっては、body要素内で有効とされることもあります。

MEMO
たとえば、rel="stylesheet"はbody-okとされているので、スタイルシートを参照するlink要素はbody要素内でも適切に解釈されます。
正確な仕様は、HTML仕様の「body-ok」を参照してください。
https://html.spec.whatwg.org/multipage/links.html#body-ok

内容モデル

link要素の内容モデルはNothingで、内容を持つことはできません。また、終了タグを書くこともできません。

属性

link要素にはhref属性が必須で、リンクするリソースのURLを指定します。加えて、rel属性かitemprop属性のいずれかを指定しなければなりません。ほとんどの場合はrel属性を使用します。各属性の説明については、「リンク関連要素の属性」および「rel属性とリンクタイプ」を参照してください。

リンク関連要素の属性

a要素とlink要素には、外部リソースの扱いに関連する共通の属性がいくつかあります。これらの属性の多くは、area要素やform要素でも利用できます。

MEMO
area要素はCHAPTER 3-8、form要素はCHAPTER 3-10で紹介します。

href属性

href属性は、ハイパーリンクを機能させるための属性です。

href属性には、リンクの対象となるリソースのURLを指定します。指定できる値は、「潜在的にスペースで囲まれた妥当なURL（valid URL potentially surrounded by spaces）」です。先頭と末尾のASCII空白文字は、ブラウザーがHTMLを解析するときに取り除かれます。たとえば、12の2つのa要素は同一のものとして処理されます。

12 href属性の記述例

```
<a href="https://www.example.com/">Example Domain</a>
<a href="
    https://www.example.com/
">Example Domain</a>
```

a要素のhref属性値に#で始まるURLフラグメントを指定した場合、該当するフラグメントIDを持つ要素の場所までページをスクロールします。フラグメントについては、CHAPTER 1-5を参照してください。

rel属性

rel属性は、リンク先とこの文書との関連性を示します。属性値は「リンクタイプ（link types）」です。リンクタイプについては、後述の「rel属性とリンクタイプ」で詳しく説明します。

link要素では多くの場合、href属性とともに使用し、href属性で指定したURLとどのような関係であるのかを示します。

target属性

a要素でにtarget属性を利用すると、リンク先をどのフレームやタブ、ウィンドウに表示するかを制御できます。13はiframe要素と組み合わせた例です。

13 iframe要素にtarget属性を記述した例

```
<iframe src="a.html" name="iframe01"></iframe>
<a href="b.html" target="iframe01">Bを表示</a>
```

a要素のtarget属性でiframe要素の名前を指定しています。このリンクをたどると、リンク先はこのiframe要素の中に表示され、iframe要素の中身がa.htmlからb.htmlに切り替わります。

target属性の値には、「ブラウジングコンテキスト（browsing context）」を指定します。フレームやウィンドウ、タブの名前のほか、特定のキーワードを指定できます。詳細はコラム「ブラウジングコンテキスト」を参照してください。

MEMO

href属性はa要素、area要素、link要素で利用できます。link要素ではhref属性は必須です。a要素とarea要素では、ほとんどの場合href属性を使用しますが、構文上はhref属性を省略可能です。詳しくはa要素の説明を参照してください。

MEMO

href属性に#topという値を指定していて、かつtopというフラグメントIDがページ内に存在しない場合は、ページの最上部へスクロールします。これは仕様に定められた挙動です。
7.11.9 Navigating to a fragment
https://html.spec.whatwg.org/multipage/browsing-the-web.html#scroll-to-fragid

MEMO

rel属性はa要素、area要素、link要素、form要素のすべてで利用できますが、指定できる値は要素によって異なります。詳細は「rel属性とリンクタイプ」の各リンクタイプの説明を参照してください。

MEMO

target属性はa要素、area要素、form要素、base要素で利用できます。base要素についてはCHAPTER 3-1を参照してください。

COLUMN

ブラウジングコンテキスト

ユーザーに対してHTML文書を表示するウィンドウやフレームに相当するオブジェクトを「ブラウジングコンテキスト(browsing context)」と呼びます。iframe要素もブラウジングコンテキストとなり、name属性でブラウジングコンテキストの名前を付けられます(id属性ではないことに注意してください)。

ブラウジングコンテキストは、別のウィンドウや別のタブである場合もあります。target属性に指定された名前が存在しない場合、ブラウザーは新たにタブやウィンドウを開き、そこで新たなブラウジングコンテキストを開始します。01の例では、window01という名前のブラウジングコンテキストを指定しています。

01 ブラウジングコンテキストを指定する記述例

```
<a href="a.html" target="window01">Aを表示</a>
<a href="b.html" target="window01">Bを表示</a>
<a href="c.html" target="window01">Cを表示</a>
```

この場合、まずwindow01という名前のブラウジングコンテキストを探し、それが存在すればそこでリンク先を開きます。存在しない場合、ブラウザーは新たにタブやウィンドウを開き、そのブラウジングコンテキストにwindow01という名前を付けます。01でリンクを上から順にクリックしていった場合、まず新しいタブが開いてa.htmlが表示され、その同じタブ内にb.htmlとc.htmlが表示されることになります。

ブラウジングコンテキストの名前は、_(U+005F、アンダースコア)で始めることができません。_で始まる文字列は名前ではなく、定義されたキーワードとみなされます。以下の4つのキーワードが定義されています。

- _self：現在のブラウジングコンテキストを指します。デフォルト値です
- _blank：新しいブラウジングコンテキストを作成します。タブを持つブラウザーの場合は新しいタブで開きます
- _parent：親のブラウジングコンテキストを指します。親がない場合は、_selfと同じ挙動になります
- _top：祖先となる最上位のブラウジングコンテキストを指します。親がない場合は、_selfと同じ挙動になります

新しいブラウジングコンテキストで他のHTMLを開いた場合、window.openerを参照することで元のブラウジングコンテキストを参照できます。古いブラウザーでは、このブラウジングコンテキストの参照がクロスドメインで行える場合があり、セキュリティ上の重大な注意点とされていました。現在のブラウザーではクロスドメインの参照はできなくなっています。

download属性

download属性を指定すると、ハイパーリンクをたどろうとしたときに、URLで示されたリソースのダウンロードを促します。

14の下段のようにdownload属性に空でない値を指定した場合、ダウンロードファイルを保存するときのファイル名のヒントとなります。ファイル名に使用できない文字が含まれていた場合、ブラウザーは文字を削除したり、ユーザーに訂正を促したりすることがあります。

MEMO

download属性はa要素、area要素で利用できます。

14 download属性の記述例

```
<a href="sample.png" download>サンプル画像をダウンロード</a>
<a href="sample.png" download="download.png">download.pngとして画像をダウンロードして保存</a>
```

なお、実際にダウンロードするときにHTTPレスポンスヘッダーでファイル名が指定されていた場合は、レスポンスヘッダーの指定が優先されます。

hreflang属性

hreflang属性は、リンク先の言語を示します。lang属性が現在のコンテンツの言語を指定するのに対し、hreflang属性はhref属性で指定されたリンク先の言語を示します。属性値は言語タグで、これはlang属性と同じです。値の詳細はCHAPTER 4-1のlang属性を参照してください。

a要素では、hreflang属性は単なるアドバイスとして扱われます。リンク先のコンテンツでlang属性などによって言語が指定されていれば、そちらが使用されます。

link要素では、rel=alternateと組み合わせることで、別言語バージョンのページを示すことができます。詳細はリンクタイプalternateを参照してください。

referrerpolicy属性

link要素でreferrerpolicy属性を利用すると、リンク先に送信するHTTP Refererを制御できます。rel=nofollowを指定することでもRefererの送信を抑制できますが、referrerpolicy属性ではさらに細かい制御が可能です。

詳細はReferrer Policy仕様を参照してください。

ping属性

ping属性を指定すると、リンク先へ遷移する際、指定したURLにリンク元とリンク先の情報を送ります。

15 はping属性を指定した例です。このHTMLがhttps://example.net/link-from/というURLにあったとすると、リンクをたどる際に、/trackerに対して 16 のようなHTTP POSTリクエストを送信します。

15 ping属性を持つリンクの記述例

```
<a href="https://example.com/link-to/" ping="/tracker">example.com</a>
```

16 15 のリンクにより送信されるHTTP POSTリクエスト

```
POST /tracker HTTP/1.1
Content-Type: text/ping
Ping-From: https://example.net/link-from/
Ping-To: https://example.com/link-to/
```

どこからどこにページ遷移したのかを知る方法としては、HTTPリダイレクトやJavaScriptなどの既存の技術を用いる方法があります。しかし、ping属性を用いると、ユーザーがリンク先URLを正確に把握できる、ユーザーエージェントが情報を送信するかどうかを制御できる、追加の処理が発生しないためにパフォーマンスの向上が見込まれるなどの利点があります。HTTP仕様でもこの属性を用いることをアドバイスしています。

MEMO

リンク先のリソースが同一オリジンでない場合、ブラウザーはdownload属性を無視することがあります。これは悪用を防ぐためです。クロスオリジンのdownload属性を無視する動作は、規定ではないものの、仕様の注記として記載されており、多くのブラウザーはこの注記に従っています。
4.6.5 Downloading resources
https://html.spec.whatwg.org/multipage/links.html#downloading-resources

MEMO

hreflang属性はa要素、link要素で利用できます。

MEMO

referrerpolicy属性はa要素、area要素、iframe要素、img要素、link要素、script要素で利用できます。

MEMO

Referrer Policy
https://w3c.github.io/webappsec-referrer-policy/

MEMO

HTTPのRefererヘッダーフィールドにはスペルミスがあり、rが1つ少ない綴りが使われています。referrerpolicy属性は正しい綴りを採用しているため、HTTPのヘッダーフィールドと綴りが異なっています。

MEMO

ping属性はa要素、area要素で利用できます。

MEMO

2021年現在で、Firefoxはping属性をデフォルトで無効にしています。
Ping attribute | Can I use
https://caniuse.com/ping

itemprop属性

itemprop属性はMicrodataを示すためのグローバル属性で、すべての要素で利用できます。多くの要素では要素の内容がメタデータの値となりますが、link要素ではメタデータの値として外部リソースを参照できます。17は、著作者を示すURLを参照する例です。

17 URLを参照する例

```
<link itemprop="creator" href="https://example.com/author">
```

title属性

link要素で代替スタイルシートを指定する場合、title属性は特殊な扱いを受けます。詳しくは後述の「代替スタイルシート」を参照してください。

MEMO

title属性はグローバル属性です。詳細については、CHAPTER 4-1も参照してください。

廃止された属性：rev属性

古いHTMLではrel属性と逆向きのリンクを示すrev属性が定義されていました。よく使われていた例に18のようなものがあります。

18 rev属性の記述例

```
<link rev="made" href="mailto:me@example.com">
```

現在のHTML仕様ではrev属性は廃止されており、rev属性は逆向きのrel属性に書き換えることができます。

18の場合、rev="made" の代わりにrel="author" として表現できます。ブラウザーは、互換性のためにrev="made" をrel="author" と同じ意味に解釈します。

rel属性とリンクタイプ

rel属性の属性値には、現在の文書とリンク先のリソースとの関係を表すキーワードを指定します。このキーワードを「リンクタイプ(link type)」と呼びます。本書では代表的なリンクタイプを紹介します。

リンクタイプのキーワードは別に指示がない限り、1つのrel属性に1つのみを指定します。複数指定する場合は、ASCII空白文字で区切って、たとえば rel="alternate stylesheet" のように指定します。

互換性のために、キーワードには同義語が定義されることがあります。たとえば、キーワードlicenseに対して、copyrightが同義語として定義されています。コンテンツ制作者はcopyrightを指定してはなりませんが、ユーザーエージェントはどちらも同じように扱います。

キーワードは大文字小文字を区別しません。たとえば、stylesheetとStyleSheetとSTYLESHEETは同じ意味になります。

MEMO

リンクタイプは、HTML仕様の4.6.6 Link typesで定義されています。
https://html.spec.whatwg.org/multipage/links.html#linkTypes

また、後述の「その他リンクタイプ」で記載しているように、拡張リンクタイプを誰でも登録できます。

MEMO

リンクタイプの対応状況はブラウザーによって異なります。詳しくはMDNを参照してください。
リンク種別 ブラウザーの互換性
https://developer.mozilla.org/ja/docs/Web/HTML/Link_types#browser_compatibility

リンクタイプalternate

リンクタイプalternateは、リンク先が現在の文書の代替表現であることを示します。このキーワードの意味は、属性値として列挙された他のリンクタイプに依存して変化します。

●代替スタイルシート

link要素でstylesheetキーワードとともにalternateが指定される場合、代替スタイルシートとして扱われます。たとえば 19 のように指定します。

19 代替スタイルシートの設定例

```
<!-- 固定スタイルシート -->
<link rel="stylesheet" href="base.css">

<!-- 優先スタイルシート -->
<link rel="stylesheet" href="default.css" title="基本スタイル">

<!-- 代替スタイルシート -->
<link rel="alternate stylesheet" href="simple.css" title="シンプル">
<link rel="alternate stylesheet" href="highcontrast.css" title="ハイコントラスト">
```

代替スタイルシートが提供されていると、ブラウザーはスタイルシートを切り替える機能を提供することがあります。title属性でスタイルに名前を与えておくと、切り替え時に表示されることが期待されます。 20 はFirefoxの例です。

20 Firefoxによる 19 の表示例

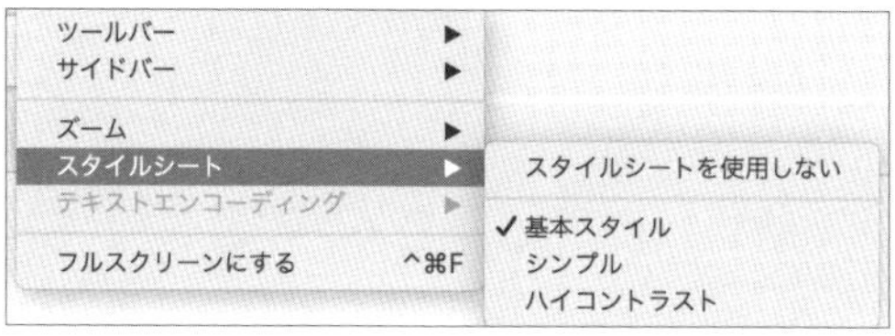

この例の場合、初期状態は「基本スタイル」で、base.cssとdefault.cssが適用されています。「シンプル」に切り替えるとdefault.cssは適用されなくなり、base.cssとsimple.cssが適用されるようになります。

残念なことに、このような切り替え機能を持たないブラウザーもあり、代替スタイルシートを利用するために拡張機能の導入が必要となる場合があります。標準対応しているブラウザーでも使い方がわかりにくく、ユーザーが代替スタイルシートを活用することは難しいでしょう。

●フィードの指定

type属性がapplication/rss+xmlかapplication/atom+xmlのいずれかである場合、alternateキーワードは、このHTML文書に対応するフィードとして扱われます。link要素にこれらを指定すると、ブラウザーにフィードの自動検出を促します。

MEMO

細かい挙動の詳細は、CSS Object Model (CSSOM)仕様を参照してください。
6.2. CSS Style Sheet Collections
https://drafts.csswg.org/cssom/#css-style-sheet-collections

フィードとは、ウェブサイトが直近の更新情報や概要などをまとめたデータです。RSSやAtomといったXMLベースのマークアップ言語が主に用いられることから、RSSフィードやAtomフィードと呼ばれることもあります21。

21 フィードの指定例

```
<link rel="alternate" type="application/rss+xml" href="posts.xml" title="ブログの新着投稿RSSフィード">
<link rel="alternate" type="application/rss+xml" href="posts.xml?category=cat" title="ブログの猫に関する新着投稿RSSフィード">
<link rel="alternate" type="application/rss+xml" href="comments.xml" title="ブログの新着コメントRSSフィード">
```


●文書の代替表現

alternateキーワードが指定され、かつ代替スタイルシートにもフィードにも当てはまらない場合には、このHTML文書の代替表現であるものと解釈されます。

hreflang属性が指定されており、かつ現在のページと異なる言語が指定される場合は、この文書の翻訳であることを示します。

type属性が指定されている場合は、現在の文書の異なるフォーマットであることを示します。

22のように、これらを組み合わせた指定も可能です。

22 文書の代替表現の記述例

```
<link rel="alternate" href="/en/html"
 hreflang="en" type="text/html" title="英語版">
<link rel="alternate" href="/fr/html"
 hreflang="fr" type="text/html" title="フランス語版">
<link rel="alternate" href="/en/pdf"
 hreflang="en" type="application/pdf" title="英語版PDF">
<link rel="alternate" href="/fr/pdf"
 hreflang="fr" type="application/pdf" title="フランス語版PDF">
```

media属性と併用すると、文書が特定のメディアに向けたものであることを示します。media属性にはメディアクエリーを指定でき、「メディア種別(media type)」と「メディア特性(media feature)」を組み合わせた指定も可能です。23はメディア種別printを指定し、印刷用であることを示す例です。

MEMO

メディアクエリーの詳細は、Media Queries仕様を参照してください。
Media Queries Level 4
https://www.w3.org/TR/mediaqueries/

23 media属性の値にメディア種別を指定した例

```
<link rel="alternate" href="/en/html/print"
hreflang="en" type="text/html" media="print" title="英語版(印刷用)">
<link rel="alternate" href="/fr/html/print"
hreflang="fr" type="text/html" media="print" title="フランス語版(印刷用)">
```

24 のように、メディア種別とメディア特性の両方を同時に指定し、幅の狭いスクリーンを指定すると、主にモバイルデバイスに向けたリソースを表現できます。

24 メディアクエリーによるモバイル向けコンテンツの指定例

```
<link rel="alternate" href="https://m.example.com/"
 media="only screen and (max-width: 640px)" title="モバイル向けページ">
```

MEMO

24 のような指定を検索エンジンのクローラーが認識し、モバイル向けの別コンテンツがあるかどうかを判断することもあります。
Google検索セントラル 別々のURL
https://developers.google.com/search/mobile-sites/mobile-seo/separate-urls?hl=ja

リンクタイプauthor

リンクタイプauthorは、リンク先が著作者に関連する情報であることを示します。典型的には、mailto:スキームのURLを使用して、著作者の電子メールアドレスを指定します。25 のようにlink要素でrel=authorを用いると、このHTML文書全体の著作者を指します。

25 リンクタイプauthorの記述例

```
<link rel="author" href="mailto:me@example.com">
```

MEMO

古いブラウザーには、この指定を解釈して、文書の著作者へ即座に電子メールを送信できるものがありました。現在のブラウザーはそのような機能をほとんどサポートしていませんので、無理に指定する必要はないでしょう。

このリンクタイプをa要素、area要素で用いた場合は、もっとも近い祖先のarticle要素の著作者を指すものと解釈されます。article要素の外で用いられているときは、HTML文書全体の著作者を指します。

リンクタイプbookmark

リンクタイプbookmarkはa要素、area要素で使用でき、リンク先が「パーマリンク(permalink)」であることを示します。

26 のようにこのリンクタイプがarticle要素の中で用いられた場合、もっとも近い祖先のarticle要素のパーマリンクと解釈されます。article要素の外で用いられているときは、HTML文書自体のパーマリンクと解釈します。

WORD

パーマリンク

文書中に記事が列挙されている場合などに、個々の記事を指すリンク先のこと。「固定リンク」と呼ばれることもある。

26 リンクタイプbookmarkの記述例

```
<article>
  <a href="a.html" rel="bookmark">ブログ記事のパーマリンク</a>
  <h1>ブログ記事のタイトル</h1>
  <p>ブログ記事の中身</p>
  <article>
    <h2 id="comment-1">コメント1</h2>
    <p>コメントの中身</p>
    <p><a href="a.html#comment-1" rel="bookmark">コメント1のパーマリンク</a></p>
  </article>
</article>
```

リンクタイプexternal

リンクタイプexternalはa要素、area要素、form要素で使用でき、リンク先が外部サイトであることを示します 27 。

27 リンクタイプexternalの記述例

```
<a href="https://example.com/" rel="external">example (外部サイト)</a>
```

リンクタイプhelp

リンクタイプhelpは、リンク先がヘルプ情報であることを示します。28のようにa要素に指定した場合、リンク先は親要素や兄弟要素に関連するヘルプ情報であると期待されます。

28 リンクタイプhelpの記述例

```
<form action="/post.php" method="post">
<!-- さまざまなフォームコントロール -->
<p><label>トピックを入力: <input name="topic">
<a href="help/topic.html" rel="help">(ヘルプ)</a></label></p>
</form>
```

28ではp要素の子要素になっているため、同じp要素に含まれる内容のヘルプ、すなわち入力すべき「トピック」についてのヘルプ情報が期待されます。p要素の外に出してform要素の子要素にした場合、このフォーム全体のヘルプであることが期待されます。

link要素にrel=helpを指定した場合は、このHTML文書全体に関するヘルプ情報であることが期待されます。

MEMO

古いブラウザーの中には、link要素のrel=helpを解釈し、ヘルプへのリンクを提供するものもありました。現在のブラウザーはそのような機能をほとんどサポートしていないので、無理に指定する必要はないでしょう。

リンクタイプicon

link要素でリンクタイプiconを使用すると、リンク先がアイコンであることを示します。29のように、現在の文書を表現するアイコン、いわゆるファビコン(favicon)を指定するために使われます。

MEMO

互換性の理由から、"shortcut icon"と書くことも認められており、iconと同一視されます。この場合、rel属性の値全体が"shortcut icon"でなければなりません。大文字小文字の違いは許されますが、逆順にしたり、他のキーワードを含めることはできません。

29 リンクタイプiconの記述例

```
<link rel="icon" href="/assets/favicon.ico">
```

link要素によるアイコンの指定がない場合、ブラウザーは/favicon.icoというURLにアクセスしてアイコンの取得を試みます。逆に言えば、/favicon.icoにアイコンが設置されており、それを使えばよい場合は指定不要といえます。

ブラウザーの種類や端末の種類によって、アイコンの大きさやフォーマットを変えたい場合もあるでしょう。その場合は、type属性、sizes属性、media属性と組み合わせることで、さまざまなバージョンのアイコンを指定できます。30はHTML仕様で紹介されている例です。

MEMO

アイコン取得の挙動はHTML仕様4.6.6.8 Link type "icon"で定義されています。
https://html.spec.whatwg.org/multipage/links.html#rel-icon

30 さまざまなバージョンのアイコンの指定例

```
<link rel="icon" href="favicon.png" sizes="16x16" type="image/png">
<link rel="icon" href="windows.ico" sizes="32x32 48x48" type="image/vnd.microsoft.icon">
<link rel="icon" href="mac.icns" sizes="128x128 512x512 8192x8192 32768x32768">
<link rel="icon" href="iphone.png" sizes="57x57" type="image/png">
<link rel="icon" href="gnome.svg" sizes="any" type="image/svg+xml">
```

また、主にiOSやAndroidといったモバイル端末向けに、拡張キーワードapple-touch-iconとともにアイコンを指定するという方法があります。

リンクタイプlicense

リンクタイプlicenseは、リンク先が著作権情報、ライセンス情報であることを示します。31のようにlink要素でrel=licenseを指定すると、このHTML文書全体の著作権情報を表します。

31 リンクタイプlicenseの記述例

```
<link rel="license" href="https://creativecommons.org/licenses/by/4.0/deed.ja">
```

この例では、文書が「クリエイティブ・コモンズ 表示 4.0 ライセンス」で提供されることを表します。

a要素で使った場合、文書のどの部分の著作権情報なのかは明示されません。文書全体のライセンスかもしれませんし、段落や引用部のライセンスかもしれません。リンクタイプhelpやbookmarkと異なり、親要素や祖先要素のライセンスを表すというような決まりはないため、ユーザーは設置されている場所やスタイルなどを手掛かりに、文脈から判断することになります。

リンクタイプcanonical

link要素でリンクタイプcanonicalを使用すると、リンク先が正規のURLであることを示します。これはcanonical linkとして機能します。

canonical linkは、あるリソースが複数のURLで示されるとき、正規のURLを示すものです。たとえば32のように、同一のリソースに異なるドメインでアクセスできる場合があります。

32 同一のリソースの、異なるドメインを持つURLの例

```
https://www.example.com/
https://example.com/
```

また33のように、主にユーザー追跡のために、トラッキング用のクエリー文字列がURLに付与されることもあります。

33 クエリーが付与されたURLの例

```
https://www.example.com/?sessionid=1234567
https://www.example.com/?linkfrom=twitter
https://www.example.com/?trackingid=abcdef
```

このような場合、34のようにrel="canonical"を使用して、正規のURLを示すことができます。これにより、検索エンジンが検索結果に出すURLが1つに絞られることが期待できます。href属性値には相対URLでの指定も可能ですが、絶対URLを使用するのが一般的です。

34 rel="canonical"を使用した正規URLの記述例

```
<link rel="canonical" href="https://www.example.com/">
```

MEMO

ここで紹介した例のほか、主にiOSやAndroidといったモバイル端末向けに、拡張キーワードapple-touch-iconとともにアイコンを指定する方法もあります。
Configuring Web Applications
https://developer.apple.com/library/archive/documentation/AppleApplications/Reference/SafariWebContent/ConfiguringWebApplications/ConfiguringWebApplications.html

MEMO

ブラウザーは互換性のために、copyrightというキーワードをlicenseと同じように解釈します。コンテンツ制作者はcopyrightではなくlicenseを指定する必要があります。

MEMO

canonical linkの詳細は、RFC 6596 The Canonical Link Relationを参照してください。
https://datatracker.ietf.org/doc/html/rfc6596

リンクタイプnofollow

a要素やarea要素でリンクタイプnofollowを使用すると、サイトオーナーがリンク先を推奨しないことを示します。

35のようにリンクタイプnofollowを使用することで、リンク先を推奨しないことを明確にできます。検索エンジンはこれを読み取り、評価の参考にすることがあります。

35 リンクタイプnofollowの記述例

```
<a href="http://example.net/untrusted.html" rel="nofollow">品質が信頼できないページ</a>
```

リンクタイプnoopener

a要素でリンクタイプnoopenerを使用すると、リンク先からリンク元のブラウジングコンテキストへアクセスできないようにします。

target=_blankなどで新しいブラウジングコンテキストを開始した場合、リンク先となっている側のコンテンツからJavaScriptを用いて、リンク元のブラウジングコンテキストにアクセスできる場合があります。リンク先のコンテンツが信頼できない場合、これはセキュリティ上の問題につながります。

36のようにrel=noopenerを利用することで、これを防げます。

36 リンクタイプnoopenerの記述例

```
<a href="http://example.net/fishy.cgi" rel="noopener" target="_blank">信頼できるかどうか不明なページ</a>
```

こうすることで、リンク先からリンク元のブラウジングコンテキストを参照でなきなくなります。たとえば、JavaScriptでwindow.openerを参照するとnullが返ります。

リンクタイプnoreferrer

a要素でリンクタイプnoreferrerを使用すると、リンクをたどる際に参照元情報を送信しないように促します。37のように指定します。

37 リンクタイプnoreferrerの記述例

```
<a href="https://example.com/" rel="noreferrer">リファラーを送信しないリンク</a>
```

より細かくリファラーを制御したい場合は、referrerpolicy属性を用いたリファラーポリシーを設定します。また、ページ全体のリンクについてリファラーポリシーを制御したい場合は、<meta name=referrer>を使用することで実現できます。

リンクタイプdns-prefetch

link要素でリンクタイプdns-prefetchを指定すると、指定されたドメイ

MEMO

リンクの中には、サイトオーナーが意図して用意したわけではないものもあります。たとえば、訪問者がコメント欄にリンクを書き込める場合や、広告配信のスクリプトによってリンクが自動的に挿入される場合などです。このような機能を悪用されると、スパムリンクが大量に生成されることがあり、検索エンジンの評価に悪影響を与える懸念があります。

MEMO

Googleはnofollowをさらに細分化したキーワードsponsoredやugcをサポートしています。
https://developers.google.com/search/docs/advanced/appearance/qualify-outbound-links?hl=ja

MEMO

ブラウジングコンテキストについては、target属性のコラム「ブラウジングコンテキスト」(P166)を参照してください。

MEMO

モダンなブラウザーの多くは、noopenerがなくてもクロスオリジンのブラウジングコンテキストは参照できないようになっています。このリンクタイプの必要性は低下していますが、古いブラウザーでの安全性を確保したい場合に役立つことがあります。

MEMO

リンクをたどった際、ブラウザーはリンク先へのHTTPリクエスト時に、Refererヘッダーフィールドでリンク元ページのURLを送信することがあります。この属性はその挙動を抑制するものです。

MEMO

noreferrerには、noopenerと同様にブラウジングコンテキストを参照させせない効果もあります。ブラウジングコンテキストが参照できると、リンク元のURLを知ることができてしまうためです。詳しくはnoopenerを参照してください。

ンの名前解決をしておくことが期待されます。あとでアクセスする予定のURLがある場合、そのドメインの名前解決を事前にしておくことで、リソースの読み込み時間の短縮が期待できます。38のように指定します。

38 リンクタイプdns-prefetchの記述例

```
<link rel="dns-prefetch" href="https://example.com">
```

MEMO

dns-prefetch、preconnect、prefetch、prerenderの挙動はResource Hints仕様で定義されています。
Resource Hints
https://w3c.github.io/resource-hints/
2021年時点ではW3C文書ですが、WHATWGに移管される予定です。

リンクタイプpreconnect

link要素でリンクタイプpreconnectを指定すると、事前にドメインへの接続を確立しておくことが期待されます。dns-prefetchではドメインの名前解決しか行いませんが、preconnectはTCPコネクションの確立、TLSのネゴシエーションまで行います。39のように指定します。

39 リンクタイプpreconnectの記述例

```
<link rel="preconnect" href="https://example.com">
```

リンク先URLのスキームはhttpもしくはhttpsでなければなりません。そうでなければこの指定は無視されます。

リンクタイプprefetch

link要素でリンクタイプprefetchを指定すると、今後利用する可能性のあるリソースを事前に取得し、ブラウザーにキャッシュさせることが期待できます40。preconnectでは接続を確立するだけでしたが、prefetchではリソースの取得まで行います。

ユーザーが次にどのページに遷移するのかが明確な場合、遷移先のページで必要になるリソースを事前に取得しておくことで、表示の高速化が期待できます。

40 リンクタイプprefetchの記述例

```
<link rel="prefetch" href="next.js">
```

MEMO

サブリソースの多くはimg要素のsrc属性などで記述されており、HTMLを読み込んだ時点で必要性を判断できます。しかし、サブリソースの中にはCSSから読み込まれるものや、JavaScriptで挿入されるものなどもあり、これらの必要性はHTMLを読み込んだ時点では判断できません。preloadは、そのようなサブリソースの必要性を事前に伝えておくことで、動作を高速化するものです。

リンクタイプpreload

link要素でリンクタイプpreloadを指定すると、現在のページで使用する予定のサブリソースを事前に取得してメモリーに読み込んでおくことが期待できます。prefetchは現在のページとは異なる、次のページなどで利用する予定のリソースの想定ですが、preloadは現在のページで使用する予定のサブリソースの想定です。

41の例では、スタイルシートで利用する画像を事前に読み込んでいます。

41 リンクタイプpreloadの記述例

```
<link rel="preload" href="bgimage.png" as="image">
<style>
div.hoge {background-image: url: ("bgimage.png");
</style>
```

MEMO

preloadの動作の詳細はPreload仕様を参照してください。
Preload
https://w3c.github.io/preload/
2021年時点ではW3C文書ですが、WHATWGに移管される予定です。

rel=preloadを用いる場合、as属性を指定する必要があります。as属性はリソースの用途を指定する列挙型属性です。41では、画像として利用するためas=imageを指定しています。Webフォントであれば"font"、JavaScriptであれば"script"など、それぞれ対応する適切な値を指定する必要があります。リソース取得の優先順位の判断や、Content Security Policyの処理の際にこの指定を参照します。

rel=preloadを利用する場合、integrity属性の指定も可能です。この属性は事前に読み込む外部リソースの完全性を担保するもので、script要素のintegrity属性と同じものです。詳細はCHAPTER 3-13のscript要素を参照してください。

リンクタイプmodulepreload

link要素でリンクタイプmodulepreloadを使用すると、モジュールスクリプトを事前に読み込みできます。記述例は42のようになります。

リンクタイプpreloadと似ていますが、モジュールスクリプトに固有のCORSの処理、依存関係の処理などを適切に行うことができます。モジュールスクリプトについてはCHAPTER 3-13を参照してください。

as属性、integrity属性については、リンクタイプpreloadと同様です。リンクタイプpreloadを参照してください。

42 リンクタイプmodulepreloadの記述例

```
<link rel="modulepreload" href="critical.mjs">
```

リンクタイプprerender

link要素でリンクタイプprerenderを指定すると、リソースを事前に取得した上で、バックグラウンドでレンダリングしておくことが期待できます。記述例は43のようになります。

ユーザーが次にどのページに遷移するか明確な場合、次ページのレンダリング処理をあらかじめ行っておくことで、表示の高速化が期待できます。

43 リンクタイプprerenderの記述例

```
<link rel="prerender" href="https://example.com/next-page.html">
```

リンクタイプstylesheet

link要素にリンクタイプstylesheetを指定すると、外部スタイルシートを読み込みます。記述例は44のようになります。

44 リンクタイプstylesheetの記述例

```
<link rel="stylesheet" href="basic.css">
```

media属性を併用することで、特定のデバイスに向けたスタイルシートであることを宣言できます。45の例では、印刷用のスタイルシートを設定しています。

MEMO

as属性に指定できる値はFetch Standardのdestinationに定められています。
https://fetch.spec.whatwg.org/#concept-request-destination

MEMO

古いHTMLではtype=text/cssもあわせて指定していましたが、現在のHTML仕様はCSS以外のスタイルシート言語を想定しておらず、デフォルトでtext/cssとみなされるため、type属性は省略することが推奨されています。type属性があり、かつtext/css以外の値だった場合、そのスタイルシートは無視されます。

45 印刷用スタイルシートの設定例

```
<link rel="stylesheet" href="print.css" media="print">
```

また、メディアクエリーのメディア特性を記述することにより、デバイスの画面幅に応じてスタイルを変更する、いわゆるレスポンシブデザインを実現できます46。

46 メディアクエリーを用いたスタイルシートの切り替え例

```
<link rel="stylesheet" href="mobile.css" media="screen and (max-width: 420px)">
<link rel="stylesheet" href="tablet.css" media="screen and (max-width: 768px)">
```

リンクタイプalternateと組み合わせると、代替スタイルシートを定義できます。詳しくはリンクタイプalternateを参照してください。

disabled属性を指定すると、スタイルシートを無効にできます。JavaScriptから操作してスタイルの有効・無効を切り替えるために利用できます。

integrity属性を指定すると、外部スタイルシートの完全性を担保できます。これはscript要素のintegrity属性と同様です。CHAPTER 3-13のscript要素を参照してください。

シーケンシャルリンクタイプprev/next

リンクタイプprev/nextは、リンク先が現在のページと一続きのコンテンツであることを示します。リンクタイプnextは次のページ、リンクタイプprevは前のページであることをそれぞれ示します。

たとえば、3つに分割された記事で、2つめのページがarticle-part2.htmlとすると、前後のページを47のように表すことができます。

47 リンクタイプprev/nextの記述例

```
<link rel="prev" href="article-part1.html">
<link rel="next" href="article-part3.html">
```

ブラウザーはnextで指定されたリソースを先読みし、リンクタイプdns-prefetch、preconnect、prefetch、prerenderのいずれかの処理を行う場合があります。処理の詳細は各リンクタイプを参照してください。

link要素だけでなくa要素にも使用できるので、ページナビゲーションに含まれるa要素で指定してもよいでしょう。

その他のリンクタイプ

HTML仕様に示されたキーワード以外にも、microformats wikiのexisting rel valuesページに登録されたものを使用できます。このページは誰でも登録できるため、事実上、自由に拡張可能です。

MEMO

古いHTMLではcharset属性でスタイルシートの文字エンコーディングを指定できましたが、link要素のcharset属性は廃止されました。外部スタイルシートの文字エンコーディングは、HTTPレスポンスヘッダーなどに基づいて決定されます。

MEMO

古いブラウザーには、このようなlink要素の指定を解釈して、前後のページに移動するナビゲーションを提供するものもありました。現在ではそのような機能はほとんど提供されていませんが、検索エンジンのクローラーに前後ページの情報を与えるために用いられることがあります。

MEMO

ブラウザーは互換性のために、previousというキーワードをprevと同じように解釈します。コンテンツ制作者はpreviousではなくprevを指定する必要があります。

MEMO

HTML5 link type extensions
http://microformats.org/wiki/existing-rel-values#HTML5_link_type_extensions

07 編集

THEME テーマ ここでは、文書への編集を表すinsおよびdel要素を説明します。

insおよびdel要素

ins要素は文書への追加を、del要素は文書からの削除をそれぞれ表します。

内容モデル

insおよびdel要素の内容モデルはtransparentで、親要素の内容モデルを引き継ぎます。

ins要素とdel要素は、どこにでも出現できるわけではないことに注意してください。たとえば、ul要素はins要素を子要素に持つことができないため、01は構文エラーとなります。

01 ul要素の直下にins要素を記述した不適切な例

```
<ul>
  <ins>
    <li>1つめの項目</li>
    <li>2つめの項目</li>
  </ins>
  <li>3つめの項目</li>
</ul>
```

リストの一部をins要素でマークアップしたい場合、02のようにli要素の子にするとよいでしょう。表示例は03のようになります。

02 li要素の直下にins要素を記述した例

```
<ul>
  <li><ins>1つめの項目</ins></li>
  <li><ins>2つめの項目</ins></li>
  <li>3つめの項目</li>
</ul>
```

03 ブラウザーによる02の表示例

- <u>1つめの項目</u>
- <u>2つめの項目</u>
- 3つめの項目

MEMO

古いHTML4ではTransparent内容モデルが存在しなかったため、ins要素とdel要素は「ブロックレベル要素とインライン要素のいずれかとして振る舞う」という特別な扱いがなされていました。
ブロックレベル要素とインライン要素については、コラム「ブロックとインラインはどこへ?」を参照してください。

MEMO

ins要素とdel要素のカテゴリーはFlowおよびPhrasingです。ul要素は内容モデルにFlowとPhrasingのいずれも含まないため、ins要素やdel要素をul要素の子にすることはできません。

また、ins要素やdel要素が段落をまたぐことはできません。04は構文エラーとなる例です。

04 すべての段落をp要素で明示した記述例

```
<section>
  <h1>とある文章</h1>
  <p>1つめの<del>段落</p>
  <p>2つめの段落</p>
  <p>3つめ</del>の段落</p>
</section>
```

04では段落が明示されていますが、「暗黙の段落(implied paragraphs)」が作成される場合もあります。05は、04の最初と最後の段落をp要素ではなく、暗黙の段落とした例です。

05 暗黙の段落をまたぐ非推奨の記述例

```
<section>
  <h1>とある文章</h1>
  1つめの<del>段落
  <p>2つめの段落</p>
  3つめ</del>の段落
</section>
```

05は構文エラーにはなりませんが、この場合もins要素、del要素が段落をまたぐことはできないとされています。06のようにdel要素を分割すれば問題ありません。表示例は07のようになります。

06 del要素を分割した記述例

```
<section>
  1つめの<del>段落</del>
  <p><del>2つめの段落</del></p>
  <del>3つめ</del>の段落
</section>
```

07 ブラウザーによる06の表示例

属性

ins要素とdel要素のいずれも、cite属性およびdatetime属性を指定できます。

MEMO

p要素を利用すると段落を明示できますが、ここで取り上げた例のように、p要素がない場所に暗黙の段落ができることもあります。詳しくはHTML仕様の3.2.5.4 Paragraphsを参照してください。
https://html.spec.whatwg.org/multipage/dom.html#paragraphs

いずれの属性もレンダリングに影響するものではなく、コンテンツ制作者側が私的に利用することを意図したものとされています。変更の理由や日時をユーザーに伝えたい場合には、属性に指定するのではなく、コンテンツ内に明示する必要があります。

cite属性

cite属性は、変更の理由を説明する文書のURLを指定します。

datetime属性

datetime属性は、変更した日時を指定します。指定できる値は、日付のみまたは日付を含む時刻です。時刻のみの値は受け付けません。この属性に指定できる値の形式については、CHAPTER 2-2の日付と時刻(P061)を参照してください。

アクセシビリティ上の注意点

ins要素、del要素にはデフォルトのARIAロールはありませんが、多くのスクリーンリーダーは、ins要素、del要素をそれぞれ「追加」「削除」のように読み上げます。追加や削除をしたものに対してはins要素やdel要素を積極的に使うとよいでしょう。

ins要素、del要素の存在が常に伝わるとは限らないことに注意してください。特に、del要素の存在がユーザーに伝わらないと、誤解を招く場合があります。08は、価格が改定される前後の価格を、del要素とins要素で表現したものです。表示例は09のようになります。

08 del要素とins要素を用いた記述例

```
<p>価格 <del>98</del><ins>90</ins>円</p>
```

09 ブラウザーによる08の表示例

価格 ~~98~~90円

del要素で98を削除し、ins要素で90に訂正していますが、del要素の存在が伝わらない場合、9890円と誤解される可能性があります。

MEMO

WAI-ARIA 1.2ではinsertion、deletionロールが導入される予定です。近い将来、ins要素はinsertionロールを、del要素はdeletionロールを持つことになるでしょう。
https://www.w3.org/TR/wai-aria-1.2/#insertion
https://www.w3.org/TR/wai-aria-1.2/#deletion

COLUMN

ブロックとインラインはどこへ？

HTML4の内容モデルでは、要素が大きく「ブロックレベル要素」と「インライン要素」の2つに分類されていました。

この分類はCSSの視覚整形モデルの用語「ブロックレベル要素」「インラインレベル要素」に対応しますが、要素の内容モデルとCSSの視覚整形モデルは本質的に異なる概念です。HTML4でブロックレベルに分類されていた要素は、ブラウザーのデフォルトスタイルではブロックレベルの見た目になります。しかし、CSSでdisplay: inlineを指定すれば見た目をインラインに変更可能であり、分類と実際の表示の食い違いがありました。

現在のHTML Standardでは要素の分類が一新されました。HTML4でインライン要素とされていたものはPhrasingに分類され、ブロックレベル要素のみを分類する区分はなくなりました。ブロックレベル要素とされていたものはFlowに分類されますが、FlowはPhrasingも含んでいるため、指すものが異なります。

HTML4の知識があると、「ブロックレベル要素」に相当する言葉を使いたくなることがあります（たとえば、「a要素にブロックレベル要素を入れることができるようになった」のように）。しかし現在ではその区分は存在しないので、表現に苦慮することがあります。

08 エンベディッドコンテンツ

THEME テーマ

ウェブページには画像や音声、映像などのメディアを埋め込むことができます。ここでは、その埋め込みを行うためのエンベディッドコンテンツ(embedded content)について説明します。

img要素

img要素は、画像を表す要素です。PNG、GIF（アニメーションGIFを含む)、JPEG、SVGといった画像フォーマットをHTMLに埋め込むことができます。

内容モデル

img要素の内容モデルはNothingで、内容を持つことはできません。また、終了タグを書くこともできません。

属性

基本的には、src属性で画像のURLを指定し、alt属性で代替テキストを指定します。また、いくつかの廃止された属性についても取り上げます。

●src属性

src属性で画像のURLを指定します 01。

01 src属性の記述例

```
<img src="cat.png" alt="ねこのかわいい写真">
```

データURLを指定することで、画像を直接埋め込むこともできます。02 はデータURLでSVG画像を埋め込んだ例です。

02 データURLの記述例

```
<img src="data:image/svg+xml,%3csvg%20xmlns%3d%22http%3a%2f%2fwww.
w3.org%2f2000%2fsvg%22%20viewbox%3d%220%200%20100%20100%22%3e%3crect%20
fill%3d%22%23ff3300%22%20width%3d%22100%22%20height%3d%22100%22%20
rx%3d%2220%22%20ry%3d%2220%22%2f%3e%3c%2fsvg%3e" alt="">
```

●srcset属性

srcset属性を使用すると、複数の画像候補を指定できます。詳細は、後述の「picture要素とレスポンシブ画像」で説明します。

●alt属性

alt属性は、「画像の代替テキスト(alternative text)」を表します。

MEMO

データURLの仕様は RFC 2397 で規定されています。
RFC 2397 The “data” URL scheme
https://datatracker.ietf.org/doc/html/rfc2397
MDNの「データ URL」の説明も参考にするとよいでしょう。
https://developer.mozilla.org/ja/docs/Web/HTTP/Basics_of_HTTP/Data_URIs

MEMO

02 の例のように、SVGの場合はXMLのテキストをそのままエンコードして記述でき、base64エンコードは必ずしも必要ありません。しかし、テキスト埋め込み形式のデータURLに対応していないレガシーブラウザーの互換性のために、あえてbase64エンコードして埋め込むこともあります。

何らかの原因で画像が見られない場合、画像の代わりに代替テキストによって内容が伝えられます。属性や属性値の記述の仕方により、その画像の扱いが変わります。03 はalt属性の記述例です。

03 代替テキストの記述例

```
<!-- 意味のある画像 -->
<img src="picture1.png" alt="写真: バーナーズ=リー氏">
<!-- 装飾的な画像 -->
<img src="picture2.png" alt="">
<!-- alt属性のない画像 -->
<img src="picture3.png" title="ユーザーによって投稿された写真">
```

03 の1つ目は、alt属性が存在し、値にテキストが存在します。この場合、画像は情報や機能を持った、意味のあるものとみなされます。alt属性の値は、画像の内容と等価な代替テキストとして扱われます。

03 の2つ目は、alt属性が存在しますが、値が空になっています。この場合、画像は情報や機能を持たない、装飾的なものとみなされます。代替テキストは存在せず、画像は無視してよいものとして扱われます。

03 の3つ目は、alt属性が省略されています。この場合、画像は意味のあるもので、かつ「内容不明の画像（Images whose contents are not known）」とみなされます。画像の概要を伝えるために、title属性やfigcaption要素を用いて画像の説明を提供しなければなりません。これは、画像に意味があるものの、合理的な理由があって代替テキストでその意味を提供できない場合に限って、例外的に許可されるものです。

alt属性は、ウェブアクセシビリティを考える上で、もっとも重要な属性の1つに挙げられます。後述のアクセシビリティ上の注意点も参照してください。

●loading属性

loading属性は、lazy loadingとして知られる遅延読み込みを制御します。loading属性は列挙型属性で、値は"lazy"と"eager"の2つです。eagerがデフォルト状態で、従来どおり画像を読み込みます。04 のようにlazyを指定すると、遅延読み込みを指示します。

04 遅延読み込みを指示するloading属性の記述例

```
<img src="resource" alt="" loading="lazy">
```

通常は、img要素が画面外にあってもsrc属性で指定したURLのリソースを読み込み、レンダリングしようとします。しかし、画面外のimg要素の画像は、今すぐには必要ないかもしれません。lazyを指定すると、img要素がビューポートの外にあるときに画像の読み込みを抑制できます。こうすることで、他のサブリソースの読み込みを優先させることができます。

MEMO

代替テキストは「置換テキスト（replacement text）」と呼ばれることもあります。また、「テキストによる代替（text alternative）」の一形態です。

MEMO

画像が見られないケースの代表例はスクリーンリーダーのユーザーがアクセスした場合ですが、他にも、検索エンジンのクローラーがアクセスした場合や、ネットワークの不調により画像が表示できない場合なども該当します。

MEMO

いわゆるスペーサー画像も装飾的な画像に該当しますが、仕様ではimg要素をレイアウトに用いてはならないとされており、スペーサー画像自体を使うべきではありません。やむを得ず用いる場合にはalt属性を空にします。

MEMO

alt属性の省略が許される例としては、第三者が投稿した画像や、ウェブカメラからライブ配信された画像などが挙げられます。あくまで例外的なケースであることに注意してください。詳細はHTML仕様を参照してください。
Images whose contents are not known
https://html.spec.whatwg.org/multipage/images.html#unknown-images

●廃止された属性：border属性

かつてのHTML仕様ではimg要素にborder属性が定義されていましたが、現在では廃止されています。コンテンツ制作者はimg要素のborder属性を使用するべきではありません。画像の枠線を制御したい場合は、border属性の代わりにCSSで設定します。

●廃止された属性：hspace属性、vspace属性

古いHTML仕様では、画像の周囲に余白を取るためのhspace属性、vspace属性が定義されていました。CSSで同じ表現ができるため、これらは廃止されています。

●廃止された属性：align属性

align属性は、画像の配置を指定する属性です。"left"や"right"を指定すると、画像が左右に配置され、続くテキストが画像を回り込むように配置されます。CSSで同じ機能が実現できるため、この属性は廃止されています。

●廃止された属性：longdesc属性

HTML4では、img要素にlongdesc属性が定義されていました。

これは画像の説明を参照するための属性で、属性値にはURLを指定します。

ブラウザーやスクリーンリーダーの機能でリンク先の説明が利用できる想定でしたが、適切に利用されるケースが少なく、対応するブラウザーも少なかったため、現在のHTML仕様では削除されています。

アクセシビリティ上の注意点

img要素のデフォルトARIAロールは、alt属性の値によって変化します。

●alt属性に代替テキストが指定されている場合

alt属性が存在し、属性値にテキストが指定されている場合、img要素はコンテンツの一部とみなされ、デフォルトでimgロールを持ちます。一般にスクリーンリーダーは、代替テキストを読み上げたあとに「イメージ」「画像」などと読み上げ、そこに画像があることを伝えます。

●alt属性が空の場合

alt属性が存在し、属性値が空の場合(alt=""が指定されている場合)、img要素は装飾的とみなされ、デフォルトでpresentationロールを持ちます。スクリーンリーダーは何も読み上げません。画像の存在自体が伝えらないことに注意してください。

●alt属性がない場合

alt属性自体がない場合、img要素は内容不明の画像とみなされ、デフォルトでimgロールを持ちます。

何らかの方法でアクセシブルな名前が提供されている場合、アクセシブ

> **MEMO**
> border属性の値が"0"の場合のみ旧式だが適合する機能として扱われ、ブラウザーによって解釈されます。これは、画像にリンクを付与した場合に、枠線を表示しないようにするテクニックとして使われていたものです。

> **MEMO**
> longdesc属性の具体的な用法は、Techniques for WCAG 2のH45を参照してください。
> H45: Using longdesc
> https://www.w3.org/WAI/WCAG21/Techniques/html/H45

> **MEMO**
> 画像の詳細な説明を提供したい場合は、可視のテキストとして説明を配置するか、あるいはa要素で説明にリンクさせる方法があります。具体例については、Techniques for WCAG 2 の G73が参考になるでしょう。
> G73: Providing a long description in another location with a link to it that is immediately adjacent to the non-text content
> https://www.w3.org/WAI/WCAG21/Techniques/general/G73

ルな名前が代替テキストとして扱われ、alt属性に代替テキストが指定されている場合と同じように読み上げられます。

アクセシブルな名前がない場合の読み上げはスクリーンリーダーによって異なり、「ラベルのない画像」と読み上げることもあれば、画像のファイル名を読み上げることもあります。05のように、システムが生成したランダムな英数字の羅列がファイル名に使われている場合、「きゅうさんシーシー…（略）…エーきゅう、ジェイピージー、イメージ」という意味のない読み上げが行われ、ユーザーは混乱します。

05 ファイル名が英数字の羅列である例

```
<img src="/assets/93cc401e5a2939b25985d1db70de2aa9.jpg">
```

alt属性の値をどのように書くか

alt属性を指定するときは、どのような意図で画像を使っているか把握した上で、画像をテキストに置き換えても違和感なく、内容が過不足なく伝わるように代替テキストを記述します。

しかし、実際にどのようなテキストを設定するのかは悩ましいところです。代替テキストもコンテンツであり、その文章の書き方に唯一の正解は存在しません。画像を通して伝えたい内容は、そのページのコンテキストにも依存します。

ここでは、代替テキストを記述する際のヒントを紹介します。

①代替テキストの第1原則：画像と等価なテキストであること

1つ目の原則は、画像と等価なテキストであることです。画像を代替テキストに置き換えた際に、コンテンツの意味が変わらないようにする必要があります。視覚的に画像から読み取れる情報を過度に省略したり、逆に必要以上に詳しく説明したりしないように注意してください。

なお、代替テキストの内容は、画像そのものだけでなく、前後の文脈にも影響を受けます。ときには、同じ画像に異なる代替テキストを指定することもあります。

たとえば、ある駅とその駅の周辺の地図があり、最寄りの駅、会社のビル、近くのコンビニエンスストアの位置が示されているとします。

会社案内のページにこの画像を掲載する場合、06のような代替テキストが考えられるでしょう。ここでは会社への経路を伝えることを目的としているため、経路に関係のないコンビニエンスストアについては、代替テキストでは言及しません。

06 地図の代替テキストの例

```
<p><img src="rough-map.png" alt="当社入居ビルまでの地図。九段下駅の6番出
口から出て、靖国通りを西に進み、九段下の交差点を南に進んだ建物です。"></p>
```

しかし、まったく同じ地図の画像を使って、コンビニエンスストアの場所を伝えたい場合もあるかもしれません。そのような場合は、代替テキストでコンビニエンスストアへの道順を説明する必要があります。

MEMO

アクセシブルな名前は、aria-label属性などで提供できます。詳しくはCHAPTER 4-2を参照してください。

MEMO

代替テキストのパターンについては、HTML仕様のRequirements for providing text to act as an alternative for imagesで詳しく説明されています。また、アクセシビリティの観点からAn alt Decision TreeというW3Cによるリソースも存在します。それぞれ参考にするとよいでしょう。

4.8.4.4 Requirements for providing text to act as an alternative for images
https://html.spec.whatwg.org/multipage/images.html#alt

An alt Decision Tree
https://www.w3.org/WAI/tutorials/images/decision-tree/

MEMO

代替テキストを考えるために、電話で誰かに画像を伝えることを想像するという方法もあります。電話口でコンテンツを順に読み上げていく際に、画像の部分をどう読み上げるか考え、それを代替テキストにするとよいでしょう。

②代替テキストの第2原則：繰り返しを避ける

もう1つの原則は、繰り返しを避けることです。画像の前後にキャプションや説明文を提供することがしばしばありますが、その情報を繰り返すべきではありません。07は、06と同じ地図を想定していますが、ここでは地図の下に道順の説明文が付いています。

本文で道順を示しているため、alt属性には道順を記載せず、単にどのような画像かを記しています。冗長な情報を省くことで、スクリーンリーダーが同じ内容を二度読み上げることを防ぎます。

07の例ではalt属性の内容と直後の文の冒頭が重複していますが、前述したように、alt="" を指定すると画像の存在自体が伝わらないことに注意してください。空でない代替テキストを指定することで、スクリーンリーダーのユーザーに画像の存在が伝わるようになります。

MEMO

スクリーンリーダーのユーザーも画像を利用することがあり得ることに注意してください。たとえば画像を保存し、誰かに共有して見てもらおうとするかもしれません。代替テキストを空にした場合、画像を保存したり、誰かに共有したりといった操作もできなくなります。

07 本文で道順を解説した場合の代替テキストの例

```
<p><img src="rough-map.png" alt="当社ビルまでの地図"></p>
<p>当社入居ビルまでの地図。九段下駅の6番出口から出て、靖国通りを西に進み、九段下の交差点を南に進んだ建物です。</p>
```

picture要素とレスポンシブ画像

picture要素やsrcset属性、sizes属性を使用すると、状況による画像の出しわけ、いわゆる「レスポンシブ」な画像を実現できます。コンテンツ制作者は複数の画像リソースを提示し、ユーザーエージェントがその中から最適な画像を選択します。選択の基準には以下の4つがあります。

- デバイスピクセル比に基づく選択（device-pixel-ratio-based selection）
- ビューポートに基づく選択（viewport-based selection）
- アートディレクションに基づく選択（art direction-based selection）
- 画像フォーマットに基づく選択（image format-based selection）

最初の2つはimg要素のsrcsetやsizes属性を用いて、後ろの2つはpictureとsource要素を用いて実現します。以下、それぞれの選択基準について簡単に説明します。

デバイスピクセル比に基づく選択

画像のレンダリングサイズを固定した上で、デバイスピクセルの異なる複数の画像を提示して、そのデバイスに適した解像度の画像を選択します。より高精細な画面で高解像度の画像を表示させたい場合などに利用できます08。

srcset属性で複数の画像を指定し、それぞれにx記述子でデバイスのピクセル比を記述します。これにより、高いデバイスピクセル比を持つスクリーンで、より高解像度となる画像が選択されます。

08 デバイスピクセル比に基づく選択の例

```
<img src="/uploads/100-marie-lloyd.jpg"
     srcset="/uploads/150-marie-lloyd.jpg 1.5x, /uploads/200-marie-lloyd.jpg 2x"
     alt="" width="100" height="150">
```

ビューポートに基づく選択

画像のレンダリングサイズを固定せずに、デバイスピクセルの異なる複数の画像を提示して、ビューポートの大きさに適したサイズの画像を選択します。ウィンドウの一定割合を画像で表示させたい場合などに利用できます。

srcset属性で複数の画像を指定し、それぞれにw記述子で画像のサイズを記述します。sizes属性で指定されるレンダリングサイズから各画像の効果的なピクセル密度を算出し、画面のピクセル密度、ズームレベル、ネットワークの状態などから、最適な画像をユーザーエージェントが選択します。

09 では、たとえばビューポートの幅が320 CSSピクセルである場合(100vw=320pxとなる場合)、"wolf-400.jpg 1.25x, wolf-800.jpg 2.5x, wolf-1600.jpg 5x"という指定と等価になります。

なお、09 ではsrc属性とsrcset属性の両方で"wolf-400.jpg"を指定していますが、これは互換性のための指定です。srcset属性のw記述子を理解するユーザーエージェントはsrc属性を無視します。

MEMO

単位vwはCSS Values and Units Module仕様で定義されるビューポート相対長さです。

6.1.2.2. The Various Viewport-relative Units
https://www.w3.org/TR/css-values/#valdef-length-vw

09 ビューポートに基づく選択の例

```
<img sizes="100vw" srcset="wolf-400.jpg 400w, wolf-800.jpg 800w, wolf-1600.jpg 1600w"
     src="wolf-400.jpg" alt="The rad wolf">
```

アートディレクションに基づく選択

複数の画像を提示し、それぞれに対してメディアクエリーを指定すると、指定した状況に応じて画像を切り替えることができます。縦長の画面と横長の画面で表示する画像を切り替えたい場合など、コンテンツ制作者側で細かい制御をしたい場合に利用できます。

10 では、ブラウザーのウィンドウ幅が1024 CSSピクセル以上の場合、全景の写真(fullshot.jpg)が選択されます。ウィンドウ幅がそれよりも小さい場合は、ズームアップされた写真(closeup.jpg)が選択されます。

10 アートディレクションに基づく選択の例

```
<picture>
  <source media="(min-width: 1024px)" srcset="fullshot.jpg">
  <img src="closeup.jpg" alt="Opera House">
</picture>
```

画像フォーマットに基づく選択

ウェブで使用できる画像のフォーマットにはさまざまなものがありますが、ブラウザーがそのすべてに対応しているとは限りません。モダンなブラウザーには新しいフォーマットの画像を表示させつつ、非対応のブラウザーには広くサポートされている古い画像フォーマットを選択させたい場合に、この機能を利用できます。

11 ではブラウザーがWebPをサポートする場合はWebPが、そうでなければJPEG XR画像が、いずれもサポートしない場合はフォールバックとしてJPEGが選択されます。

11 画像フォーマットに基づく選択の例

```
<picture>
  <source srcset="happy.webp" type="image/webp">
  <source srcset="happy.jxr" type="image/vnd.ms-photo">
  <img src="happy.jpg" alt="">
</picture>
```

iframe要素

iframe（インラインフレーム）要素は、現在表示しているページに別のウェブコンテンツを埋め込む要素です。他のドメインのコンテンツも埋め込めるため、サードパーティのドメインから配信される動画やスライド、広告といったものを埋め込む目的でよく利用されています。

内容モデル

iframe要素の内容モデルはNothingです。つまり、内容に何も入れることができません。にもかかわらず、iframe要素の終了タグは省略できません。

歴史的には 12 のように、iframe要素を解釈しないブラウザーにiframe要素の内容をフォールバックとして認識させる書き方がありました。現在では 12 の書き方は許されておらず、単に構文エラーとなります。

12 iframe要素に内容を記述した構文エラーとなる例

```
<iframe src="xxx.html">iframeを知らないブラウザーに表示させたい内容</iframe>
```

属性

iframe要素の属性について解説します。

src属性

src属性はリソースの存在するURLを指定します。13 では、YouTubeの埋め込みプレーヤーのURLを指定しています。

> **MEMO**
> iframe要素にはセキュリティ上の問題も多く知られており、使い方を誤ると攻撃に悪用されることもあるため注意が必要です。iframe要素の悪用については、徳丸浩著『体系的に学ぶ 安全なWebアプリケーションの作り方 第2版 脆弱性が生まれる原理と対策の実践』などが参考になります。

> **MEMO**
> src属性で指定されたコンテンツが読み込めなかった場合でも、iframe要素の内容が表示されることはありません。

13 src属性の記述例

```
<iframe width="560" height="315" src="https://www.youtube.com/
embed/JDc-xApip7k" title="YouTube video player"></iframe>
```

allow属性、allowfullscreen属性

allow属性はPermissions policy仕様に基づいて、許可する機能やAPIを指定するものです。

allowfullscreen属性もPermissions policy仕様に基づくもので、全画面表示のAPI requestFullscreen()を許可するブール型属性です。

srcdoc属性

srcdoc属性を使用すると、属性値にHTMLを直接埋め込むことが可能です 14。

14 srcdoc属性の記述例

```
<iframe sandbox srcdoc="<p>ごはんを温めますか？"></iframe>
```

loading属性

loading属性を用いると、img要素と同様に遅延読み込みを指定できます。詳細はimg要素のloading属性(P183)を参照してください。

sandbox属性

iframe要素にsandbox属性を指定すると、iframeに埋め込まれたコンテンツによるJavaScriptの実行やフォームの送信といった機能を制限したり、逆に制限を緩めたりできます。15 のように単にsandboxとだけ指定すると、制限可能なすべての機能を制限します。

15 属性値に空文字列を設定したsandbox属性の記述例

```
<iframe src="https://example.com/" sandbox></iframe>
```

特定機能の制限を解除したい場合は、その機能に対応するトークンを属性値に指定します。複数の機能を許可したい場合、スペースで区切って指定します。たとえば、16 の例ではフォーム送信とダウンロードを許可しています。

16 フォーム送信とダウンロードを許可する記述例

```
<iframe src="https://example.com/download-form"
  sandbox="allow-forms allow-downloads">
</iframe>
```

sandbox属性の指定する内容によっては、sandbox属性を設定しない場合より安全性が低下することがあります。特に、"allow-same-origin"の指定は同一オリジンポリシーによる制限を解除し、強い権限を与えることになりますので、指定は慎重に行ってください。

MEMO

Permissions Policy
https://w3c.github.io/webappsec-permissions-policy/

MEMO

srcdoc属性にはHTML文書そのものを直接記述しますが、DOCTYPEが省略できるなど、いくつかの差異があります。詳細は仕様を参照してください。
https://html.spec.whatwg.org/multipage/iframe-embed-object.html#attr-iframe-srcdoc

MEMO

srcdoc属性とsrc属性を同時に指定しても構文エラーにはなりませんが、srcdoc属性が優先され、src属性は利用されません。

MEMO

sandbox=""として属性値を空にした場合も、単にsandboxと指定した場合と同様に解釈されます。CHAPTER 2-8の「属性値の省略」を参照してください。

MEMO

sandbox属性による制限の対象となる機能と指定できるトークンの値の詳細については、MDNを参照してください。
https://developer.mozilla.org/ja/docs/Web/HTML/Element/iframe#attr-sandbox

廃止された属性：frameborder属性

かつてのHTMLではframeborder属性が定義されており、iframe要素の周囲の枠線の表示を制御できました。コンテンツ制作者はframeborder属性を使用するべきではありません。枠線を制御したい場合は、代わりにCSSで設定します。

iframe要素を使って外部サービスを埋め込むための埋め込みコードには、この属性が利用されていることがあります。たとえば、17は2021年9月に確認したYouTubeの埋め込みコードです。

17 YouTubeが提供する埋め込みコード（2021年9月時点）

```
<iframe width="560" height="315" src="https://www.youtube.com/embed/JDc-xApip7k"
title="YouTube video player" frameborder="0" allow="accelerometer; autoplay; clipboard-
write; encrypted-media; gyroscope; picture-in-picture" allowfullscreen></iframe>
```

アクセシビリティ上の注意点

iframe要素はアクセシビリティ上の問題を起こしやすい要素です。スクリーンリーダーでの扱われ方は種類や設定によって異なり、iframe要素の内容をそのまま読み上げる場合や、能動的に操作をしないと中身を読み上げない場合などがあります。

iframe要素にtitle属性を付けておくと、スクリーンリーダーはtitle属性の値を読み上げることがあります。iframe要素を読み飛ばしたいと考えるユーザーもいるため、iframe要素には正確に内容を判断できるような名前を付けておくとよいでしょう。

17で紹介したように、外部のウェブサービスのコンテンツを埋め込んで利用する際、サービス側から指定される埋め込みコードにiframe要素が含まれることがあります。提供されるHTMLコードは、構文上必ずしも正しいとは限りません。アクセシビリティの配慮が不足していることもあるため、アクセシブルであるかどうか確認してから用いるとよいでしょう。

MEMO

iframe要素へのtitle属性の指定は、WCAG 2.1達成基準2.4.1「ブロックスキップ」を満たすための方法の1つです。
Techniques for WCAG 2 H64
https://www.w3.org/WAI/WCAG21/Techniques/html/H64

object要素とparam要素

object要素は、外部リソースを表す汎用的な要素です。主にプラグインで処理されるコンテンツなどを埋め込むことができます。

子要素にparam要素を持つことができます。これにより、object要素にパラメーターを与えることができます。18はFlashプラグインを用いるFlashの動画を埋め込む古典的な例です。

MEMO

object要素は、画像や映像、音声、HTML文書の埋め込みもできます。つまり、img、iframe、video、audio要素の代わりとしても利用できますが、多くの場合はobject要素ではなく、専用の要素を利用します。

18 Flash動画を埋め込む古典的な記述例

```
<!-- object要素のみで指定 -->
<object data="movie.swf"
  type="application/x-shockwave-flash"></object>

<!-- param要素と併用で指定 -->
<object type="application/x-shockwave-flash">
  <param name="movie" value="movie.swf">
</object>
```

MEMO

Flashプラグインのサポートは終了しているため、モダンな環境ではもはや18のコードは動作しません。

内容モデル

object要素の内容モデルはparam要素と、それに続いてtransparentの内容を書くことができます。transparentの部分はフォールバックコンテンツとなります。

フォールバックコンテンツは、指定したリソースが埋め込み表示できない場合に使われるもので、画像でいう代替テキストの機能を果たします。img要素のalt属性と異なり、19のようにマークアップを含むことができます。

19 フォールバックコンテンツの記述例

```
<object data="rough-map.png">
  <!--画像が埋め込み表示できない場合、画像へのリンクとテキストが表示される-->
  <p><a href="rough-map.png">当社入居ビルまでの地図</a>。
  九段下駅の<em>6番出口</em>から出て、靖国通りを西に進み、九段下の交差点を南に進んだ建物です。</p>
</object>
```

20のように、object要素の中に別のobject要素を記述して入れ子にできます。この場合、親から順に表示を試み、表示できない場合には子に随時フォールバックしていきます。

20 object要素内にobject要素を入れ子にした例

```
<!-- できればsvgを表示したい -->
<object data="image.svg">
  <!-- svgがだめならwebpを表示 -->
  <object data="image.webp">
    <!-- webpもだめならpngを表示 -->
    <object data="image.png">
      <!-- 画像が何も表示できないなら代替テキストを使用 -->
      <p>代替テキストです</p>
    </object>
  </object>
</object>
```

アクセシビリティ上の注意点

object要素にデフォルトのロールはありません。object要素はさまざまなリソースを扱えるため、リソースに応じたロールを付けておくとよいでしょう。画像であればrole="img"、HTMLなどの文書であればrole="document"の指定が考えられます。

object要素の内容がユーザーによるキー操作を必要とする場合、role="application"を指定すると、スクリーンリーダーにキー操作を横取りされず、直接操作できることが期待されます。

> **MEMO**
> role="img"を追加した場合、スクリーンリーダーによっては単に「ラベルのない画像」とだけ読み上げ、フォールバックコンテンツの内容を確認できないことがあります。この場合、aria-labelledby(P302)属性でフォールバックコンテンツを参照すれば読み上げられることもありますが、このような労力をかけてobject要素を使うより、img要素を利用する方がよいでしょう。

COLUMN

object要素とembed要素

object要素の代わりに、あるいはobject要素の子要素としてembed要素が使われているコードを見ることがあるかもしれません。

embed要素は、object要素が登場する前から使われていた要素で、object要素と似た機能を持ちます。object要素の登場後も、互換性のために併用して使われることがありました。

仕様としては、embed要素はW3C HTML 5.0で初めて標準化され、現在のHTML Standardでも定義されています。しかし実務上、この要素がFlashの埋め込み以外の用途に使われるケースは少なく、Flashのサポート終了に伴ってほとんど見かけなくなりました。今後、この要素を利用することはほぼないでしょう。

メディア要素：video要素とaudio要素

仕様では、video要素とaudio要素をまとめてメディア要素と呼んでいます。前者は映像を、後者は音声を表します。要素の使い方はどちらもほぼ同じで、src属性でリソースを指定するか、あるいはsource要素を用いて複数のリソース候補を指定できます。21 はsrc属性を使用した例です。22 はsource要素を使用した例で、この場合はsrc属性を使用しません。

21 video要素にsrc属性を使用した記述例

```
<video controls src="https://archive.org/download/BigBuckBunny_124/
Content/big_buck_bunny_720p_surround.mp4"
    poster="https://peach.blender.org/wp-content/uploads/title_
    anouncement.jpg?x11217"
    width="620">
  このブラウザーは埋め込み動画に対応していません。
  <a href="https://archive.org/details/BigBuckBunny_124">ダウンロード
  </a>してお好みの動画プレイヤーでご覧ください。
</video>
```

22 audio要素にsource要素を使用した記述例

```
<audio>
  <!-- できればogg形式の音声を再生してほしい -->
  <source src="foo.ogg" type="audio/ogg; codecs=vorbis">
  <!-- oggに対応していなければmp3を再生させる -->
  <source src="foo.mp3" type="audio/mpeg">
</audio>
```

内容モデル

video要素およびaudio要素の内容モデルは、source要素(src属性がない場合に限る)、track要素(後述)、そしてtransparentです。transparentの部分には 21 で示したようにフォールバックコンテンツを入れることができます。

ただし、video要素およびaudio要素は子孫要素にできません。複数の映像や音声をフォールバックさせたい場合は、22 のようにsource要素を使用します。

アクセシビリティ上の注意点

video要素およびaudio要素にデフォルトのARIAロールはありません。

支援技術でもvideo要素やaudio要素の利用は可能ですが、ユーザーの環境によって、映像や音声がそもそも再生できない、あるいは再生されてもその情報を受け取ることができない場合があります。

この問題への対処の1つとして、テキスト情報を提示する方法があります。単にテキストを書き起こす方法もありますが、映像や音声は時間に依存するメディアであるので、場面が再生されるタイミングにあわせて字幕やキャプションなどのテキストトラックを表示することが望ましいでしょう。後述のtrack要素も参照してください。

track要素

track要素は、時間指定のテキストトラックを指定するものです。テキストトラックのデータ形式にはWebVTT (Web Video Text Tracks)が使用されます。23 のように、表示するデータと秒数を指定します。

23 WebVTTの記述例

```
WEBVTT

NOTE これはコメントです。

my-cue-id-1
00:01.000 --> 00:05.000
これは<b>WebVTT</b>による字幕です。
```

MEMO

WebVTT: The Web Video Text Tracks Format
https://w3c.github.io/webvtt/

23のようなテキストトラックデータを用意し、24のようにtrack要素のsrc属性で指定します。

24 track要素のsrc属性で指定

```
<video>
  <source src="movie.mp4" type="video/mp4">
  <track kind="captions" srclang="ja" lang="ja" src="movie-ja.vtt" label="日本語">
  <track kind="captions" srclang="en" lang="ja" src="movie-en.vtt" label="English">
</video>
```

これにより、音声や映像に字幕を付与でき、アクセシビリティを確保できます。

字幕の作成は労力を必要とする作業ですが、近年では作成を支援するサービスも多数出てきています。たとえば、YouTubeには自動字幕生成の機能がありますし、生成された字幕をテキストトラックファイルに書き出すこともできます。字幕は、画像の代替テキストと同様の重要性を持つものですので、積極的に取り組んでいくとよいでしょう。

MEMO

動画や音声に関する一般的なアクセシビリティの対処方法については、W3C WAIのリソースMaking Audio and Video Media Accessibleも参考になります。
https://www.w3.org/WAI/media/av/

map要素とarea要素によるイメージマップ

イメージマップは、1つの画像上で、クリックする場所によって別々のリンクを割り当てることのできる機能です。img要素、map要素およびarea要素によって実現します。

内容モデル

map要素の内容モデルはtransparentです。通常はarea要素を入れますが、他の要素を入れることもできます。25は、area要素と、それに対応するa要素による通常のリンクを入れている例です。

25 map要素とarea要素の記述例

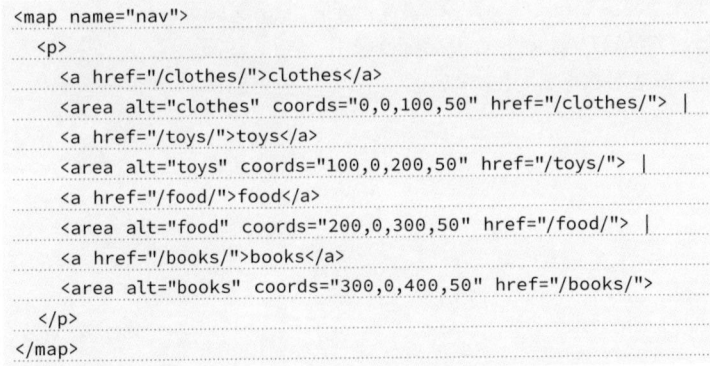

```
<map name="nav">
  <p>
    <a href="/clothes/">clothes</a>
    <area alt="clothes" coords="0,0,100,50" href="/clothes/"> |
    <a href="/toys/">toys</a>
    <area alt="toys" coords="100,0,200,50" href="/toys/"> |
    <a href="/food/">food</a>
    <area alt="food" coords="200,0,300,50" href="/food/"> |
    <a href="/books/">books</a>
    <area alt="books" coords="300,0,400,50" href="/books/">
  </p>
</map>
```

MEMO

古いHTML4ではa要素にshape属性やcoords属性を指定でき、25の例はarea要素なしのa要素のみで実現できることになっていました。しかし、現在のHTMLではa要素のshape属性やcoords属性は廃止されています。

属性

典型的なimg要素、map要素およびarea要素によって実現するイメージマップのコード例は 26 のようになります。

26 イメージマップのコード例

```
<p>
  形状を選んでください:
  <img src="shapes.png" usemap="#shapes"
       alt="くり抜かれた赤い正方形、緑の円、青い三角形、十字型の黄色の星の4つの形状があります。">
  <map name="shapes">
    <area shape="rect" coords="50,50,100,100"> <!-- 赤い正方形の穴 -->
    <area shape="rect" coords="25,25,125,125" href="red.html" alt="赤い正方形">
    <area shape="circle" coords="200,75,50" href="green.html" alt="緑の円">
    <area shape="poly" coords="325,25,262,125,388,125" href="blue.html" alt="青い三角形">
    <area shape=poly coords="450,25,435,60,400,75,435,90,450,125,465,90,500,75,465,60"
          href="yellow.html" alt="黄色の星">
  </map>
</p>
```

img要素のusemap属性と、map要素のname属性とでイメージマップを関連付けます。name属性はイメージマップの名前になります。usemap属性値はハッシュ名によるname属性への参照です。

area要素が個々のリンクになります。area要素にはhref属性をはじめ、a要素と共通の属性を指定できます。CHAPTER 3-6も参照してください。

area要素のshape属性は、イメージマップ内に作成する図形の種類を表し、circle、poly、rect、defaultの4つのキーワードから選択する列挙型属性です。

coords属性は、イメージマップ内に作成する図形の座標を表す、CSSピクセルで表されるリストです。指定する座標の数は、shape属性値によって変化します。

アクセシビリティ上の注意点

map要素にデフォルトのARIAロールはありません。

視覚が利用できない状況では、多くの場合イメージマップが使いにくいことに注意してください。area要素にはalt属性を指定できるため、適切なリンクテキストを指定しておきましょう。ナビゲーションなどの重要なリンクを提供する場合は、イメージマップだけでなく、通常のa要素によるリンクと併用するとよいでしょう。

09 テーブル

THEME テーマ

HTMLでは、テーブルを扱うことができます。ここでいうテーブルとは、複数のデータを縦横に並べた表の形式のデータで、データ間の関係性を整理でき、比較しやすいという利点があります。ここでは、テーブルを表現するtable要素と、関連する要素について説明します。

テーブルとは

テーブルは01のように、複数のデータを縦横に並べたものです。データが入っている1つ1つの項目を「セル(cell)」、テーブルを水平方向に切ったときのまとまりを「行(row)」、垂直方向に切ったときのまとまりを「列(column)」と呼びます。

01 テーブルの構成部品

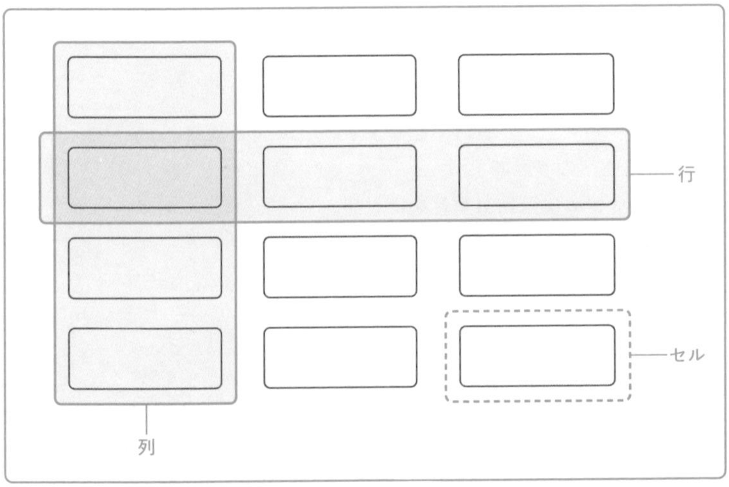

テーブル全体に対して、キャプションと呼ばれる見出しや説明文が与えられることもあります。また、それぞれの行や列に見出しを付けることもあり、一般的に、行や列の先頭のセルに見出しとなるテキストを入れて表現します。このようなセルを「見出しセル(header cell)」と呼びます。行や列はグループ化され、グループに対して見出しを与えることもあります。

MEMO

キャプションについては、caption要素で説明します。

テーブル全体：table要素

HTMLでテーブルを表現する際は、table要素でテーブル全体を表現します。その中にテーブル中の行を表すtr要素を入れ、さらにその中にセルを表すtd要素を入れていくのが基本となります。02は、2行3列のテーブルをマークアップした例で、たとえば03のように表示されます。

02 table要素を2行3列のテーブルを用いてマークアップした例

```
<table>
  <tr>
    <td>日本</td>
    <td>東京</td>
    <td>アジア</td>
  </tr>
  <tr>
    <td>フランス</td>
    <td>パリ</td>
    <td>ヨーロッパ</td>
  </tr>
</table>
```

03 ブラウザーによる 02 の表示例

日本	東京	アジア
フランス	パリ	ヨーロッパ

内容モデル

table要素の内容モデルは複雑です。caption要素、colgroup要素、thead要素、tbody要素、tfoot要素を子要素にできます。それぞれの要素については、この後で説明します。要素の省略可否や入れられる個数についても各要素を参照してください。

table要素の内容モデル上、tbody要素を子要素にせず、代わりにtr要素を子要素にできます。たとえば 02 のように、tr要素をtable要素の直接の子要素として記述できます。

しかし実際には、tbody要素は開始タグ、終了タグともに省略可能であるため、tbody要素が自動的に補われ、tr要素はtbody要素の子要素になります。tbody要素の説明も参照してください。

table要素直下には、これらのテーブルに関連する要素のほかにscript-supporting elements（script要素とtemplate要素）を入れることができますが、他の要素やテキストは入れられません。本来入れられない要素がtable要素の内部に出現した場合、"foster parenting"と呼ばれる特殊なエラー処理が行われます。このエラー処理の詳細は、CHAPTER 2-8（P091）を参照してください。

属性

ここではtable要素の廃止された属性について説明します。

●廃止された属性：summary属性

古いHTML4では、主にスクリーンリーダーに向けたテーブルの内容の要約・説明を記述するsummary属性が定義されていました。現在のHTML仕様ではこの属性は廃止されています。

MEMO

03 はわかりやすさのためにCSSでボーダーを付けています。

MEMO

table要素の内容が完全に空であっても構文エラーにはなりません。空のtable要素は意味のないマークアップですが、文法チェッカーでは警告されないことがあるため注意が必要です。

テーブルの説明を提供したい場合は、本文やcaption要素などで提供します。そのほかにもHTML仕様で複数の実装パターンが説明されています。

MEMO

4.9.1.1 Techniques for describing tables
https://html.spec.whatwg.org/multipage/tables.html#table-descriptions-techniques

COLUMN

summary属性の経緯

summary属性は、ウェブアクセシビリティのために導入された属性で、一見すると有益なものに見えます。しかし実際には、画面に表示されないスクリーンリーダーのためだけの説明を設定・保守するのは困難であり、適切な利用法は普及しませんでした。むしろ、table要素をレイアウト目的で利用してsummary="layout table"を指定するという有害な用法が普及してしまいました。これは、Techniques for WCAG 2.1の F46において名指しで否定されています。

そのような利用状況を鑑みて、現在のHTML仕様では削除されています。

https://www.w3.org/WAI/WCAG21/Techniques/failures/F46.html

●廃止された属性：border、frame、rules、cellpadding、cellspacing属性

古いHTML4では、テーブルの枠線の制御するborder属性、frame属性、rules属性、テーブルセルに余白を取るためのcellpadding属性、cellspacing属性が定義されていました。これらはいずれもテーブルの見た目を制御する属性であり、現在のHTML仕様では廃止されています。テーブルの見た目の制御はCSSで行います。

MEMO

CSSでtable要素のdisplayプロパティをdisplay: table以外のものに変更した場合、tableとして認識しなくなるスクリーンリーダーも存在するので注意が必要です。

アクセシビリティ上の注意点

table要素のデフォルトのARIAロールはtableです。

多くのスクリーンリーダーは、テーブルを扱う専用のモードを用意しています。たとえば以下のような機能が利用できます。

- 次のテーブルに飛ぶ
- テーブル内のセルを上下左右に移動しながら読み上げる
- テーブルの行や列の見出しを読み上げる
- 現在のセルが何行目何列目かを読み上げる

MEMO

レイアウトのためのCSS技術には、FlexboxやCSS Gridなどがあります。
CSS Flexible Box Layout Module Level 1
https://www.w3.org/TR/css-flexbox-1/
CSS Grid Layout Module Level 1
https://www.w3.org/TR/css-grid-1/

これらの機能を利用することで、テーブルの利点であるデータの比較を容易に行うことができます。単にコンテンツをテーブルのような見た目で配置しただけでは、このような機能は利用できません。そのため、テーブルをtable要素で表現することは重要です。

逆に、テーブルでないものに対してtable要素を使うと、それはテーブルとして伝わってしまうことになります。かつてCSSが仕様、実装ともに未成熟だった頃には、table要素がレイアウト目的に利用されることもありました。現在では、CSSで複雑なレイアウトを実現できるため、table要素をレイアウト目的に用いるべきではありません。

MEMO

原則としてtable要素をレイアウト目的に用いるべきではありませんが、やむを得ずtable要素でレイアウトを行う場合は、WAI-ARIAを利用してrole="presentation"を指定し、デフォルトのtableロールを上書きする方法もあります。詳細はCHAPTER 4-2を参照してください。

table要素にrole="grid"を付与してロールを上書きすると、このtable要素がウィジェット(操作可能なユーザーインターフェイス)であることを伝えます。たとえばカレンダーから日付を選択するデートピッカーや、座席の予約に使用する座席表など、テーブルのように行やセルを持ち、かつ個々のセルに対して操作ができるものに使用します。

> MEMO
> gridウィジェットの実装パターンは、WAI-ARIA Authoring Practicesが参考になります。
> 3.12 Grids : Interactive Tabular Data and Layout Containers
> https://www.w3.org/TR/wai-aria-practices/#grid

テーブルの行:tr要素

tr要素はテーブルの行を表します。

内容モデル

tr要素の内容モデルはtd要素、th要素です。それぞれの役割は後述します。

仕様の要素を入れることはできず、入れた場合はtable要素と同様に、"foster parenting"のエラー処理が行われます。

内容モデルの定義ではth要素もtd要素も0個以上となっており、tr要素の内容を完全に空にできるように見えます。しかし、空の行はテーブルの構造として不正であり、意味論的ルールに反します。基本的にはth要素かtd要素のいずれかが1つ以上必要だと考えてください。

> MEMO
> HTML仕様では、table関連要素からテーブルの構造を構築する処理のルールを定めており、これをtable modelと呼んでいます。空のtr要素はこのルールに抵触し、"table model error"というエラーになります。詳細は仕様を参照してください。Nu Html Checkerも、空のtr要素をエラーとして報告します。
> 4.9.12 Processing model
> https://html.spec.whatwg.org/multipage/tables.html#table-processing-model

アクセシビリティ上の注意点

tr要素のデフォルトのARIAロールはrowです。table要素で説明したように、スクリーンリーダーはテーブルの行と列を認識して特別な読み上げを行うことがあります。現在のセルが何行目なのかを読み上げる機能を持つものもあります。

テーブルのセル:td要素とth要素

td要素はテーブルのデータセルを表し、th要素はテーブルの見出しセルを表します。04は、02のコード例に列見出しを追加したものです。表示例は05のようになります。

04 02に列見出しを加えたマークアップ例

```
<table>
  <tr>
    <th>国名</th>
    <th>首都</th>
    <th>五大州</th>
  </tr>
  <tr>
    <td>日本</td>
    <td>東京</td>
    <td>アジア</td>
  </tr>
```

```
    <tr>
      <td>フランス</td>
      <td>パリ</td>
      <td>ヨーロッパ</td>
    </tr>
</table>
```

05 ブラウザーによる 04 の表示例

国名	首都	五大州
日本	東京	アジア
フランス	パリ	ヨーロッパ

内容モデル

td要素、th要素の内容モデルはいずれもFlowです。ただし、th要素の子孫にはheader要素、footer要素、Sectioning、見出し要素(h1～h6要素)を入れることはできません。

段落やリストも入れられるため、1つのセル内で複数のデータを列挙することも可能です。

また、table要素を入れることもでき、テーブルの入れ子も可能です。もっとも、入れ子のテーブルは構造の理解が難しくなるため、基本的には避けた方がよいでしょう。

属性

th要素とtd要素の属性にはいくつかの属性があります。scope属性、abbr属性はth要素にのみ指定できます。他の属性は共通です。

● scope属性

th要素にscope属性を指定することで、見出しの範囲を指定できます。

scope属性は列挙型属性で、row、col、rowgroup、colgroupのいずれか4つのキーワードを指定します。それぞれ以下の意味になります。

- row: 行(水平方向)の見出し
- col: 列(垂直方向)の見出し
- rowgroup: 行グループの見出し
- colgroup: 列グループの見出し

scope属性の指定がない場合は、autoという状態になります。この場合、セルの配置場所などから、上記4つのうちどの状態なのかを自動判別します。たとえば、04 ではth要素にscope属性が付けられていませんでしたが、列の先頭にあることから、列見出しであると推測されます。明示的にscope属性を付けると 06 のようになります。

MEMO

05 はわかりやすさのためにCSSでボーダーを付けています。

MEMO

th要素の内容はそれ自体が見出しとして扱われるため、その子孫には見出しとして扱われる要素を含められません。td要素にはそのような制限はなく、見出しを入れることも可能です。

MEMO

CHAPTER 2-2でも紹介したとおり、scope属性に明示的に"auto"という値を指定することはできず、指定すると構文エラーとなります。この場合、invalid value defaultとなるため、結果としてautoの状態になります。

06 04のth要素にscope属性を追加した記述例

```
<table>
  <tr>
    <th scope="col">国名</th>
    <th scope="col">首都</th>
    <th scope="col">五大州</th>
  </tr>
  <tr>
<!-- (以下略) -->
```

行と列の両方が見出しを持つような場合、ある見出しセルが行か列どちらの見出しなのか自明でない場合があります。そのような場合はscope属性で明示的に関連付けるとよいでしょう。

なお、td要素にはscope属性を指定できません。

headers属性

th要素にid属性を指定し、td要素のheaders属性でそのIDを指定すると、セルに対応する見出しを結び付けることができます。scope属性とは逆に、データセルの側から見出しを参照する形になります。

scope属性では同じ行か列に属するセルしか結び付けられませんが、headers属性では自由な位置のセルを参照できるため、複雑なテーブルで見出しを結び付けるのに便利なように思えます。

しかし残念ながら、支援技術によるheaders属性のサポート状況は良好ではありません。headers属性でなければ見出しとの関係が表現できないような複雑なテーブルは、別々のテーブルに分離するなどして、シンプルなテーブルで提供することをお勧めします。

abbr属性

th要素にabbr属性を指定すると、見出しセルに略称を付けられます。この略称は簡潔な説明であっても構いません。

スクリーンリーダーは、テーブルのデータセルを読むたびに対応する見出しセルの内容を読み上げることがあります。これは便利ですが、07のように見出しセルの内容が長文の場合は煩雑になります。このような場合にabbr属性を利用すると、見出しの略称を指定できます。

07 abbr属性の記述例

```
<tr>
  <th scope="row" abbr="割合">全体に占める割合(小数点以下を切り捨てているため、
  合計が100%にならない場合があります)</th>
  <td>59%</td>
  <td>15%</td>
  <td>25%</td>
</tr>
```

MEMO

headers属性で参照するIDの対象となるのは見出しとなるth要素のみです。headers属性はth要素にも指定でき、見出しセルのさらに親となる見出しを参照できます。

MEMO

headers属性を用いたマークアップ例はWeb Accessibility Tutorialsを参照してください。
Tables with multi-level headers
https://www.w3.org/WAI/tutorials/tables/multi-level/

07の例では、見出しセルそのものにフォーカスするとセルの内容のすべてを読み上げますが、その列のデータを読んでいく際には「割合59%」のような簡潔な読み上げになることが期待されます。

しかし残念ながら、多くのスクリーンリーダーはabbr属性をサポートしていません。見出しセルの内容そのものを短くするほうがよいでしょう。

rowspan属性とcolspan属性

th要素やtd要素にrowspan属性を指定すると、複数行にまたがるセルを表現できます。同様に、colspan属性で複数列にまたがるセルを表現できます。08のようにすると、表示例は09のようになります。

08 rowspan属性とcolspan属性の記述例

```
<table>
  <caption>身近な食べ物と珍しい食べ物</caption>
  <tr>
    <th>大分類</th>
    <th>名称</th>
    <th>味の特徴</th>
    <th>色</th>
  </tr>
  <tr>
    <th rowspan="2">果物類</th>
    <td>りんご</td>
    <td>甘酸っぱい</td>
    <td>おおむね赤</td>
  </tr>
  <tr>
    <!-- 上のセルで拡げられるため、ここのthはない -->
    <td>なつみかん</td>
    <td>かなり酸っぱいと思う</td>
    <td>たいてい黄色</td>
  </tr>
  <tr>
    <th>宇宙食</th>
    <td>何でしょう</td>
    <td colspan="2">見たことも食べたこともないので不明</td>
    <!-- 左のセルで拡げられるため、ここのtdはない -->
  </tr>
</table>
```

09 ブラウザーによる08の表示例

身近な食べ物と珍しい食べ物

<table>
<tr><th>大分類</th><th>名称</th><th>味の特徴</th><th>色</th></tr>
<tr><th rowspan="2">果物類</th><td>りんご</td><td>甘酸っぱい</td><td>おおむね赤</td></tr>
<tr><td>なつみかん</td><td>かなり酸っぱいと思う</td><td>たいてい黄色</td></tr>
<tr><th>宇宙食</th><td>何でしょう</td><td colspan="2">見たことも食べたこともないので不明</td></tr>
</table>

MEMO

09はわかりやすさのためにCSSでボーダーを付けています。

colspan属性の値には1〜1000の整数を、rowspan属性の値には0〜65534の整数を指定できます。rowspan属性値に0を指定すると、セルが行グループ内の残りの行すべてに拡がります。

複数のセルが重なり合う(オーバーラップする)ような指定はできません。10はエラーとなる例です。

10 複数のセルが重なる不適切な記述例

```
<table>
  <tr><td></td><td rowspan="2"></td></tr>
  <tr><td colspan="2"></td></tr>
</table>
```

10では、先頭の行の2列目のセルが縦に伸び、次の行の最初のセルが横に伸びようとして重なり合ってしまいます。このようなケースはテーブルの構造として不正であり、意味論的ルールに反します。

廃止された属性：axis属性、align属性

古いHTML4では、th要素にaxis属性を指定して見出しを関連付ける機能がありました。現在のHTML仕様ではaxis属性は廃止されています。代わりにscope属性やheaders属性を利用します。

また、td要素にalign属性が定義されていました。これは要素の内容の配置を指定するもので、現在ではCSSのtext-alignプロパティで代用可能です。

アクセシビリティ上の注意点

td要素のデフォルトのARIAロールはcellです。ただし、祖先のtable要素がgridロールを持っている場合はgridcellロールになります。

th要素のデフォルトのARIAロールは、そのth要素が列見出しであればcolumnheaderロール、行見出しであればrowheaderロール、いずれでもなければcellロールとなります。なお、td要素同様、祖先のtable要素がgridロールを持つならばgridcellロールになります。

アクセシビリティの観点から、テーブルの行や列に見出しを提供することは重要です。スクリーンリーダーがテーブルを読み上げる際、セルに対応する見出しを読み上げることができます。たとえば04の例(P199)では、2行目を読む際に「国名：フランス」「首都：パリ」「五大州：ヨーロッパ」のように読み上げ、あるデータセルがどの列に属するのかわかります。

テーブルのキャプション：caption要素

caption要素はtable要素の「キャプション(caption)」を表します。07のコード例にキャプションを付けると、11のようになります。

MEMO

rowspan属性やcolspan属性を用いると、視覚的に複雑なテーブルを作成できます。しかし、支援技術は見出しとセルの関係性をうまく解釈できない場合があるため、アクセシビリティの観点からは勧められません。可能であれば、セルを拡げることのないシンプルなテーブルで表現することを勧めます。
W3CのWAI Web Accessibility Tutorialsが参考になります。
Web Accessibility Tutorials
https://www.w3.org/WAI/tutorials/tables/tips/

MEMO

空のtr要素の場合と同様に、"table model error"となります。Nu Html Checkerもエラーとして報告します。

MEMO

キャプションは図版などの説明文、文章の見出しやタイトルという意味の英単語です。また、映像の字幕もキャプションと呼ばれることがあります。

11 caption要素で 07 にキャプションを付与した例

```
<table>
  <caption>国の首都と所属する州</caption>
  <tr>
    <th>国名</th>
    <th>首都</th>
    <th>五大州</th>
  </tr>
  <tr>
    <td>日本</td>
    <td>東京</td>
    <td>アジア</td>
  </tr>
  <tr>
    <td>フランス</td>
    <td>パリ</td>
    <td>ヨーロッパ</td>
  </tr>
</table>
```

caption要素はtable要素の冒頭、つまりtr要素などが出現する前に記述します。省略は可能ですが、複数置くことはできません。

caption要素は、figcaption要素と同様の役割を果たします。よって、table要素とfigure要素を併用する場合は、caption要素を用いずにfigcaption要素のみを利用するようにします。

内容モデル

caption要素の内容モデルはFlowです。ただし、子孫要素としてtable要素を含むことはできません。caption要素の内容にはマークアップを入れることができますし、Flowですからp要素なども入れられます。複数の段落からなる長い文章を入れることも可能です。

多くの場合、単にテーブルのタイトルとなるテキストを入れますが、凡例や説明文などを入れることも可能です。

アクセシビリティ上の注意点

caption要素にデフォルトのARIAロールはありません。しかし、テーブル読み上げ機能を持つスクリーンリーダーのほとんどはcaption要素を認識し、テーブルに差し掛かるとキャプションとして読み上げます。

MEMO

WAI-ARIA 1.1ではキャプションに相当するARIAロールが定義されていません。WAI-ARIA 1.2ではcaptionロールが導入される予定です。近い将来、caption要素はデフォルトでcaptionロールを持つことになるでしょう。
https://www.w3.org/TR/wai-aria-1.2/#caption

テーブルの行グループ：thead、tbody、tfoot要素

tr要素をthead要素、tbody要素、またはtfoot要素の子要素とすることで、行のグループ化ができます。thead要素はヘッダー行のグループ、tbody要素はテーブルの本体を構成する行のグループ、tfoot要素はフッター行のグループを表現します。11のコードに行グループを追加すると、12のようになります。

12 11 のコードに行グループを追加したマークアップ

```
<table>
  <caption>国の首都と所属する州</caption>
  <thead>
    <tr>
      <th>国名</th>
      <th>首都</th>
      <th>五大州</th>
    </tr>
  </thead>
  <tbody>
    <tr>
      <td>日本</td>
      <td>東京</td>
      <td>アジア</td>
    </tr>
    <tr>
      <td>フランス</td>
      <td>パリ</td>
      <td>ヨーロッパ</td>
    </tr>
  </tbody>
  <!-- tfoot要素を加えるならば、この位置になる -->
</table>
```

MEMO

古いHTMLの仕様では、tfoot要素はtbody要素よりも前に記述するものとしており、thead要素、tfoot要素、tbody要素の順で書くことになっていました。現在のHTMLでは、実際に表示される順番のとおり、thead要素、tbody要素、tfoot要素の順に記述します。

thead要素とtfoot要素はなくても構いませんが、記述する場合はそれぞれ1つしか設置できません。tbody要素は複数持つこともでき、本体にあたる行を複数のグループに分けることができます。

table要素の内容モデル(P197)で述べたように、tbody要素は開始タグ、終了タグともに省略可能です。<tbody>タグを書かなくても、自動的に補われてtbody要素が挿入されることになります。

このため、<tbody>タグを持たないコードに対してCSSセレクターを利用する場合は注意が必要です。<tbody>タグがない場合でも、tr要素はtable要素の直接の子ではなく、tbody要素の子要素となります。そのため、13 のようなCSSの子セレクターを用いても、tr要素にスタイルが反映されることはありません。14 のようにするとスタイルが反映されます。

MEMO

CSSセレクターについての詳細は以下を参照してください。
https://developer.mozilla.org/ja/docs/Web/CSS/CSS_Selectors

13 table要素とtr要素を子セレクターで結合したCSSの例

```
table > tr {color: red;}
```

14 table、tbody、tr要素を子セレクターで連結したCSSの例

```
table > tbody > tr {color: red;}
```

内容モデル

thead要素、tbody要素、tfoot要素の内容モデルは、いずれもtr要素です。tr要素は0個以上とされており、空でも構いません。tr要素のほか、script-supporting elementsを置くこともできます。

これら以外の要素を入れた場合は、table要素と同様に"foster parenting"としてエラー処理が行われます。

テーブルの列:col要素とcolgroup要素

テーブルの水平方向の行はtr要素で表現しますが、テーブルの垂直方向の列を表現する要素も存在します。それがcol要素です。また、colgroup要素は列のグループを表します。

col要素はtr要素に、colgroup要素はtbody要素に対応するものと考えるとわかりやすいでしょう。ただしtr要素と異なり、col要素はth要素やtd要素を子に持ちません。

col要素やcolgroup要素は、必須の要素ではありません。特定の列や列グループにスタイルを適用したい場合に利用すると便利です。

12のコード例に列グループを追加し、左側2列と右側1列をそれぞれ1つのグループとすると、たとえば15のようになります。

15 12に列グループを追加した例

```
<table>
  <caption>国の首都と所属する州</caption>
  <colgroup span="2"></colgroup>
  <colgroup></colgroup>
  <thead>
    <tr>
      <th>国名</th>
      <th>首都</th>
      <th>五大州</th>
    </tr>
  </thead>
  <tbody>
    <tr>
      <td>日本</td>
      <td>東京</td>
      <td>アジア</td>
    </tr>
    <tr>
      <td>フランス</td>
      <td>パリ</td>
      <td>ヨーロッパ</td>
    </tr>
  </tbody>
</table>
```

colgroup要素はcaption要素の後ろ、thead要素やtbody要素の前に置きます。

tbody要素と同様、colgroup要素は開始タグ、終了タグが省略可能です。table要素の直接の子要素であるかのようにcol要素を置くと、パース時にcolgroup要素が補われて解釈されます。

内容モデル

colgroup要素にspan属性を指定している場合、colgroup要素の内容モデルは空であり、colgroup要素は空要素となります。

colgroup要素にspan属性を指定していない場合は、col要素を任意の数だけ入れることができます。col要素は0個でも構いませんが、その場合は<colgroup span="1">と解釈されます。

col要素の内容モデルはNothingで、内容を持つことはできません。また、終了タグを書くこともできません。

属性

colgroup要素、col要素にはspan属性を指定できます。

●span属性

span属性は、列の数を表します。1～1000の整数を指定でき、初期値は1です。16は、15の冒頭からcolgroupの指定を抜粋したものです。最初のcolgroup要素にspan="2"を指定することで、その列グループに2つの列が所属することを表しています。

16 span属性の記述例

```
<colgroup span="2"></colgroup>
<colgroup></colgroup>
```

後のcolgroup要素にはspan属性がありませんが、span属性の初期値であるspan="1"が指定されているものと同様になります。

colgroup要素にspan属性を指定しない場合、子要素となっているcol要素が列グループを指定できます。16のcolgroup要素の部分は、17のように書くこともできます。

17 col要素が列グループを指定

```
<colgroup><col><col></colgroup>
<colgroup><col></colgroup>
```

col要素にもspan属性を指定でき、18のように書くこともできます。

18 col要素にspan属性を指定した記述例

```
<colgroup><col span="2"></colgroup>
<colgroup><col></colgroup>
```

アクセシビリティ上の注意点

col要素、colgroup要素にデフォルトのARIAロールはありません。スクリーンリーダーは実際のテーブル構造に基づいて列を認識し、col要素やcolgroup要素を特別に扱うことはありません。

MEMO

HTMLのテーブルの構造上、コンテンツはth要素やtd要素に含まれ、col要素やcolgroup要素は読み上げるべきデータを含んでいません。アクセシビリティの観点でも重要な意味を持たない要素だといえるでしょう。

10 フォーム　その1

THEME テーマ

ブラウザーには、ユーザーが入力したデータをウェブサーバーに送信する機能があり、HTMLには、その入力と送信のための要素が用意されています。ここでは、入力フォームの基礎となるform要素とinput要素について説明します。

フォーム概説

ウェブコンテンツの中には、ユーザーによる入力を受け付けるものがあります。01 は、本書で何度か紹介しているHTMLチェッカー「Nu Html Checker」の画面です。

01 Nu Html Checker

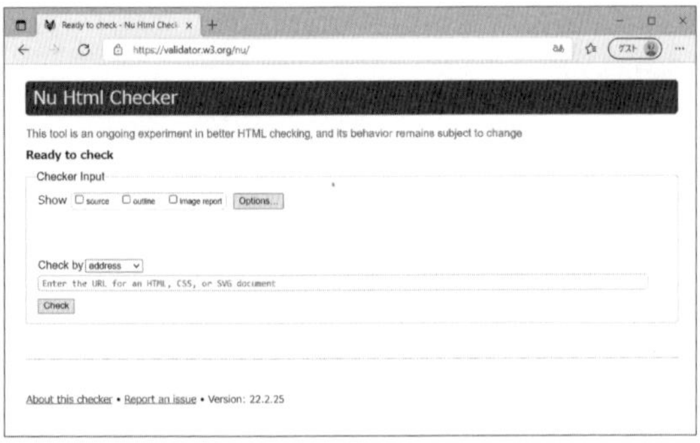

この画面では、ユーザーがチェック対象のURLを入力します。また、オプションとして何を表示するのかをチェックボックスで選択できます。さらに、チェック方法も選択できます。一通りの入力と選択を終えたあと、checkボタンを押すとチェックが行われます。

このように、テキストを入力したり、選択肢を選んだりしてから送信ボタンを押すという一連の操作を提供するもの全体を「フォーム(form)」と呼びます。

フォームの中には、テキスト入力欄やラジオボタンなどのさまざまな部品が置かれます。ユーザーはこれらを操作して、値を入力したり、設定したりします。このような、ユーザーが値を入力・設定するための部品を「フォームコントロール(form control)」と呼びます。

ほとんどのフォームでは、ユーザーが入力・設定した値を、最終的にサーバーに向けて「送信(submit)」します。この送信を行うボタンを「送信ボタン(submit button)」と呼びます。多くのフォームでは、ユーザーが送信ボタンを押すまで情報がサーバーに送信されることはなく、送信する前であれば入力内容を自由に修正できます。

HTMLには、フォームやフォームコントロール表現する要素が多数用意されており、これらを利用することで、基本的なフォームを表現できます。

MEMO

Nu Html Checker
https://validator.w3.org/nu/

MEMO

フォームは、「入力フォーム」と呼ばれることもあります。

MEMO

フォームコントロールは、単に「コントロール」と呼ばれることもあります。「ウィジェット(widget)」と呼ばれることもありますが、ウィジェットの方が広い概念で、フォーム入力の操作に限らない、より複雑なインターフェイスも含みます。

form要素

form要素は、フォーム全体を表します。02は簡単な検索フォームの例です。表示例は03のようになります。

02 検索フォームを表すform要素の記述例

```
<form method="get" action="/search.cgi">
  <input type="text" name="k">
  <button>検索</button>
</form>
```

03 ブラウザーによる02の表示例

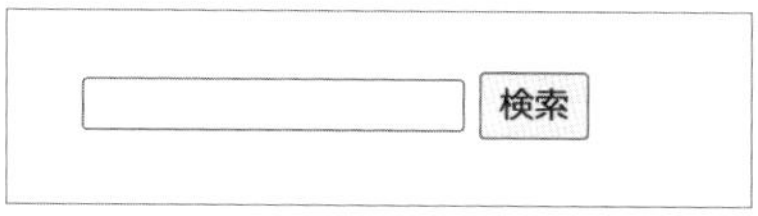

内容モデル

form要素の内容モデルはFlowです。フォームコントロール以外にも、見出し、説明文、テーブルなど、さまざまな要素を入れることができます。ただし、子孫要素にform要素を入れ子にはできません。

属性

form要素にはフォーム送信の制御に関する属性がいくつかあります。また、下記の他にautocomplete属性を指定できます。autocomplete属性については、後述のフォームコントロールの共通属性(P233)を参照してください。

● method属性

method属性でフォーム送信時の送信方法を指定します。method属性は列挙型属性で、get、post、dialogのいずれかを指定します。

get

getを指定すると、入力内容はHTTPのGETメソッドで送信されます。フォームに入力されたデータは、URLのクエリーに付与されます。HTTPのメソッドについてはCHAPTER 1-6を、URLのクエリーについてはCHAPTER 1-5を参照してください。

URLのクエリーに付与される値は、application/x-www-form-urlencodedのアルゴリズムでシリアライズされます。詳細は後述のenctype属性で説明します。たとえば、02に「テスト」と入力した場合、04のようなURLにアクセスします。

04 02ののフォームに「テスト」と入力した場合のアクセス先URL

```
/search.cgi?k=%E3%83%86%E3%82%B9%E3%83%88
```

MEMO

フォーム内に複数のボタンがあり、ボタンによってフォームの送信先を変化させたいような場合、form要素を入れ子にするのではなく、ボタンにformaction属性(P235)を指定して表します。

WORD

シリアライズ

メモリー上のオブジェクトや構造化されたデータなどを、ネットワーク上での転送に適した形式に変換すること。ここでは、複数のフォームコントロールのデータを単一の文字列に変換することを指す。

method属性を省略した際のデフォルトの値はgetです。method属性を省略しても、フォームの送信は行われることに注意してください。フォームの入力内容をサーバーに送信する必要がない場合、JavaScriptでフォームの送信を明示的に抑制しないと、意図しないデータ送信が行われることがあります。

post

postを指定すると、入力内容がHTTP POSTメソッドで送信されます。この場合、入力された値はHTTPリクエストのリクエストボディに含まれます。HTTPのメソッドについてはCHAPTER 1-6を、リクエストボディのデータ形式については、後述のenctype属性を参照してください。

dialog

dialogを指定した場合、入力内容はサーバーに対して送信されません。これはdialog要素と組み合わせて使用するもので、入力内容は主にJavaScriptで取得します。method="dialog" のフォームを送信すると、対応するダイアログが閉じられると同時に、フォーム入力の内容をdialog要素のreturnValueプロパティから読み取れるようになります。使用例はCHAPTER 3-12のdialog要素を参照してください。

●action属性

action属性は、フォーム送信時の送信先となるURLを指定します。

action属性を指定していない場合は、フォームが置いてあるページ自身が送信先となります。action属性がなくても送信が行われることに注意してください。

MEMO

action属性には空の値(action="")を指定できず、構文エラーとなります。この場合もエラー処理の結果として、フォームが置いてあるページ自身が送信先となります。フォーム送信時の処理の詳細は、HTML仕様の「4.10.21.3 Form submission algorithm」を参照してください。
https://html.spec.whatwg.org/multipage/form-control-infrastructure.html#form-submission-algorithm

●enctype属性

enctype属性を指定すると、method="post" でフォーム送信するときのリクエストボディの形式を指定できます。enctype属性は列挙型属性で、以下のいずれかを指定します。

- application/x-www-form-urlencoded
- multipart/form-data
- text/plain

省略時のデフォルト値はapplication/x-www-form-urlencodedです。

MEMO

通常はapplication/x-www-form-urlencodedを利用し、ファイル送信が必要な場合にはmultipart/form-dataを利用します。text/plainを利用することはほとんどありません。

application/x-www-form-urlencoded

application/x-www-form-urlencodedは、フォームコントロールの名前と値のペアをURLエンコードして連結したもので、フォーム送信ではもっともよく利用される形式です。

たとえば、02の検索フォームで、name="k" が与えられた入力欄に「テスト」と入力した場合は、05の上のような形式になります。名前と値のペアが複数ある場合は05の下のように&で連結します。

MEMO

application/x-www-form-urlencodedはURL Standardで定義されています。
https://url.spec.whatwg.org/#application/x-www-form-urlencoded

05 application/x-www-form-urlencoded形式の例

```
k=%E3%83%86%E3%82%B9%E3%83%88

name1=value1&name2=value2
```

multipart/form-data

multipart/form-dataは、入力項目それぞれを「バウンダリー(boundary)」で区切った形式で、主にフォームからファイルを送信する際に利用します。たとえば06のような形式になります。

06 multipart/form-data形式の例

```
------WebKitFormBoundarygOTbtF2D0Y0ZT1Ak
Content-Disposition: form-data; name="name1"

value1
------WebKitFormBoundarygOTbtF2D0Y0ZT1Ak
Content-Disposition: form-data; name="name2"

value2
------WebKitFormBoundarygOTbtF2D0Y0ZT1Ak--
```

text/plain

text/plainは、単純に名前=値のペアを改行(CR+LF)で区切った形式です。たとえば07のようになります。

07 text/plain形式の例

```
name1=value1
name2=value2
```

target属性、rel属性

form要素にもtarget属性やrel属性を指定できます。これらはa要素の同名の属性と同じものです。CHAPTER 3-6を参照してください。

rel属性には基本的にa要素と同じリンクタイプを指定できますが、form要素の場合にはリンクタイプalternate、author、bookmark、tagを利用できません。

novalidate属性

novalidate属性を指定すると、フォーム送信時の入力値の検証が無効になります。novalidate属性はブール型属性です。

特定の形式の値のみを許すフォームコントロール(type=emailなど)や、required属性、pattern属性などで値が制限されている場合、「クライアント側フォーム検証(Client-side form validation)」が行われ、条件を満たしていないとエラーとなります。

novalidate属性を指定すると、入力時の検証を無効にし、無条件でフォーム送信ができるようになります。

MEMO

boundaryは境界線という意味の英単語です。06の場合は"--"で始まる行がバウンダリーとなります。

MEMO

multipart/form-dataの仕様はRFC 7578で定義されています。
RFC 7578
https://datatracker.ietf.org/doc/html/rfc7578

MEMO

text/plainは簡素で人間にも読みやすい形式ですが、現在ではほとんど使われていません。かつては、mailtoスキームのURLと組み合わせてメール送信に利用されたこともありました。

MEMO

クライアント側フォーム検証の詳細は、HTML仕様の「4.10.1.4 Client-side form validation」を参照してください。
https://html.spec.whatwg.org/multipage/forms.html#client-side-form-validation

name属性

form要素にname属性を指定すると、フォームに名前を付けられます。この名前は、JavaScriptから参照する際に利用できます。フォームコントロールのname属性と異なり、フォーム送信時にこの名前がデータとして送信されることはありません。

accept-charset属性

古いHTML4では、accept-charset属性を指定してフォーム送信時の文字エンコーディングの候補を指定できました。

この属性は現在のHTMLでも定義されていますが、現在のHTML仕様では、UTF-8以外は指定できません。属性の省略時もUTF-8を指定したことになります。現在ではこの属性を利用する意義はありません。

アクセシビリティ上の注意点

form要素のデフォルトのARIAロールはありません。ただし、フォームにアクセシブルな名前が付けられていればformロールとなります。

フォームが検索フォームである場合、searchロールを指定することで、検索フォームであることを明示できます。

なお、formロールやsearchロールはランドマークロールです。ただし、多くのスクリーンリーダーはフォームを扱う専用の機能を持っており、ランドマークロールがなくてもフォームに飛ぶことが可能です。無理にロールを与える必要はないでしょう。

> **MEMO**
> 2021年現在、searchロールに対応するsearch要素が提案されています。
> https://github.com/whatwg/html/pull/7320

label要素

label要素は、ユーザーインターフェイスのキャプションを表す要素で、フォームコントロールにラベルを付けることができます。

単にフォームコントロールの横にテキストを置いた場合、人間にはラベルのように見えても、ブラウザーにはラベルであることが伝わりません。label要素を利用すると、ラベルとフォームコントロールとを明確に関連付けることができ、プログラムによる解釈を可能にします。

ほとんどのブラウザーでは、label要素のラベルをクリックすると、対応するフォームコントロールにフォーカスが当たります。また、対応するフォームコントロールにフォーカスが当たった際、スクリーンリーダーは対応するlabel要素を読み上げます。

label要素でラベルを付けられる要素を「ラベル付け可能要素(labelable element)」と呼びます。具体的には、以下の要素が該当します。

- button要素
- input要素(ただし、type="hidden" のものを除く)
- meter要素
- output要素
- progress要素

> **MEMO**
> このほか、カスタム要素を定義してformAssociatedプロパティをtrueに設定した場合も、ラベル付け可能要素として扱われます。カスタム要素についてはCHAPTER 3-13を参照してください。

・select要素
・textarea要素

label要素とラベル付け可能要素を結び付ける方法は2種類あります。詳細は、後述の内容モデルとfor属性でそれぞれ説明します。

内容モデル

label要素の内容モデルはPhrasingです。ただし、label要素を子孫に含むことはできません。また、ラベル付け可能要素を子孫に含む場合は、このlabel要素と関連付けられる必要があります。別のlabel要素と関連付けられたラベル付け可能要素を子孫に含めることはできません。

内容モデルがFlowではないことに注意してください。h1などの見出しや、div要素、p要素などを入れることはできません。内容にラベル付け可能要素が含まれている場合、label要素はその要素に結び付けられます。08では、入力欄に「クエリー:」というラベルが結び付けられます。

08 入力欄に「クエリー:」ラベルが結び付けられた例

```
<label>クエリー: <input name="q" type="text"></label>
```

属性

label要素にはfor属性があり、フォームコントロールとの結び付けに使用します。

●for属性

09のようにラベル付け可能要素にid属性でIDを指定している場合、label要素のfor属性にそのIDを指定すると、ラベルと結び付けることができます。

09 label要素のfor属性とinput要素のid属性で関連付けた例

```
<label for="q">クエリー: </label>
<input name="q" id="q" type="text">
```

10のようにlabel要素の中に入れる方法と併用しても問題ありません。

10 for属性とid属性の関連付けと、要素の入れ子の関連付けを併用した例

```
<label for="q">クエリー: <input name="q" id="q" type="text"></label>
```

この場合、両方が同じ要素を指すようにしなければなりません。11は構文エラーとなる例です。

11 構文エラーだが結果としてfor属性の指定が優先される例

```
<label for="text2">Query: <input id="text1"></label>
<input id="text2">
```

MEMO

1つのlabel要素を複数のラベル付け可能要素に関連付けることはできません。label要素の子孫にラベル付け可能要素が複数出現した場合はエラーとなり、エラー処理の結果として、最初に出現したラベル付け可能要素だけに結び付けられます。

この場合、エラー処理の結果としてfor属性による指定が優先され、<input id="text1">はラベルを持たない状態になります。for属性による指定と子孫要素による指定を混在させると混乱のもとになるため、どちらかに統一するとよいでしょう。

for属性を利用すると、ラベル付け可能要素をlabel要素の中に入れる必要はないため、配置の自由度が増します。ただし、id属性はページ内で一意でなければならないため、ラベル付け可能要素が複数ある場合、id属性はそれぞれ異なる値にする必要があります。フォームコントロールが増減するような場合は扱いに注意が必要です。

12のように、1つのラベル付け可能要素に複数のlabel要素を関連付けることも可能です。この場合、<input id="text1">に対して3つのラベルが結び付けられ、ラベル1、ラベル2、ラベル3の順に読み上げることが期待されます。

12 for属性で複数のlabel要素を関連付けた例

```
<label>ラベル1<input id="text1"></label>
<label for="text1">ラベル2</label>
<label for="text1">ラベル3</label>
```

アクセシビリティ上の注意点

label要素にデフォルトのARIAロールはありません。

label要素をラベル付け可能要素に結び付けると、そのラベル付け可能要素のラベルとして扱われます。スクリーンリーダーでフォームを操作する際、ラベルが適切に設定されていないと入力欄が何かわからないことがあるため、適切なラベルを必ず設定しましょう。また、ラベルをクリックすると対応するフォームコントロールにフォーカスを移せるため、細かなマウス操作が難しいユーザーにも役立ちます。

label要素を利用する際は、ラベル付け可能要素との結び付けができているか確認しましょう。13のようにラベル付け可能要素と結び付いていないlabel要素が存在しても、語彙的ルールの観点では問題なく、構文エラーにはなりません。

13 label要素の子孫要素にラベル付け可能要素がない場合

```
<!-- label要素が結び付けられていない -->
<label>名前</label>
<input name="name" type="text">
```

for属性値の誤りで入力欄との結び付けに失敗している例もよく見かけます。14のように、for属性が存在しないid属性を参照している場合は構文エラーになります。

MEMO

ラベルをフォームコントロールと関連付けることはきわめて重要で、WCAG 2.1の複数の達成基準と関連します。達成基準1.3.1「情報及び関係性」、達成基準3.3.2「ラベル又は説明」、2.5.3「名前 (name) のラベル」、2.4.6「見出し及びラベル」を参照してください。

Success Criterion 1.3.1 Info and Relationships
https://www.w3.org/TR/WCAG21/#info-and-relationships

Success Criterion 3.3.2 Labels or Instructions
https://www.w3.org/TR/WCAG21/#labels-or-instructions

Success Criterion 2.5.3 Label in Name
https://www.w3.org/TR/WCAG21/#label-in-name

Success Criterion 2.4.6 Headings and Labels
https://www.w3.org/TR/WCAG21/#headings-and-labels

14 for属性の誤りで結び付けに失敗している例

```
<!-- for属性に指定したidが間違っている -->
<label for="name">メールアドレス</label>
<input name="email" id="email" type="email">
```

しかし、id属性が存在している場合、それが間違っていても構文エラーにならないので注意が必要です。15 の例では、2番目のlabel要素のfor属性の値が間違っています。

15 誤って別の要素のid属性を指定した場合

```
<!-- このlabel要素は問題ない -->
<label for="name">名前</label>
<input name="name" id="name" type="text">

<!-- 上のlabelをコピーし、for属性を直し忘れた -->
<label for="name">メールアドレス</label>
<input name="email" id="email" type="email">
```

15 の場合、2つのラベルが両方とも最初の入力欄に結び付きます。構文上は正しいため、HTMLチェッカーでは誤りを検出できないことに注意してください。

input要素

input要素は、データの入力や編集をするフォームコントロールを表します。input要素が何を表し、どのように動作するかは、type属性の値によって大きく変わります。

1行テキスト入力: text と search

type=text とtype=search は、1行のプレーンテキスト編集コントロールを表します。16 はtype=searchを使用した例です。

16 type=searchの例

```
<label>検索キーワード: <input name="q" type="search"></label>
```

type=text とtype=search は1行の入力欄であるため、改行は入力できません。value属性で初期値を指定できますが、value属性の値に改行が含まれている場合はエラーとなり、結果として改行文字は取り除かれます。

type=text とtype=searchの違いは、検索に適したインターフェイスを提供するかどうかです。type=searchを解釈するブラウザーは、入力ボックスの端に×印のアイコンを表示し、入力欄をクリアする機能を提供することがあります。17 のように、入力完了ボタンのラベルが「検索」に変化することもあります。

17 モバイルブラウザーによるtype=searchが使用されたサイトの表示例

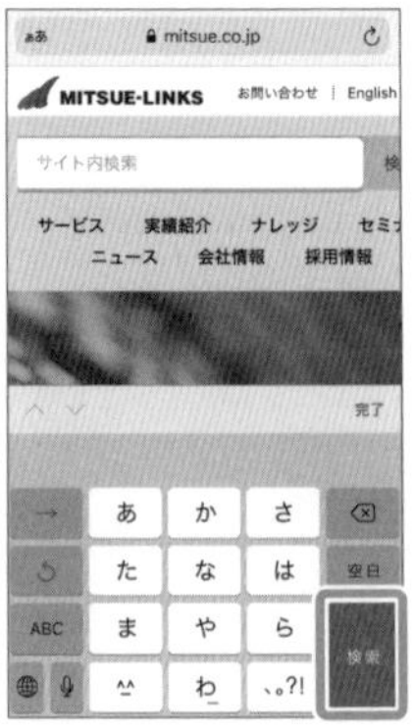

●アクセシビリティ上の注意点

type=textの場合、デフォルトのARIAロールはtextboxです。スクリーンリーダーは「エディット」「テキストを編集」などと読み上げたあと、現在入力されている値を読み上げます。空欄になっている場合は、「ブランク」と読み上げることがあります。

type=searchの場合、デフォルトのARIAロールはsearchboxです。基本の挙動は変わりませんが、スクリーンリーダーは「検索テキスト欄」などと読み上げる場合があります。

なお、有効なlist属性が指定されている場合には、デフォルトのARIAロールはcomboboxとなります。後述のlist属性(P232)を参照してください。

MEMO
入力欄が空欄で、かつplaceholder属性が指定されている場合は、その値を読み上げることもあります。placeholder属性(P233)を参照してください。

電話番号の入力: tel

type=telは、電話番号の入力や編集をするコントロールを表します。改行が入力できない点も含め、type=textの入力欄とほとんど同じですが、電話番号の入力に適した機能を提供します。スマートフォンに搭載されるモバイルブラウザーでは、電話番号の入力に最適化された専用のキーパッドを提供することがあります。

後述のtype=urlやtype=emailと異なり、デフォルトでは入力値の検証が行われません。電話番号にはさまざまなパターンがあり、「-」、「*」、「#」が入力されるケース、国番号(日本の場合+81)を表す「+」が入力されるケースがあるほか、海外では電話番号にアルファベットを含むこともあります。こういった事情から、type=telは改行以外のあらゆる文字を受け入れます。厳密な入力の値検証が必要な場合は、後述のpattern属性と併用するとよいでしょう。

●アクセシビリティ上の注意点

type=telの場合、デフォルトのARIAロールはtextboxです。有効なlist属性が指定されている場合には、デフォルトのARIAロールはcomboboxとなります。後述のlist属性を参照してください。

スクリーンリーダーはtype=textの入力欄と同様に読み上げ、電話番号の入力欄であることを伝えない場合があります。電話番号の入力欄であることがわかるラベルを関連付けておくとよいでしょう。

URLの入力：url

type=urlは、絶対URLの入力や編集をするコントロールを表します。URLについてはCHAPTER 1-5を参照してください。

改行が入力できない点も含め、type=textの入力欄とほとんど同じですが、URLの入力に適した機能を提供します。ブラウザーはURLの入力補助のために補完候補を出したり、URLの入力に最適化された専用のキーパッドを表示することもあります。

type=urlの入力欄では、フォーム送信時に入力値の検証が行われます。空でない値が入力されている場合には、絶対URLの形式になっている必要があります。そうでない場合、フォーム送信をしようとすると18のようにエラーメッセージが表示され、送信できません。

18 type=urlの例

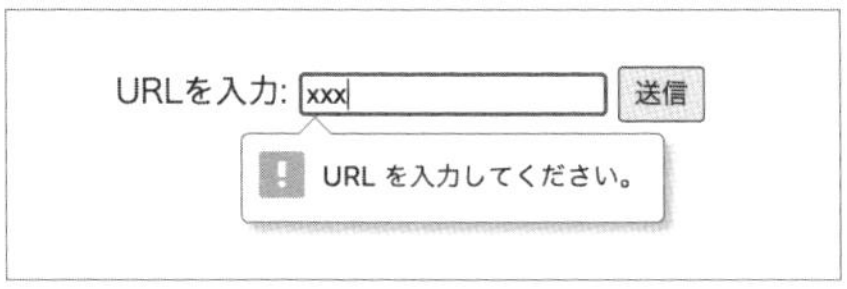

value属性で初期値を指定できますが、この場合も絶対URLの形式になっている必要があります。

URLのスキームがHTTPやHTTPSに限られないことに注意してください。スキームが適切であるかどうかを問わないため、未知のスキームも受け付けます。たとえば、"a:" という値は適切な絶対URLとみなされます。：（コロン）を含む文字列はほぼすべて許可してしまうため、厳密な入力値の検証が必要な場合は、後述のpattern属性(P231)を併用するとよいでしょう。

●アクセシビリティ上の注意点

type=urlの場合、デフォルトのARIAロールはtextboxです。有効なlist属性(P232)が指定されている場合には、デフォルトのARIAロールはcomboboxとなります。後述のlist属性を参照してください。

スクリーンリーダーはtype=textの入力欄と同様に読み上げ、URLの入力欄であることは伝えない場合があります。URLの入力欄であることがわかるようなラベルを関連付けておくとよいでしょう。

電子メールアドレスの入力：email

type=emailは、電子メールアドレスの入力や編集をするコントロールを表します。

type=emailの入力欄では、フォーム送信時に入力値の検証が行われます。空でない値が入力されている場合には、適切な電子メールアドレスの形式である必要があります。そうでない場合、フォーム送信をしようとするとエラーメッセージが表示され、送信できません。ただし、値の前後には空白が許されており、空白が入っていた場合は自動的に取り除かれます。

MEMO

URLの値の前後にはASCII空白文字が許されており、ASCII空白文字が入っていた場合は自動的に取り除かれます。

MEMO

メールアドレスの値の前後にはASCII空白文字が許されており、ASCII空白文字が入っていた場合は自動的に取り除かれます。

この検証で許される電子メールアドレスの形式は、電子メールに関するルールを定めるRFC 5322の仕様とは異なります。これは「意図的な逸脱(willful violation)」です。たとえば、RFC 5322では電子メールアドレス内のコメントが許可されていますが、type=emailの検証ではコメントを含むメールアドレスはエラーとなります。type=urlの場合と同様、後述のpattern属性との併用も可能です。

type=emailの入力欄には、multiple属性を指定できます。multiple属性が指定されていると、複数のメールアドレスをカンマ区切りで列挙して入力できるようになります。

> **MEMO**
> 検証ルールの詳細は、仕様の「valid email address」を参照してください。
> valid email address
> https://html.spec.whatwg.org/multipage/input.html#valid-e-mail-address

●アクセシビリティ上の注意点

type=emailの場合、デフォルトのARIAロールはtextboxです。有効なlist属性が指定されている場合には、デフォルトのARIAロールはcomboboxとなります。後述のlist属性(P232)を参照してください。

スクリーンリーダーはtype=textの入力欄と同様に読み上げ、電子メールアドレスの入力欄であることは伝えない場合があります。電子メールアドレスの入力欄であることがわかるようなラベルを関連付けておくとよいでしょう。

センシティブな値の入力: password

type=passwordは、パスワードのようなセンシティブな値を入力するコントロールを表します。type=textと異なるのは、入力した値が伏せられ、ユーザーから直接見えなくなることが期待される点です。これは、人がパスワードなどを盗み見する「ショルダーハック」を防ぐためとされています。

ただし、モバイルデバイスなどでは、入力中の1文字が見ることがあります。また、ブラウザーによっては、ユーザーの操作で値を表示できる機能を持つ場合もあります。

type=passwordの入力欄では、autocomplete属性の挙動が他の入力欄と異なる場合があります。詳しくはautocomplete属性(P236)を参照してください。

●アクセシビリティ上の注意点

type=passwordの場合、デフォルトのARIAロールはありません。スクリーンリーダーは「パスワード」「保護されたテキスト」などと読み上げる場合があります。

入力された値を読み上げるかどうかはスクリーンリーダーの設定に依存します。視覚的には隠されていても、スクリーンリーダーは読み上げることがあるので注意が必要です。

日付および時刻の入力: month、week、date、time、datetime-local

type属性に以下の値を指定することで、日付や時刻を入力するコントロールを表現できます。

- type=month：年と月
- type=week：年と週番号
- type=date：年月日
- type=time：時刻
- type=datetime-local：日付と時刻

これらの値を入力するインターフェイスは、ブラウザーによってさまざまです。日付入力の場合、多くのブラウザーでは 19 のようなカレンダーが表示され、カレンダーから日付を選択できます。

19 ブラウザーの日付や時刻を入力するインターフェイス

step属性で値の間隔を指定できます。 20 では、10時から20時までの時刻を15分刻みの単位で指定する例です。

20 step属性の記述例

```
<input type="time" min="10:00" max="20:00" step="900">
```

時刻の場合、step属性の値は秒単位で指定します。デフォルトの間隔は60秒(1分)です。この例では値を900とすることで、900秒=15分を指定しています。

フォーム送信時には、フォームコントロールに応じた、HTML仕様で定義される日時形式の値を送ります。たとえば、2020年11月29日15時40分は 21 のようになります。

21 日付と時刻を入力した際に送信される値の例

```
2020-11-29T15:40
```

●アクセシビリティ上の注意点

type=month、week、date、time、datetime-localはいずれも、デフォルトのARIAロールはありません。

このコントロールの表現方法はブラウザーによってさまざまであり、スクリーンリーダーによる読み上げや操作方法もさまざまです。カレンダーが表示される場合、カレンダーをtable要素のようにテーブルとして読み上げることもあります。

MEMO

ほとんどのブラウザーでは、初期状態で現在の日付が選択されています。現在日時とかけ離れた日付を入力する場合、日付の選択に大変な労力がかかる場合があるため注意が必要です。後述するmin属性およびmax属性(P232)で日付の範囲を制限すると、使いやすくなる場合があります。

MEMO

特に問題になりやすいのは、生年月日を入力する場合です。カレンダーコントロールのほとんどは年を選択する機能を持ち、キーボードでの直接入力も可能ですが、使い方がわかりやすいとはいえません。生年月日はtype=textで入力させたほうがよいという考え方もあるでしょう。

MEMO

日時形式の詳細については、CHAPTER 2-2を参照してください。

数値の入力：number

type=numberは、ユーザーに数値を入力させるコントロールを表します。ブラウザーは、数値を入力するのに適した機能を提供することがあります。たとえば、数字のみを入力できるキーパッドを表示したり、22のように、数値を増減させるためのスピンボタンを表示する場合があります。

22 ブラウザーのスピンボタンの表示例

入力できる値は、HTML仕様で定義される「妥当な浮動小数点数(valid floating-point number)」です。数字以外の文字も入力できることに注意してください。小数を表す.（ピリオド）や、+や-の正負符号も入力可能です。3.14e+20のような指数表記も可能で、eとEが入力できます。

デフォルトではあらゆる数値を入力できますが、min属性、max属性、step属性を利用すると、値の範囲を指定できます。たとえば、1～100の整数を入力させたい場合は、23のようにします。

23 1～100の整数を入力させたい場合の記述例

```
<input type="number" min="1" max="100" step="1" value="1">
```

min属性やmax属性には負の数も指定可能です。-1～1の数値を0.01刻みで入力させたい場合は、24のようになります。

24 -1～1の値を0.01刻みで入力させたい場合の記述例

```
<input type="number" min="-1" max="1" step="0.01" value="0">
```

数字で表現されているものが、必ずしも数値とはならないことに注意してください。たとえば、ID番号、郵便番号、クレジットカード番号などは数字で表現されてはいますが、数値を増減させるような操作にはなじみません。そのような数字を入力させる場合は、type=textが適しています。

MEMO
type=numberを使用する目安としては、スピンボックスで値を増減することが適切かどうかを考えるのがよいでしょう。

type=numberの入力欄では、フォーム送信時に入力値の検証が行われます。空でない値が入力されている場合には、浮動小数点数の形式となる必要があります。そうでない場合、フォーム送信をしようとするとエラーメッセージが表示され、送信できません。

MEMO
数字のみで構成された値を選択させたい場合は、select要素を検討するとよいでしょう。

値の先頭に符号が付いていたり、指数形式で入力していても、値は正規化されずにそのまま送られます。たとえば、"+1e-3"と入力されていた場合、これは"0.001"と同値ですが、"+1e-3"という文字列がそのまま送られます。

maxlength属性とsize属性の扱い

input要素にtype=numberを指定した場合、maxlength属性やsize属性は指定できません(最大値を制限したい場合は、max属性を利用します)。

しかし、古いブラウザーはtype=numberを指定したinput要素をtype=textとして扱うため、その場合はmaxlength属性やsize属性が有効になります。この互換性のため、これらの属性は「旧式だが適合する機能」として許容されています。

ただし、チェッカーは好ましくないものとして警告を出します。互換性の観点での必要性がない場合には、これらの属性は指定しないほうがよいでしょう。

アクセシビリティ上の注意点

type=numberの場合、デフォルトのARIAロールはspinbuttonです。スクリーンリーダーは「スピンボタン」「ステッパー」などと読み上げることがあります。

一定範囲内の数値を指定: range

type=rangeは、一定範囲内の数値を指定するコントロールを表します。多くの場合、26のようにスライダーコントロールとして表現されます。スライダーでつまみを動かすインターフェイスであるため、大まかな値を感覚的に指定しやすい反面、細かい値の正確な指定には向いていません。

type=numberと同様、min属性、max属性、step属性で値の範囲を指定できます。これらの指定がない場合は、min=0、max=100、step=1がデフォルトの値となります。

datalist要素と組み合わせると、スライダーに目盛りを付けることができます。目盛りがある場合、ブラウザーは目盛りに近い値を目盛りの値に合わせてくれる(目盛りにスナップさせる)ことがあります。25は、範囲が0～100、ステップが0.2のスライダーに、50ごとに目盛りを付ける例です。表示例は26のようになります。

25 スライダーに目盛りを付けた記述例

```
<input id="range01" type="range" min="0" max="100" step="0.2" value="0" list="scale" />
<datalist id="scale">
<option>0</option>
<option>50</option>
<option>100</option>
</datalist>
```

26 ブラウザーによる25の表示例

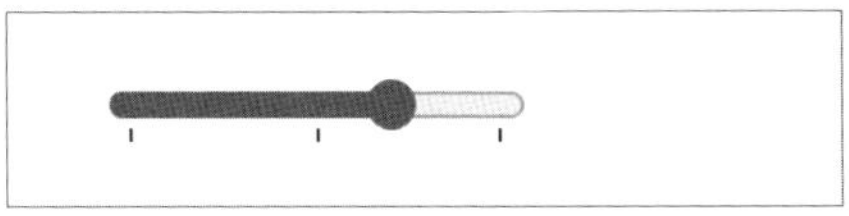

●アクセシビリティ上の注意点

type=rangeの場合、デフォルトのARIAロールはsliderです。sliderロールは暗黙のaria-orientationの値horizontalを持ちます。これは、要素が水平方向の向きであることを表します。

スクリーンリーダーは「スライダー」などと読み上げることがあります。

色の選択：color

type=colorは、色を選択するコントロールを表します。ブラウザーは 27 のようなカラーピッカーを提供することがあります。

27 ブラウザーのカラーピッカーの例

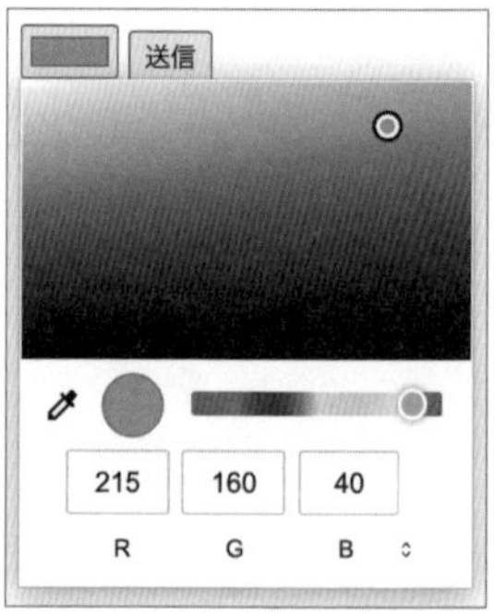

フォーム送信時には、「単純な色(simple color)」の値が送られます。これは#（ハッシュ）で始まる6桁の16進数で表現されるRGB値です。たとえば、"#ff00a1"のような値が送信されます。

> **MEMO**
> アルファチャンネル値(不透明度；opacity)は指定できません。
> ブラウザーによっては、HSLのような、RGBではない色指定方法のインターフェイスを採用することがあるかもしれませんが、その場合でも結果の値は常にRGBで送信されます。

●アクセシビリティ上の注意点

type=colorの場合、デフォルトのARIAロールはありません。このコントロールの表現方法はブラウザーによってさまざまであり、スクリーンリーダーによる読み上げや操作方法もさまざまです。

チェックボックス：checkbox

type=checkboxは、チェックボックスを表します。チェックボックスは、チェックされている状態と、チェックされていない状態を持ちます。

典型的には、YES/NO、ON/OFFのような二択で選ぶ項目に使うことができます。 28 の例は、「利用規約に同意する」というラベルを伴うチェックボックスの例です。

28 チェックボックスの例

```
<label><input type="checkbox" name="agree">利用規約に同意する</label>
```

また、 29 のように複数選択が可能な選択肢を提示する場合にも使うことができます。表示例は 30 のようになります。

> **MEMO**
> JavaScriptからHTMLInputElementインターフェイスのindeterminateプロパティをtrueにすると、未確定(indeterminate)状態にできます。こうすると、チェックボックスの現在の状態が表示されなくなります(オンともオフとも異なる見た目になります)。しかし、これが影響するのは見た目だけで、チェック状態や送信される値には影響しません。チェックボックスがチェックされたあとでindeterminateプロパティをtrueに設定しても、チェックが解除されるわけではなく、値がそのまま送信されます。

29 複数選択が可能なチェックボックスの記述例

```
<fieldset>
<legend>所有している機器 (複数選択可能):</legend>
<label><input type="checkbox" name="gadget" value="desktop">デスクトップパソコン</label>
<label><input type="checkbox" name="gadget" value="laptop">ノートパソコン</label>
<label><input type="checkbox" name="gadget" value="smartphone">スマートフォン</label>
<label><input type="checkbox" name="gadget" value="tablet">タブレット</label>
</fieldset>
```

30 ブラウザーによる 29 の表示例

フォームを送信する際、チェックされているチェックボックスのname属性で指定した名前とvalue属性で指定した値が送られます。なお、value属性が存在しない場合は"on"という値が送られます。チェックボックスがチェックされていない場合、フォームを送信してもその名前と値は送られません。

checked属性を指定すると、チェックされている状態が初期状態になります。checked属性はブール型属性です。checked属性が指定されていても、ユーザーはチェックを外すことができます。

MEMO
たとえば、29 の例で上2つのチェックボックスをチェックし、下2つをチェックしていない場合、gadget=desktop&gadget=laptopという値が送られます。

●アクセシビリティ上の注意点

type=checkboxの場合、デフォルトのARIAロールはcheckboxです。スクリーンリーダーは対応するラベルを読み上げたあと、「チェックボックス」などと読み上げます。チェックボックスがチェックされた状態であれば「チェックされています」などと読み上げて現在のチェック状態を伝えます。

ラジオボタン：radio

type=radioは、ラジオボタンを表します。チェックボックスと同様に、チェックされている状態とチェックされていない状態を持ちますが、選択肢の中から1つのみを選択できるという点が異なります。

同一のフォーム内に、name属性の値が同一のラジオボタンが複数ある場合、それらは「ラジオボタングループ(radio button group)」を構成します。同一のラジオボタングループに属するラジオボタンのうち、チェック状態にできるのは1つだけです。チェックされていないラジオボタンをチェックすると、既にチェックされていたラジオボタンからはチェックが外れます。

31 は性別を選択するラジオボタンの例です。表示例は 32 のようになります。

MEMO
ユーザーの操作に限らず、DOM操作などでチェック状態にした場合も同様です。複数を同時にチェック状態にすることはできません。

31 ラジオボタンの記述例

```
性別:
<label><input type="radio" name="sex" value="1">男性</label>
<label><input type="radio" name="sex" value="2">女性</label>
<label><input type="radio" name="sex" value="9">その他</label>
<label><input type="radio" name="sex" value="0" checked>回答しない</label>
```

32 ブラウザーによる 31 の表示例

checked属性を指定すると、初期状態でチェックされている状態になります。checked属性はブール型属性です。上記の例では、「回答しない」が選択された状態で表示されます。

ラジオボタングループ内のどのラジオボタンにもchecked属性がない場合、初期状態ではどのラジオボタンもチェックされていない状態になります。この場合、一度でもラジオボタンがチェックされると、未選択状態に戻す手段がないことに注意が必要です。

チェックボックスと同様に、フォームを送信したときは、チェックされている項目のvalue属性の値が送られます。また、value属性が指定されていない場合は、"on"という値が送られます。

●アクセシビリティ上の注意点

type=radioの場合、デフォルトのARIAロールはradioです。スクリーンリーダーは対応するラベルを読み上げたあと、「ラジオボタン」などと読み上げ、ラジオボタンがチェックされた状態であれば「チェックされています」などと読み上げて現在のチェック状態を伝えます。

ファイルアップロードコントロール: file

type=fileは、ファイルアップロードコントロールを表します。ユーザーがこのコントロールを操作してローカルのファイルを指定すると、フォーム送信時にファイルの内容がサーバーに送られます。

ファイルアップロードを行うフォームでは、form要素のenctype属性値を"multipart/form-data"にします。enctype属性の詳細はform要素の説明(P210)を参照してください。最低限のファイルの送信フォームは 33 のようになります。表示例は 34 のようになります。

33 type=fileの記述例

```
<form enctype="multipart/form-data" method="post" action="/upload.php">
  <label>アップロードするファイルを選択してください:
    <input type="file" name="file">
  </label>
  <button>送信</button>
</form>
```

MEMO
同一ラジオボタングループ内の複数のラジオボタンにchecked属性を指定した場合は、ソースコード内で最後に現れた項目だけがチェック状態となり、他の項目はチェックが外れた状態になります。

MEMO
古いHTML仕様では、ラジオボタングループの中でいずれか1つのラジオボタンを必ずチェック状態にしておく必要があるとされていました。しかし、現在のHTML仕様にはそのような制限はなく、何も選択されていない状態を許しています。

MEMO
ラジオボタンを未選択に戻す必要がある場合は、そのような機能をJavaScriptなどで実装するか、リセットボタンを用意する必要があります。リセットボタンは、フォームの他の項目もすべてリセットすることに注意してください。

MEMO
File APIを通じてJavaScriptからファイルの内容を読み取るという利用法もあります。MDNのWebアプリケーションからのファイルの使用が参考になります。
https://developer.mozilla.org/ja/docs/Web/API/File/Using_files_from_web_applications

34 ブラウザーによる33の表示例

multiple属性を設定すると、複数ファイルの指定を可能にします。ブラウザーは、複数ファイルを選択可能なインターフェイスを表示します。多くの場合、ファイル選択インターフェイスの見た目に大きな変化はありませんが、Ctrlキーを押しながら選択したり、ドラッグで範囲指定することで、複数のファイルを選択できるようになります。

accept属性を指定することで、ファイルの種類を絞り込むことができます。値として、以下の5種類の指定が可能です。

- 文字列"audio/*"：音声ファイルを指定できます
- 文字列"video/*"：映像ファイルを指定できます
- 文字列"image/*"：画像ファイルを指定できます
- パラメーターのない妥当なMIMEタイプ文字列：そのMIMEタイプのファイルを指定できます
- .（ピリオド）で始まる文字列：指定された拡張子のファイルを指定できます

複数を組み合わせることも可能で、その場合はカンマで区切って列挙します。この場合、指定されたものすべてが受け入れ可能になります。たとえば、Microsoft Word文書をアップロードさせたい場合、35のように指定できます。

MEMO

accept属性にパラメータを持つMIMEタイプは指定できません。たとえば、text/htmlという指定はできますが、；（セミコロン）を含んだ text/html;charset=utf-8 という指定はできません。
MIMEタイプについてはCHAPTER 1-6を参照してください。

35 ファイルの種類をMicrosoft Word文書に指定する記述例

```
<input type="file" accept=".doc,.docx,.xml,application/msword,application/
vnd.openxmlformats-officedocument.wordprocessingml.document">
```

ただし、accept属性による指定は厳密にファイルの種類を指定できるものではありません。拡張子".doc"を持つファイルであってもMicrosoft Wordファイルとは限らず、単なるテキストファイルかもしれません。また、ファイルの種類によっては、MIMEタイプが正式に登録されたものではないかもしれません。accept属性を指定しても、想定していない種類のファイルがアップロードされることは防げませんので注意が必要です。

また、このコントロールにセキュリティ上の制約があることにも注意してください。このコントロールのvalue属性の値はファイル名となりますが、HTMLでvalue属性を指定したり、JavaScriptからvalue属性に値を指定しようとしても、意図したとおりには動作しません。

MEMO

JavaScriptを利用してこのコントロールにアップロードファイルを設定する場合は、filesプロパティにファイルの内容を直接設定する必要があります。この制約は、ユーザーの操作を介さないローカルファイルの読み取りを防ぐためのものです。

●アクセシビリティ上の注意点

type=fileの場合、デフォルトのARIAロールはありません。

多くのブラウザーはボタンを表示するため、スクリーンリーダーは「ボタン」と読み上げることがあります。関連付けられたラベルが存在する場合は、そのラベルを読み上げてから「ボタン」と読み上げます。ラベルがない場合、現在指定されているファイルのパス名を読み上げることがあります。

多くの場合、multiple属性を使用しても、複数のファイルが選択可能であることはユーザーに伝わりません。複数選択可能であることをテキストで明示するとよいでしょう。

ボタン：submit、reset、button

type=submit、type=reset、type=buttonは、ボタンを表します。いずれも、同一のtype属性を持つbutton要素と同様の挙動となります。詳しくはCHAPTER 3-10のbutton要素(P212)を参照してください。

button要素では要素の内容がボタンのラベルとなりますが、input要素の場合はvalue属性の値をラベルとして扱います。そのため、ボタンのラベルにマークアップを含められないという制約があります。特に理由がなければ、button要素を使うとよいでしょう。

●アクセシビリティ上の注意点

type=submit、type=reset、type=buttonの場合、デフォルトのARIAロールはbuttonです。

スクリーンリーダーはvalue属性の値を読み上げたあと、「送信ボタン」「ボタン」などと読み上げます。

value属性の値がラベルとして扱われるため、label要素でラベルを与える必要はありません。label要素を関連付けした場合はそのラベルが優先され、value属性の値は読み上げられなくなります。

イメージボタン：image

type=imageはイメージボタン、すなわち、画像によって表現された送信ボタンを表します。役割はtype=submitとほぼ同じですが、ボタンとして画像を表示する点と、クリックした画像の座標を送信する点が異なります。

img要素と同じように、src属性で画像を指定し、alt属性で代替テキストを提供します。width属性とheight属性で画像サイズのヒントを指定できることもimg要素と同様です。ただしsrcset属性は定義されておらず、picture要素と組み合わせることもできません。

●アクセシビリティ上の注意点

type=imageの場合、デフォルトのARIAロールはbuttonです。

スクリーンリーダーはalt属性の値を読み上げてから「ボタン」と読み上げます。alt属性の値がラベルとして扱われるため、label要素でラベルを与える必要はありません。label要素を関連付けした場合はそのラベルが優先され、alt属性の値は読み上げられなくなります。

MEMO

かつては送信ボタンを装飾する手段が限られていたため、ボタンの画像を用意し、type=imageを利用して表示することがよく行われていました。現在ではbutton要素とCSSを組み合わせてさまざまな表現ができるため、type=imageはほとんど利用されません。

COLUMN

イメージボタンと座標

01は、フォームに2つのイメージボタンを配置した例です。

01 フォームにイメージボタンを2つ配置した例

```
<form>
    <input type="image" name="button1" src="button1.png" alt="送信ボタン1">
    <input type="image" name="button2" src="button2.png" alt="送信ボタン2">
</form>
```

このボタンをマウスなどのポインティングデバイスでクリックした場合、フォーム送信時にクリックした位置の座標が送信されます。座標は、画像の左上隅を原点(0,0)とし、右方向にx軸、下方向にy軸をとったもので、単位はCSSピクセルです。送信される値は、ボタンのname属性の値と.x=あるいは.y=を連結し、その後に座標値を記述したものとなります。たとえば、01の例で、button1の原点から右に100ピクセル、下に5ピクセルの位置をクリックした場合、02の値が送信されます。

02 送信されるボタンの座標

```
?button1.x=100&button1.y=5
```

座標の値はCSSピクセルの整数であるため、小数点以下の数値になることはありません。ただし、負の値になることはあります。たとえば、CSSでborderやpaddingプロパティが設定されている場合、ボタン画像の外側の領域をクリックでき、画像の原点より左や上の領域をクリックすると座標は負の値となります。なお、クリックを伴わないキーボード操作などでそのボタンを押した場合、座標の値は(0,0)としてx=0、y=0が送信されます。

この座標の値を利用することで、サーバーサイドイメージマップと似た動作を実現できます。ただし、ポインティングデバイスで特定の箇所をクリックする動作ができないユーザーもいるため、この操作にはアクセシビリティ上の問題があります。イメージマップを利用したい場合には、クライアントサイドイメージマップ(area要素)を使うほうが望ましいでしょう。

実務上、座標が必要になるケースはほぼないといえます。単にボタンを画像にしたい場合は、button要素内にimg要素を入れた上で、細かいスタイルの調整をするとよいでしょう。

隠しコントロール：hidden

type=hiddenは、ユーザーに値を提示しない、編集もできないコントロールを表します。システム側では値を受け取る必要があり、しかしユーザーに入力・編集させる必要がないような場合に利用します。36は、ショッピングサイトで商品をカートに入れる際のフォームの例です。

36 type=hiddenの記述例

```
<form action="/cart.php" method="post">
  <input type="hidden" name="id" value="item42">
  <input type="hidden" name="price" value="9800">
  <button>この商品をカートに入れる</button>
</form>
```

36では、ユーザーには「この商品をカートに入れる」というボタンだけが見えています。ユーザーがボタンを押すと、商品のIDと価格が送信され、システム側でカートに追加する処理が行われます。

このコントロールの値は秘匿されないことに注意してください。画面上では隠れていても、ユーザーはHTMLのソースを直接読んだり、ブラウザーの開発者ツールで調査して値を読み取れます。また、値を書き換えることも可能です。値を読み取られたり書き換えられたりすると問題がある場合は、このコントロールを利用すべきではありません。

MEMO
たとえば36の例の場合、ユーザーはpriceの値を書き換え、商品を不正な価格で購入しようとするかもしれません。

●アクセシビリティ上の注意点

type=hiddenの場合、デフォルトのARIAロールはありません。視覚的にも隠されていますし、スクリーンリーダーでも読み上げられることはありません。

内容モデル

type属性の値が何であれ、input要素の内容モデルはNothingで、内容を持つことはできません。また、終了タグを書くこともできません。

属性

input要素は前述のようにtype属性を持ち、これによって大きく挙動が変わります。そのほかの属性もありますが、ほとんどの属性は常に使えるわけではなく、type属性が特定の値のときに限って使えるものです。

MEMO
HTML仕様には、属性がどの状態の時に対して使えるかを示す一覧表があります。
https://html.spec.whatwg.org/multipage/input.html#input-type-attr-summary

●type属性

type属性は列挙型属性で、22種類の値が定義されています。属性値の種類とそれぞれの意味は、先に述べたとおりです。type属性を省略した場合や、ブラウザーにとって未知の値であった場合は、デフォルトの"text"になります。

●maxlengthおよびminlength属性

入力値として許容する文字列の長さを指定します。maxlength属性は最大の長さを、minlength属性は最小の長さを指定します。

文字列の長さは、基本的には単に文字数と考えればよく、全角・半角などは問わずに文字1つを長さ1と数えます。ただし、漢字の異体字や絵文字など、一部の文字は長さ2以上に数えられることがあります。

MEMO
textarea要素(P247)の場合は、改行も1文字としてカウントします。改行コードがCR+LFの場合や、文字参照で
と記述する場合でも、長さ1と数えます。

MEMO
これはJavaScriptで文字列の長さを取得する際と同じ挙動です。JavaScriptの内部では、文字エンコーディングはUTF-16として扱われており、Unicodeスカラー値がU+10000以上の文字は「サロゲートペア」と呼ばれる2つの文字の組み合わせで表現されるため、長さ2とカウントされます。

minlength属性が指定されていても、それより短い値を入れること自体は可能です。ただし、フォーム送信をしようとするとエラーメッセージが表示され、送信できません。37は、パスワードとして長さ8以上の文字列を入力しなければならない例です。長さ8未満の状態で送信しようとするとエラーとなり、たとえば38のように表示されます。

37 文字数を8文字以上に指定

```
<label>パスワード<input type="password" minlength="8"></label>
```

38 ブラウザーによる 37 の表示例

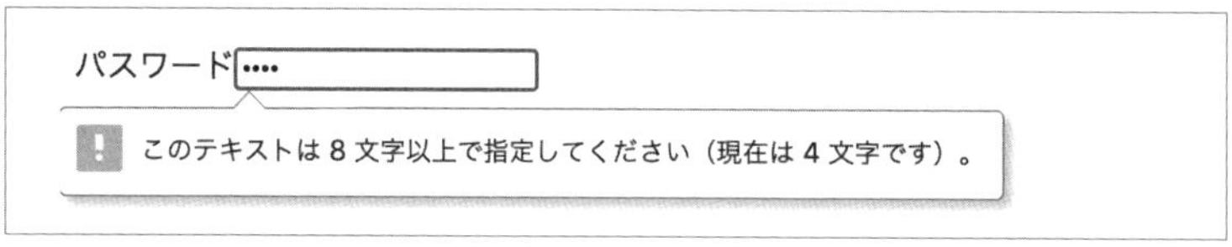
パスワード ••••
このテキストは 8 文字以上で指定してください（現在は 4 文字です）。

maxlength属性も同様ですが、maxlength属性の場合、エラーを出す代わりに、入力を抑制してもよいことになっています。多くのブラウザーでは、maxlength属性の指定よりも長い値を入力しようとした場合、キーボードから入力を試みても何も入らない、文字列をペーストした場合は長さを超えた分が切り捨てられる、という挙動になります。

特に、ユーザーが値をペーストした場合や、type="password" の入力欄を利用している場合、値の切り捨てに気づかない可能性があるため、注意が必要です。

size属性

size属性は、input要素の見た目の幅を指定します。指定する値は文字数で、デフォルトの値は "20" です。39 の例では、4文字に相当する幅の入力欄が表示されます。

MEMO

size属性で指定できるのは見た目の幅であり、実際に入力できる文字数とは関係ありません。文字数の制限はmaxlength属性やminlength属性で行います。

39 size属性の記述例

```
<label>名前(姓):
  <input name="name" size="4">
</label>
```

39 がちょうど4文字分の幅になるとは限らないことに注意してください。この値はブラウザーによって解釈が異なることが知られており、CSSのwidthプロパティで単位emやexで指定した幅とも異なります。なお、スタイルシートで幅が指定されている場合はsize属性の指定よりも優先されます。正確な幅を指定したい場合はスタイルシートで指定するとよいでしょう。

readonly属性

readonly属性は、コントロールが編集可能かどうかを表すブール型属性です。この属性が指定されている場合、コントロールは読み取り専用となり、ユーザーによる入力を受け付けません。

disabled属性とは異なり、入力されている値は送信されることに注意してください。値が入力済みのコントロールに対し、JavaScriptで後からreadonly属性を設定した場合、ユーザーは値を変更できなくなりますが、フォーム送信時は現在の値がそのまま送信されます。

MEMO

コントロールの種類によってはreadonly属性を適用できない場合があります。type属性がhidden、range、color、radio、checkbox、file、image、submit、reset、buttonの場合、readonly属性を指定しても無視されます。

required属性

required属性は、コントロールが入力必須かどうかを表すブール型属性です。この属性が指定されたコントロールは入力必須項目として扱われ、値が入力されていないとフォーム送信時にエラーとなります。

40 はユーザー名を必須項目とする例です。空欄のままフォーム送信するとエラーとなり、たとえば 41 のように表示されます。

40 required属性の記述例

```
<label>ユーザー名 (必須):
  <input name="username" required>
</label>
```

41 ブラウザーで空欄のまま送信した場合のエラー表示例

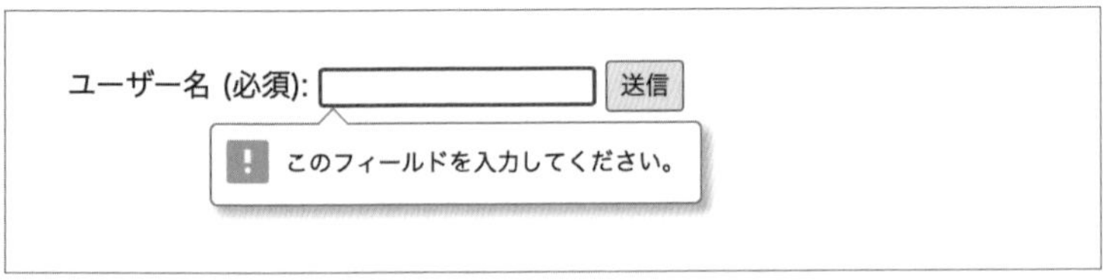

required属性を指定しただけでは、入力欄が必須項目であることはユーザーに伝わりません。そのため 40 では、ラベルに「必須」という単語を含めています。

必須の入力欄の色を変えたり、ラベルに* (アスタリスク)を付けたりして表現するケースも見受けられますが、アクセシビリティの観点から、明確に「必須」という単語をラベルに含めることを推奨します。

required属性でチェックされるのは現在の値が空かどうかであり、ユーザーが入力や編集を行ったかどうかは問いません。value属性で最初から空でない値が設定されている場合、そのまま送信可能です。また、値がASCII空白文字のみである場合も、値は入力されているものとみなされます。

チェックボックスやラジオボタンにもrequired属性を指定できます。チェックボックスの場合、required属性を指定したチェックボックスにチェックを入れることが必須となります。ラジオボタンの場合、同一のラジオボタングループに属するラジオボタンのいずれかにチェックを入れることが必須となります。

42 は、3つの選択肢から選ぶラジオボタンの例です。この例では最初の選択肢のみにrequired属性が指定されていますが、3つの選択肢のいずれかを選ぶことができます。何も選んでいない状態で送信した場合はエラーとなります。

42 1つの選択肢から選ぶラジオボタンの例

```
<label><input type="radio" name="opt" value="1" required>1</label>
<label><input type="radio" name="opt" value="2">2</label>
<label><input type="radio" name="opt" value="3">3</label>
```

multiple属性

type属性がemailまたはfileの場合、multiple属性を指定すると、ユー

> **MEMO**
> コントロールの種類によってはrequired属性を適用できない場合があります。type属性がrange、color、submit、reset、buttonの場合、required属性を指定しても無視されます。

ザーが複数の値を指定できるようになります。multiple属性はブール型属性です。詳しくはtype=email、type=fileを参照してください。

pattern属性

pattern属性を指定すると、テキスト入力コントロールの値をチェックできます。指定する値は、JavaScriptの正規表現の文字列です。たとえば、http://またはhttps://で始まるURLのみを受け付けたい場合、43のように書くことができます。

pattern属性が指定されている場合、値の全体がパターンにマッチする必要があります。値の一部にパターンが含まれるケースはエラーになります。たとえば「http://a」と入力するのはエラーになりませんが、「xxxxhttp://a」のように余分なものを付けて入力するとエラーになります。

title属性を指定しておくと、エラー時の説明文として表示されることが期待できます。pattern属性を指定している場合、どのような値を入力する必要があるのかユーザーに伝わりにくい場合が多いため、title属性を指定しておくべきです。43は、たとえば44のようにエラーが表示されます。

43 pattern属性の記述例

```
<input type="url" pattern="https?://.+" title="httpかhttpsで始まるURLを入力してください。">
```

44 ブラウザーによる43のエラー表示例

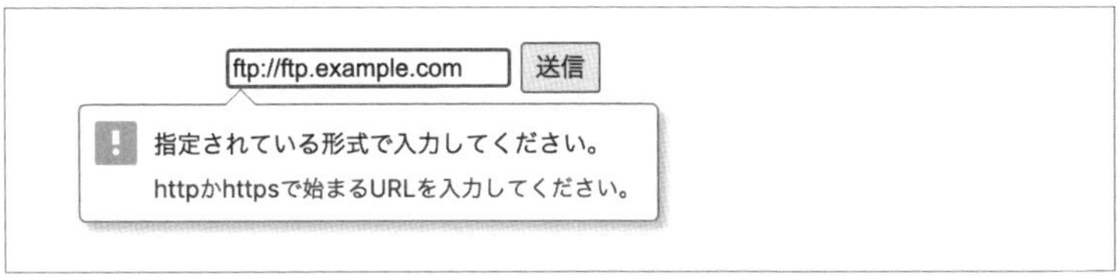
ftp://ftp.example.com
送信
指定されている形式で入力してください。
httpかhttpsで始まるURLを入力してください。

なお、値が空の場合はpattern属性による検証が行われません。45は3～4文字の入力を期待している例です。

45 3～4文字の入力を指定

```
<input pattern="[0-9]{3,4}" title="3～4文字の数字を入力してください">
```

45の場合、1～2文字の入力や5文字以上の入力ではエラーになりますが、0文字、すなわち何も入力していない場合にはエラーになりません。未入力をエラーにしたい場合はrequired属性を使用します。

pattern属性による値の検証は、セキュリティ上の意味を持つものではないことに注意してください。ユーザーはブラウザーの開発者ツールを用いてpattern属性を削除できますし、ブラウザーを使わずに特殊なツールからサーバーに値を送ることもできます。pattern属性による検証は、あくまでユーザーの利便性のためのものに過ぎず、サーバー側での検証を不要にするものではありません。

MEMO

この属性が指定できるのは、テキスト入力のコントロールのみです。すなわち、type属性がtext、search、url、tel、email、passwordの場合です。そうでない場合、pattern属性を指定しても無視されます。

MEMO

JavaScriptの正規表現については、MDNを参照してください。
https://developer.mozilla.org/ja/docs/Web/JavaScript/Guide/Regular_Expressions

MEMO

正確には、pattern属性の値の前に"^(?:"、後ろに")$"をつけた文字列を正規表現として判定します。45の例では"^(?:https?://.+)$"となります。

●minおよびmax属性

minおよびmax属性はそれぞれ、数値や日時の最小と最大の値を示します。たとえば、日付コントロールで2021年7月23日から2021年8月8日までの範囲を指定する場合、46のようになります。

46 2021年7月23日から2021年8月8日までの範囲を指定した例

```
<input type="date" min="2021-07-23" max="2021-08-08">
```

どちらか片方だけの指定もできます。47はmin属性を指定し、0以上の数値を入力させるようにした例です。47ではmax属性の指定がないため、入力できる値に上限はありません。

47 0以上の数値を入力するように指定した例

```
<input type="number" min="0">
```

min属性とmax属性を同時に指定する場合、原則として、min属性よりもmax属性のほうが大きくなくてはなりません。ただし、type=timeのコントロールの場合は、「反転した範囲(reversed range)」を指定できます。48の例は、深夜・早朝の時間帯の指定を意図しています。

48 深夜・早朝の時間帯を指定する例

```
<input type="time" min="22:00" max="06:00">
```

48では、22:00～23:59、および00:00～06:00までの時刻が設定できます。min属性とmax属性の値を入れ替えると、06:00～22:00と指定することになり、意味が変化することに注意してください。

●step属性

step属性は、値の刻み幅を制御します。文字列anyまたは正の浮動小数点数を指定できます。属性値に数値を指定した場合、コントロールはstep値の倍数のみを受け入れます。

step属性を省略した際のデフォルトの値はコントロールによって異なります。date、month、week、number、rangeの場合、デフォルトの値は"1"です。time、datetime-localの場合は"60"で、これは60秒を意味します。つまり、デフォルトでは1分刻みになります。step=1を指定すれば1秒刻みの値を指定できるようになりますし、step=0.001を指定すれば1ミリ秒単位で指定できるようになります。

step=anyを指定すると、値の刻み幅に制限がない状態となり、任意の制度の値が指定可能になります。これはデフォルトの指定とは異なることに注意してください。"any"の指定は、そのコントロールで実現可能な最小のstepを指定するのと同じ意味になります。

●list属性

list属性は、ユーザーに提案する定義済み候補のリストを示します。値

MEMO
min属性とmax属性が指定できるのは、値の範囲を制限できるコントロールのみです。すなわち、type属性がdate、month、week、time、datetime-local、number、rangeの場合です。そうでない場合、min属性やmax属性を指定しても無視されます。

MEMO
step属性を指定できるのは、値の範囲を制限できるコントロールのみです。すなわち、type属性がdate、month、week、time、datetime-local、number、rangeの場合です。そうでない場合、step属性を指定しても無視されます。

は、同一文書内のdatalist要素のIDでなければなりません。詳細については、datalist要素を参照ください。

placeholder属性

placeholder属性は、ユーザー入力の支援をするためのヒント(単語や短いフレーズ)を表します。

label要素と似ていますが、label要素のラベルが常に表示されているのに対し、placeholder属性の値は入力欄に値が入力されていない時だけ表示されます。

placeholder属性で提供される入力支援のヒントは、ユーザーが入力を始めると消えてしまい、読み返すことはできません。ヒントを利用するには、入力前に読んで覚えておかなければなりません。これはユーザーの記憶に負担を与えることになります。

フォームコントロールにあらかじめ空でない初期値が設定されている場合、placeholder属性の値は表示されません。ユーザーが入力内容を訂正するフォームでは、placeholder属性の値がまったく役に立たないこともあります。

> **MEMO**
> コントロールの種類によっては定義済み候補のリストを利用できないものがあります。type属性がhidden、password、radio、checkbox、file、image、submit、reset、buttonの場合、list属性を指定しても無視されます。

アクセシビリティ上の注意点

placeholder属性にはアクセシビリティ上の注意点がいくつかあります。

多くのスクリーンリーダーは、プレースホルダーのテキストが表示されている場合、それを読み上げます。入力欄に値が入力されるとプレースホルダーのテキストは表示されなくなりますが、この場合、スクリーンリーダーにも読み上げられなくなります。

一般に、プレースホルダーテキストはデフォルトで薄い文字色として表示されます。この配色はWCAGで定めるコントラスト比を満たさないことがあり、一部のユーザーはこのテキストを読むことができない場合があります。

しかしコントラストを高めすぎると、プレースホルダーテキストが入力値であるように見えてしまいます。プレースホルダーテキストを見て、その入力欄が自動的に入力されていると勘違いするユーザーが出てくるかもしれません。

placeholder属性にはさまざまなデメリットがあり、扱いが難しいものです。placeholder属性を用いる場合には、これらに注意するようにしましょう。

> **MEMO**
> このように、placeholder属性の値は状況によって読まれなくなることがあり、ラベルとは根本的に性質が異なります。ラベルの代替として使用すべきではありません。

> **MEMO**
> カラーコントラストについては、WCAG 2.1の達成基準1.4.3「コントラスト(最低限)」、および達成基準1.4.6「コントラスト(高度)」を参照してください。
> Success Criterion 1.4.3 Contrast (Minimum)
> https://www.w3.org/TR/WCAG21/#contrast-minimum
> Success Criterion 1.4.6 Contrast (Enhanced)
> https://www.w3.org/TR/WCAG21/#contrast-enhanced

フォームコントロールの共通属性

HTML仕様では、フォームコントロール要素に指定できる共通の属性が定義されています。具体的には、name、dirname、disabled、form、formaction、formenctype、formmethod、formnovalidate、formtarget、autocomplete属性が該当します。これらの属性はinput要素だけでなく、CHAPTER 3-11で紹介する他のフォームコントロールにも指定できます。

● name属性

name属性は、フォームコントロールに名前を与えます。フォーム送信時には、有効なフォームコントロールのname属性の値が送信されます。name属性が指定されていないと、そのコントロールの値は送信されません。フォーム送信時の動作の詳細については、form要素(P209)も参照してください。

name属性では複数の要素に同じ名前を与えることができます。複数のチェックボックスやラジオボタンに同じname属性を指定すると、それらは同一のグループに属するものとみなされます。詳しくはtype=radio(P223)を参照してください。

フォーム送信時には、同名のname属性があってもまとめられることはなく、すべて個別に送信されます。49は2つのチェックボックスに同じ名前を指定した例です。

49 name属性の記述例

```
<label><input type="checkbox" name="animal[]" value="cat">ねこ</label>
<label><input type="checkbox" name="animal[]" value="dog">いぬ</label>
```

このチェックボックスの両方にチェックして送信すると、50のような値が送られます。名前=値のペアが複数送信されている点に注目してください。

50 49で入力した値の送信例

```
animal%5B%5D=cat&animal%5B%5D=dog
```

● dirname属性

テキスト入力を行うコントロールにdirname属性を指定すると、テキストの書字方向の情報を送信できます。詳細は仕様を参照してください。

● disabled属性

disabled属性を指定すると、そのフォームコントロールを無効にできます。disabled属性はブール型属性です。この属性をJavaScriptから制御することで、特定の条件を満たした場合にのみ入力可能な入力欄を実現できます。

フォームコントロールが無効の場合、入力や編集、ボタン操作といった動作が行えなくなります。フォーカスを当てることもできません。ブラウザーは多くの場合、フォームコントロールの見た目を薄い色に変更するなど、無効であることがわかるようにします。また、スクリーンリーダーでは「無効なコントロール」などと読み上げられることがあります。

無効になっているフォームコントロールの値は送信されません。ユーザーが値を入力したあとでJavaScriptによってdisabled属性が設定された場合、ユーザーが入力した値が送られなくなることに注意してください。この点はreadonly属性との大きな違いです。

MEMO

フォーム送信を受け取る側の処理系によっては、同名の値を1つにまとめて処理できることもあります。たとえばPHPでは、名前の末尾に[]がついた値を配列として扱うことができます。50の例で送信された値は、$_POST['animal']として取得でき、その値は["cat", "dog"]という配列になります。

MEMO

4.10.18.2 Submitting element directionality: the dirname attribute
https://html.spec.whatwg.org/multipage/form-control-infrastructure.html#submitting-element-directionality:-the-dirname-attribute

form属性

通常、フォームコントロールは祖先要素のform要素と関連付けられています。祖先となっているform要素内の送信ボタンが押されると、コントロールの値が送信されます。

しかし時には、form要素の外にある要素を関連付けしたい場合があります。form属性を利用すると、関連するform要素を明示的に指定できます。51のように、form要素にid属性を指定し、そのIDをform属性に指定します。

51 form属性の記述例

```
<form id="form01">
  <!-- さまざまな入力欄 -->
  <button>送信する</button>
</form>
<!-- さまざまなコンテンツ -->
<button form="form01">送信する</button>
```

この例では、2つ目のbutton要素がform要素の外にありますが、form属性でフォームと関連付けられているため、フォーム内に置かれているかのように機能します。このボタンを押すことでフォームを送信できます。

フォーム送信を制御する属性

button要素や、ボタンとして機能するinput要素に以下の属性を指定すると、フォーム送信時の挙動を制御できます。

- formaction
- formenctype
- formmethod
- formnovalidate
- formtarget

これらの属性が指定されたボタンを押して送信すると、form要素の対応する属性を上書きするように働きます。52はformaction属性とformnovalidate属性を利用する例です。

52 formaction属性とformnovalidate属性を利用した記述例

```
<form action="register.php" method="post">
  <!-- さまざまな入力欄 -->
  <label>メモ:
    <textarea required name="note"></textarea>
  </label>
  <button name="mode" value="register">登録</button>
  <button formnovalidate formaction="temp-save.php">下書き保存</button>
</form>
```

この例ではtextarea要素にrequired属性が指定されているため、未入力のまま「登録」ボタンを押すとエラーとなります。一方、「下書き保存」ボタンにはformnovalidate属性が指定されているため、下書き保存時にはエラー検証が行われず、未入力のままで送信できます。その際、formaction属性によって、送信先もtemp-save.phpに変化します。

●autocomplete属性

autocomplete属性を指定すると、ユーザーエージェントに対して、フォームコントロール入力の自動補完に関するヒントを与えることができます。この属性は大きく分けて2種類あり、1つは自動補完の動作自体を制御するもの(autofill expectation mantle)、もう1つは値の種類を指定するもの(autofill anchor mantle)です。

この属性はform要素にも指定でき、その場合はフォーム内のコントロールのデフォルトの自動補完の動作を指定します。個々のフォームコントロールにautocomplete属性が指定されている場合、個々のコントロールに指定された属性が優先されます。

自動補完の動作を制御する

自動補完の動作自体を制御しようとする場合、属性値として"on"もしくは"off"を指定します。"off"を指定した場合、該当の入力欄がパスワードのようなセンシティブな値か、再入力すべきでない値を扱うことを示唆します。"on"の場合は、再入力してよい値であり、入力補完が許されるものであることを示唆します。

input type=passwordの入力欄では、autocomplete=offが特殊な扱いを受けることがあります。モダンなブラウザーのほとんどはautocomplete=offの指定があってもユーザーにパスワードを保存するかどうかを尋ね、ユーザーが許可すればパスワードを保存します。

なお、新しいパスワードを設定するときは、そのことを示す値の種類"new-password"を指定することで、入力欄にパスワードが補完されることを防ぐ効果が期待できます。

値の種類を指定する

ブラウザーに対して値の種類を示唆することで、ブラウザーは適切な入力の補完ができます。

たとえば、ユーザーが「氏名」という入力欄に入力した後、別の場所で同様に「氏名」の入力を求められた場合、ブラウザーは先に入力した氏名のデータを記憶しておき、後の入力欄を補完することがあります。ブラウザーは、値の種類が同一かどうかを判断するためにname属性の値を参考にしますが、autocomplete属性を利用すると、その種類を明示的に指定できます。氏名のほかにも、住所、性別、クレジットカード番号、URL、メールアドレスなどを明示できます。

属性値には、4種類のトークンを組み合わせた値を指定します。それぞれ次のようになります。

MEMO

form要素のautocomplete属性では値の種類は指定できず、自動補完の動作の制御のみができます。つまり、form要素のautocomplete属性には"on"か"off"しか指定できません。

MEMO

端的に言えば、type=passwordの入力欄では、autocomplete=offは無視されます。モダンなブラウザーはセキュリティに配慮したパスワード管理機能を持ちますが、この機能を無効にされるとセキュリティの低下につながるため、あえて指定を無視します。
かつては「ブラウザーにパスワードを記憶させないようにする」というポリシーを見かけることがありましたが、現在では、そのようなポリシーはセキュリティを低下させると考えられています。

- 配送先か、請求先か：入力欄が配送先の情報に関するものであれば"shipping"を、請求先に関する情報であれば"billing"を指定します。どちらでもない場合、このトークンは省略します
- グループ名：値が何かのグループに属する場合、"section-"で始まるグループ名を指定できます。グループ名は任意に付けることができます。配送元と配送先の両方の住所を入力しなければならない場合など、同種の情報を区別する必要がある場合に利用します。省略可能です
- 値の種類：値の種類を示すキーワードを指定します。キーワードは仕様で規定されており、"name"、"nickname"、"country"、"photo"など40種類以上が存在します。詳しくは仕様を参照してください
- 追加の種類：電話番号やメールに対して、自宅や職場といった追加情報を指定できます。省略可能です

複数のトークンを指定する場合は、スペースで区切ります。たとえば、フォームで2つの配送先住所がある場合、53のようにマークアップできます。

MEMO

4.10.18.7.1 Autofilling form controls: the autocomplete attribute
https://html.spec.whatwg.org/multipage/form-control-infrastructure.html#autofilling-form-controls:-the-autocomplete-attribute

53 複数のトークンを指定する場合の記述例

```
<fieldset>
  <legend>1つ目のギフトの配送先</legend>
  <p><label>郵便番号: <input name="bp" autocomplete="section-blue shipping postal-code"></label>
  <p><label>都道府県: <input name="bc" autocomplete="section-blue shipping address-level1"></
  label>
  <p><label>住所:     <textarea name="ba" autocomplete="section-blue shipping
  street-address"></textarea></label>
</fieldset>

<fieldset>
  <legend>2つ目のギフトの配送先</legend>
  <p><label>郵便番号: <input name="rp" autocomplete="section-red shipping postal-code"> </label>
  <p><label>都道府県: <input name="rc" autocomplete="section-red shipping address-level1">
  </label>
  <p><label>住所:     <textarea name="ra" autocomplete="section-red shipping street-address">
  </textarea></label>
</fieldset>
```

アクセシビリティ上の注意点

ここまでで説明したように、autocomplete属性を用いることで、どのような入力欄であるかを伝えることができます。ブラウザーは、autocomplete属性を手がかりに、あるフォームで入力した値を記憶し、別のフォームの入力欄を自動補完できます。入力の操作が困難なユーザーにとっては、アクセシビリティが向上することになります。積極的に利用するとよいでしょう。

MEMO

autocomplete属性を用いることは、WCAG 2.1達成基準1.3.5「入力目的の特定」を満たす方法の1つとなっています。
WCAG 2.1 Success Criterion 1.3.5 Identify Input Purpose
https://www.w3.org/TR/WCAG21/#identify-input-purpose

11 フォーム　その2

THEME テーマ
前セクションでは、フォームの基本となるform要素とinput要素を紹介しました。ここでは、フォームを構成するその他の要素を紹介します。

button要素

button要素は、ボタンを表します。input要素でもボタンを表現できますが、ラベルの指定の仕方が異なります。「送信」というボタンをinput要素とbutton要素で実装すると、01のようになります。表示例は02となります。

01 「送信」ボタンをinput要素とbutton要素で記述した例

```
<input type="submit" value="送信">
<button type="submit">送信</button>
```

02 ブラウザーによる01の表示例

送信	送信

内容モデル

button要素の内容モデルはPhrasingです。ただし、インタラクティブコンテンツを子孫要素にはできません。

button要素の内容はボタンのラベルとなります。単純なテキストを入れるだけでなく、マークアップを含めることも可能です。img要素を入れることもできるため、画像とテキストを併用した表現も可能です。

属性

button要素にはフォームコントロールの共通属性(P233)を指定できるほか、ボタンを押した際のフォーム送信の挙動に関連する属性があります。

●type属性

type属性は、ボタンが押されたときの振る舞いを指定します。この属性は列挙型属性であり、03に示す値を取ります。

MEMO

ボタンについては、input要素のほかに、a要素やdiv要素などを用いて表現するケースもありますが、基本的にはbutton要素で作成するようにします。ボタンを他の要素で作成した場合との比較については、CHAPTER 4-3のインタラクティブコンテンツを扱う際の注意点(P310)で詳しく扱っています。

MEMO

インタラクティブコンテンツには、a要素、button要素、tabindex属性が指定された要素などが含まれます。詳しくはCHAPTER 3-1を参照してください。

MEMO

input要素でボタンを表現した場合、ラベルにマークアップを含めることができず、画像とテキストを併用したボタンの表現はできません。button要素が表現力に優れているといえます。

03 button要素のtype属性の値

値	挙動
submit	フォームを送信する
reset	フォームをリセットする
button	何もしない (*)

(*) 主に JavaScript と組み合わせて使用します

type属性のデフォルト値はsubmitです。type属性を指定しない場合、送信ボタンとなることに注意してください。フォーム送信を意図しない場合には、明示的にtype=buttonを指定する必要があります。

type=resetを指定するとリセットボタンとなります。リセットボタンが押されると、対応するフォームに含まれるすべてのフォームコントロールが初期化されます。

type=buttonを指定すると、ボタンを押しても何も起こりません。JavaScriptで独自の挙動を実装する際に利用します。先に述べたとおり、デフォルトはbuttonではなくsubmitであることに注意してください。

value属性

button要素にname属性とvalue属性を指定すると、ボタンを押した際、その名前と値のペアがフォーム送信されます。複数のボタンがあるフォームでは、どのボタンが押されたのかを識別するために利用できます。

アクセシビリティ上の注意点

button要素のデフォルトのARIAロールはbuttonです。スクリーンリーダーでは、ボタンのラベルとともに、ボタンであることが読み上げられます。逆に、ボタンに適切なラベルが与えられていない場合、単に「ボタン」としか読み上げられず、何をするボタンなのか伝わらないことに注意してください。

type=buttonのボタンには、JavaScriptによってさまざまな機能を与えることができます。ボタンの機能によっては、WAI-ARIAのステート(状態)を付与することでセマンティクスを強化できる場合があります。たとえば、トグルボタンであればaria-pressed属性を、ボタンがメニューを開閉するものであればaria-expanded属性の利用を検討するとよいでしょう。WAI-ARIAの詳細はCHAPTER 4-2を参照してください。

MEMO

誤ってリセットボタンを押すと、入力内容のすべてが消えてしまい、取り返しが付かなくなります。リセットボタン自体には、押されたときに警告を出すような機能は備わっていません。必要に応じてJavaScriptなどで動作を制御し、本当にリセットするかどうかを確認するのも1つの方法です。
そもそも、必要のないリセットボタンは配置しないほうがよいでしょう。

MEMO

input要素のボタンとは異なり、このvalue属性はボタンのラベルには利用されません。

MEMO

特に、アイコンボタンなど、ボタンに画像しか入っていない場合は、画像に代替テキストを指定して適切なラベルテキストを設定する必要があります。

select要素

select要素は、選択肢から選択するためのコンボボックス、あるいはリストボックスのコントロールを表します。04は、選択肢からペットの種類を選択させる例です。表示例は05のようになります。

04 select要素の記述例

```
<label>ペットを選びます:
  <select name="pet" required>
    <option value="" selected>--ペットの選択肢--</option>
    <option value="dog">いぬ</option>
    <option value="cat">ねこ</option>
    <option value="parakeet">インコ</option>
  </select>
</label>
```

05 ブラウザーによる04の表示例（左：展開前　右：展開後）

04のように、選択肢はoption要素で表現します。フォームを送信すると、選択されているoption要素のvalue属性の値がサーバーに送信されます。初期状態で特定の選択肢を選択状態にする場合は、option要素にselected属性を指定します。詳しくはoption要素を参照してください。

内容モデル

select要素の内容モデルはoption要素またはoptgroup要素です。optgroup要素を使用すると、選択肢をグループ化してグループのラベルを表示できます。詳しくはoptgroup要素を参照してください。

属性

select要素にはフォームコントロールの共通属性(P233)を指定できるほか、size属性、multiple属性を指定できます。また、input要素と同様にrequired属性を指定できます。

●size属性

size属性は、ユーザーに一度に見せる選択肢の数を指定します。この属性を指定しない場合のデフォルト値は"1"で、この場合はコンボボックスとして表現されます。多くのブラウザーでは05のようなプルダウン式のリストとして表現されますが、モバイル端末ではドラムロール型のUIで表現されることもあります。UIの表現方法は仕様で規定されていないため、別の表現方法になる可能性もあります。

size属性に"2"以上の値を指定すると、リストボックスとして表現されます。多くのブラウザーでは、06のように高さが広がり、複数の選択肢が一度に見えるようになります。

select要素のコントロールは、あらかじめ用意された選択肢から選ぶ機能を提供しますが、ラジオボタンでも同じ機能を実現できます。見た目や操作方法が異なるので、ユーザーにとって使いやすいと思われるものを選定するとよいでしょう。

06 ブラウザーによるリストボックスの表示例

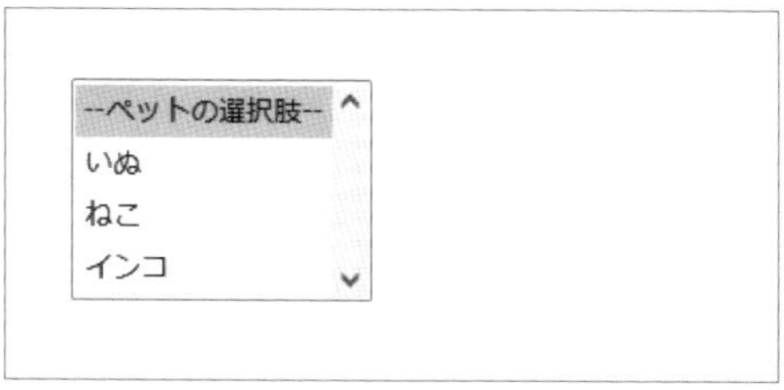

●multiple属性

multiple属性が指定されている場合、多くのブラウザーでは、size属性の値が"1"であっても07のように選択肢のすべてを展開して表示します。

複数選択をする場合、CtrlもしくはCommandキーを押しながらリスト項目を選択する操作が必要になります。この操作に慣れているユーザーは少なく、複数選択が可能なコントロールはあまり使われません。複数選択が必要な場合は、チェックボックスの利用を検討するとよいでしょう。

07 リストボックスで複数選択している状態

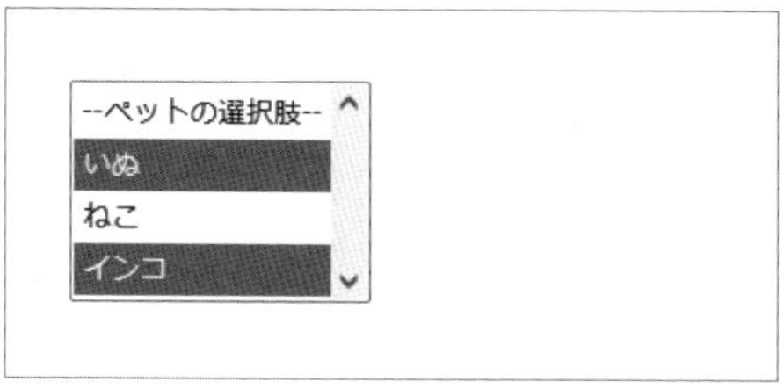

●required属性

input要素と同様にrequired属性を指定できますが、select要素の場合、以下の条件をすべて満たす必要があります。

- multiple属性が指定されていない
- size属性の値が1である(size属性が省略されている場合を含む)
- 最初に登場するoption要素がselect要素の直接の子である(optgroup要素の子ではない)
- 最初に登場するoption要素のvalue属性の値が空文字列である

この条件を満たすとき、最初に登場するoption要素を「プレースホルダーラベルオプション(placeholder label option)」といいます。required属性を指定した場合、プレースホルダーラベルオプションを選択している状態は未入力状態とみなされ、この状態で送信するとエラーになります。

required属性を指定する場合、プレースホルダーラベルオプションが存在する必要があります。08は構文エラーとなる例です。

08 構文エラーとなるoption要素の記述例

```
<select name="pet" required>
  <option value="dog">いぬ</option>
  <option value="cat">ねこ</option>
  <option value="parakeet">インコ</option>
  <option value="" selected>その他・無回答</option>
</select>
```

08は、初期状態で「その他・無回答」が選ばれ、かつvalue属性の値が空文字列です。しかし、このoption要素は先頭にはないため、プレースホルダーラベルオプションとはみなされません。

アクセシビリティ上の注意点

select要素のデフォルトのARIAロールは、size属性とmultiple属性によって変化します。どちらの属性もないか、またはsize=1の場合、ロールはcomboboxです。スクリーンリーダーは、select要素に関連付けされたラベルを読み上げ、さらに「コンボボックス」などと読み上げることがあります。

size属性が2以上、またはmultiple属性がある場合はlistboxロールとなります。スクリーンリーダーは、select要素に関連付けられたラベルを読み上げ、さらに「リストボックス」などと読み上げることがあります。

いずれの場合も、ラベルが関連付けされていないと何を選択するのか伝わらないため、label要素を用いて適切な関連付けをするべきです。

選択肢のラベルが見えていても、select要素のラベルとしては機能しないことに注意してください。たとえば、前述した04の例では、初期状態で「-- ペットの選択肢 --」という選択肢が表示されており、これはselect要素のラベルとしても機能するように見えます。しかし、ユーザーが別の選択肢を選ぶと、このラベルは見えなくなり、このselect要素が何なのかわからなくなってしまいます。

MEMO

何らかの理由でラベルが用意できず、やむを得ず選択肢をラベルとして機能させたい場合は、option要素にid属性を付けてaria-labelledby属性で参照する方法もあります。CHAPTER 4-2を参照してください。

option要素

option要素はselect要素やdatalist要素とセットで扱い、個々の選択肢を表現します。用例はselect要素、datalist要素を参照してください。

内容モデル

option要素の内容はテキストです。ただし、label属性とvalue属性の両方が指定されている場合には、option要素の内容モデルはNothingとなり、内容を含めることはできません。

属性

option要素には、後述するフォームコントロールの共通属性のうちdisabled属性を指定できます。また、value属性、label属性、selected属性を指定できます。

value属性

value属性は、フォーム送信時に送信される値を指定します。この属性を省略した場合は、要素の内容となっているテキストが値として送信されます。

label属性

label属性を指定すると、選択肢として表示されるラベルを指定できます。この属性を省略した場合は、要素の内容となっているテキストがラベルとなります。

selected属性

selected属性を指定すると、そのoption要素がデフォルトで選択されている状態になります。selected属性はブール型属性です。

アクセシビリティ上の注意点

option要素のデフォルトのARIAロールは、要素のコンテキストによって異なります。

祖先がlistitemロールを持つselect要素の場合、または祖先がdatalist要素である場合は、optionロールとなります。

祖先がcomboboxロールを持つselect要素の場合、特定のロールは持たず、コンボボックスの一部として扱われます。

MEMO

通常はlabel属性を利用せず、送信される値はvalue属性で指定します。label属性を利用すると、option要素の内容が値として送信されるようになります。
value属性とlabel属性のどちらもない場合は、option要素の内容がラベルになると同時に、送信される値にもなります。
value属性とlabel属性の両方の指定も可能です。この場合は、option要素の内容は空でなければなりません。

MEMO

ブラウザーによっては、combobox内のoption要素を内部的にmenuitemロールとして扱うことがあります。

optgroup要素

select要素の中でoptgroup要素を使用すると、option要素をグループ化できます。label属性は必須であり、これがグループの名前となります 09。表示例は 10 のようになります。

09 optgroup要素の記述例

```
<select>
  <optgroup label="ほ乳類">
    <option>いぬ</option>
    <option>ねこ</option>
  </optgroup>
  <optgroup label="鳥類">
    <option>インコ</option>
  </optgroup>
</select>
```

10 ブラウザーによる 09 の表示例

すべてのoption要素をoptgroup要素に入れる必要はなく、 11 のようにoptgroup要素に属さないoption要素を混在させることもできます。表示例は 12 のようになります。

11 optgroup要素に属さないoption要素を混在させた例

```
<select>
  <optgroup label="ほ乳類">
    <option>いぬ</option>
    <option>ねこ</option>
  </optgroup>
  <option>その他</option>
</select>
```

12 ブラウザーによる 11 の表示例

内容モデル

optgroup要素の内容モデルは0個以上のoption要素です。option要素以外のものを入れることはできません。また、optgroup要素を入れ子にできません。option要素は0個でもよいため、意味があるかはともかく、空のoptgroup要素を使うことも可能です。

属性

optgroup要素には、label属性とdisabled属性を指定できます。option要素と異なり、optgroup要素自体は選択の対象にならないため、selected属性やvalue属性は定義されていません。

label属性

label属性でグループの名前を指定します。この属性は必須で、省略できません。

disabled属性

disabled属性については、フォームコントロールの共通属性(P233)を参照してください。optgroup要素の場合、disabled属性を指定すると、そのoptgroup要素に含まれるすべてのoption要素が無効の状態になります。

アクセシビリティ上の注意点

optgroup要素のデフォルトのARIAロールはgroupです。スクリーンリーダーの多くは、ラベルを読み上げたあとに「グループ」などと読み上げ、選択肢のグループの名前がわかるように伝えます。

> **MEMO**
> スマートフォン用のサイトで、select要素の末尾に空のoptgroup要素が挿入されているケースが稀にあります。これは、かつてのiOSのSafariにおいて、option要素のテキストが切れてしまう問題に対するバッドノウハウ(場当たり的な回避策)です。

datalist要素

datalist要素を利用すると、input要素の入力時に、ユーザーに入力補完の候補を提示できます。

13 のように、datalist要素にid属性を指定し、そのIDをinput要素のlist属性で指定します。datalist要素の子孫要素であるoption要素が補完候補となります。表示例は 14 のようになります。

13 datalist要素の記述例

```
<label for="ice-cream-choice">アイスクリームのフレーバー:</label>
<input list="ice-cream-flavors" id="ice-cream-choice" name="ice-cream-choice">

<datalist id="ice-cream-flavors">
  <option value="Chocolate">
  <option value="Coconut">
  <option value="Mint">
  <option value="Strawberry">
  <option value="Vanilla">
</datalist>
```

14 ブラウザーによる 13 の表示例

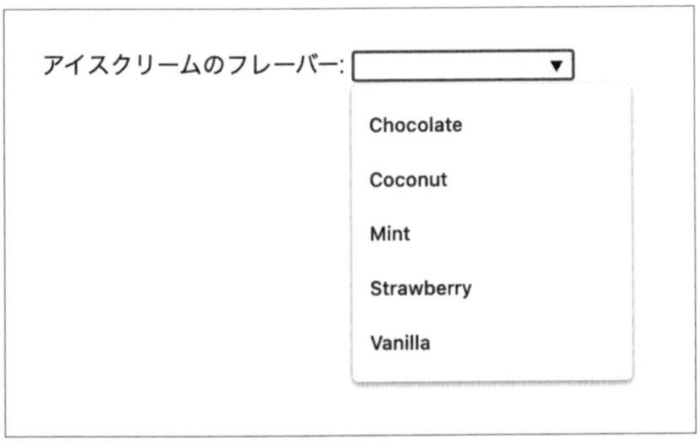

14 では、ユーザーは選択肢から選ぶこともできますし、選択肢を無視したテキストの入力もできます。

テキスト入力以外にも、日付の入力、範囲の入力、カラーピッカーのコントロールなどに対して候補を提示できます。

type=rangeに適用すると、候補リストを表示するのではなく、提示された場所に目盛りが表示され、そこへスナップするような動作になります。具体的な使用例は、Chpter3-10のtype=range（P221）を参照してください。

> **MEMO**
> datalist要素による補完候補を利用できるのは、type属性がtext、search、url、tel、email、date、month、week、time、datetime-local、number、range、colorの場合です。

内容モデル

datalist要素の内容モデルは、option要素もしくはPhrasingです。通常はoption要素を入れますが、15 のように、datalist要素に対応していないブラウザーに対するフォールバックコンテンツを入れることもできます。

15 datalist要素でフォールバックコンテンツを記述した例

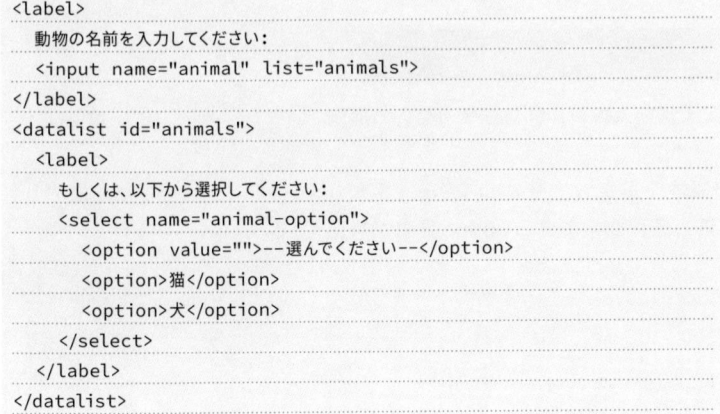

```
<label>
  動物の名前を入力してください:
  <input name="animal" list="animals">
</label>
<datalist id="animals">
  <label>
    もしくは、以下から選択してください:
    <select name="animal-option">
      <option value="">--選んでください--</option>
      <option>猫</option>
      <option>犬</option>
    </select>
  </label>
</datalist>
```

datalist要素に対応していないブラウザーの場合、内容であるlabel要素およびselect要素が表示され、option要素はselect要素の選択肢となります。

datalist要素に対応したブラウザーの場合、datalist要素の内容は表示されず、子孫のoption要素がinput要素の入力補完候補として利用されることになります。

アクセシビリティ上の注意点

datalist要素のデフォルトのARIAロールはlistboxです。datalist要素と結び付けられたコントロールにフォーカスすると、スクリーンリーダーは「候補リストが表示されました」などと読み上げ、補完候補があることをユーザーに伝えます。

textarea要素

textarea要素は、複数行のテキストを入力・編集するフォームコントロールを表します。type=text（P215）を持つinput要素と異なり、改行が入力可能です。コメント欄や問い合わせフォームの本文の入力欄など、ユーザーがまとまった量の自由記述のテキストを入力するときに利用します。

16 はtextarea要素を使用した例です。表示例は 17 のようになります。

16 textarea要素の記述例

```
<label>フリーコメント:
<!--
  rows属性とcols属性でサイズが指定されたtextarea要素。
  最大文字数は、maxlengthによって200に制限されています。
-->
  <textarea name="comment" rows="3" cols="33" maxlength="200">
  </textarea>
</label>
```

17 ブラウザーによる 16 の表示例

内容モデル

textarea要素の内容モデルはテキストです。type=textのinput要素ではテキストの初期値をvalue属性で指定しますが、textarea要素では要素の内容が初期値となります。改行を含めることも可能です。

MEMO

textarea要素の内容にマークアップを含めることはできません。テキストの改行はbr要素ではなく、改行文字（LFやCR+LFなど）で表現します。

属性

textarea要素には一部のフォームコントロールの共通属性（P233）を指定できるほか、type=textのinput要素と同様に、以下の属性を指定できます。詳しくはinput要素（P215）を参照してください。

・maxlength属性
・minlength属性
・required属性
・placeholder属性

このほかに、textarea要素の挙動を制御するrows属性、cols属性、wrap属性が利用できます。

rows属性とcols属性

rows属性を用いて、入力欄を表示する行数を指定できます。rows属性がない場合のデフォルト値は"2"で、2行分が確保されます。

同様に、cols属性で1行あたりの文字数を指定できます。指定がない場合のデフォルトの値は"20"で、20文字分の幅が確保されます。後述のwrap属性を使用してwrap=hardを指定した場合、折り返しの文字数としても利用されます。詳しくはwrap属性を参照してください。

なお、textarea要素の幅や高さはCSSでも設定でき、rows属性やcols属性による指定を上書きします。

wrap属性

wrap属性を指定すると、フォーム送信時の長い行の折り返し処理を制御できます。wrap属性は列挙型属性で、"soft"または"hard"のいずれかを指定します。

指定がない場合のデフォルトの値は"soft"です。この場合、長い行が入力欄の端で自動的に折り返しても、その部分に改行は挿入されません。

"hard"を指定すると、フォーム送信時に、入力欄の端で自動的に折り返した部分に改行(CR+LF, %0d%0a)が挿入されます。18はwrap=hardを指定した例で、表示例は19のようになります。

18 wrap=hardを指定した例

```
<textarea name="wrapped" wrap="hard" cols="10">
this is a textarea element
</textarea>
```

19 ブラウザーによる18の表示例

内容のテキストに改行は含まれていませんが、GETメソッドで送信すると20のようになります。wrap="hard"とcols="10"が指定されているため、10文字ごとに%0d%0aが挿入されています。なお、wrap=hardを指定した場合はcols属性が必須です。

MEMO
input要素と異なり、textarea要素ではpattern属性を利用できないことに注意してください。
古いHTMLでは、maxlength属性もinput要素専用で、textarea要素では利用できませんでした。現在のHTMLでは、textarea要素でもmaxlength属性を利用できます。

MEMO
rows属性やcols属性の指定は、入力可能な行数を制限するものではなく、指定した行数を超えた入力ができます。入力された行数が増えると、スクロールバーが表示されることがあります。

MEMO
input要素のsize属性と同様、cols属性で指定した値の文字数が入らない場合もあることに注意してください。文字の幅は文字によって異なるため、使用しているフォントの文字幅の平均によって幅が計算されます。

MEMO
多くのブラウザーでは、ユーザーによる入力欄の幅や高さの変更も可能です。17の例では入力欄の右下にハンドルが表示されており、これをドラッグすることで、好みの大きさに変えることができます。

20 GETメソッドで 19 の入力値を送信した例

```
wrapped=this+is+a+%0D%0Atextarea+%0D%0Aelement%0D%0A
```

アクセシビリティ上の注意点

textarea要素のデフォルトのARIAロールはtextboxです。多くのスクリーンリーダーは、ラベルを読み上げたあと、「テキストを編集」「複数行テキスト入力」などと読み上げ、そのあと、現在入力されている値を読み上げます。

ラベルがないと、この入力欄に何を入力すべきかわからなくなります。label要素を用いてラベルを指定するとよいでしょう。

output要素

output要素は、アプリケーションによって実行された処理の結果や、ユーザー操作によって得られた結果を表します。主にJavaScriptの実行結果の出力先として利用します。

実行結果の出力先にはspan要素など他の要素も利用できますが、output要素には以下の機能があり、JavaScriptによる動的処理に適しています。

- valueプロパティを通じて値の読み書きができる
- id属性だけでなく、name属性でも名前を付けることができる
- デフォルトのARIAロールがstatusであり、値が変化した際に支援技術に対して通知する機能を持つ
- フォーム内に配置した場合、同一フォーム内のリセットボタンで値を初期値に戻すことができる

22 は、簡単な足し算を行う電卓アプリケーションの例です。表示例は 23 となります。

22 output要素の記述例

```
<form onsubmit="return false" oninput="o.value = a.valueAsNumber
+ b.valueAsNumber">
  <input id="a" type="number" step="any"> +
  <input id="b" type="number" step="any"> =
  <output id="o" for="a b"></output>
</form>
```

23 ブラウザーによる 22 の表示例

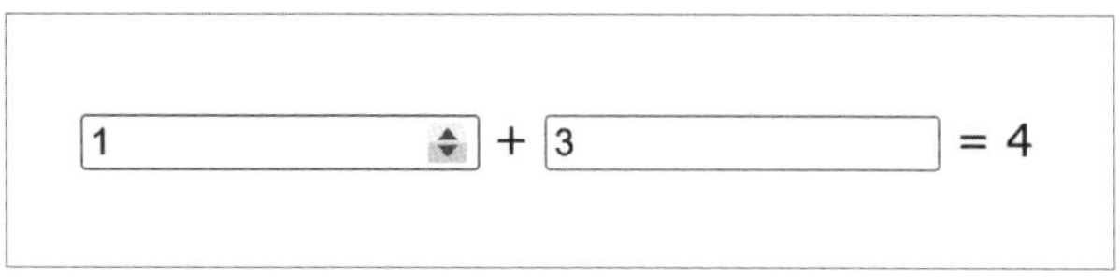

MEMO

実行結果を表すものとしてはsamp要素もありますが、samp要素は実行済みのサンプルを静的に表現するものです。output要素は、動的な実行結果の出力先のプレースホルダーとして利用します。

MEMO

output要素にはvalue属性を指定できませんが、IDL属性としてvalueプロパティが存在し、JavaScriptから操作できます。HTMLに初期値を書いておく場合は、value属性ではなく、output要素の内容として値を記述します。

内容モデル

output要素の内容モデルはPhrasingです。要素の内容は初期値として扱われ、IDL属性のvalueプロパティを通じて読み書きできます。

内容にはマークアップを含めることもできます。ただし、valueプロパティで取得・設定できるのはテキストのみです。マークアップを含む内容を扱う場合、valueプロパティを利用するのではなく、DOM操作でoutput要素の内容を読み書きする必要があります。

属性

output要素にはfor属性、form属性、name属性を指定できます。form属性、name属性については、フォームコントロールの共通属性(P233)を参照してください。

output要素のvalueプロパティはIDL属性であり、HTMLにvalue属性を書くことはできません。

●for属性

for属性を利用すると、このoutput要素に関連する入力欄を示すことができます。for属性の属性値には、対応する要素のIDをスペース区切りで記述します。

アクセシビリティ上の注意点

output要素のデフォルトのARIAロールはstatusです。statusロールはライブリージョンであり、内容が変化すると支援技術に通知されます。22の例では、ボタンを押すと数値が増加し、同時に数値が読み上げられます。

デフォルトでは、ARIA属性aria-live=politeとaria-atomic=trueが設定されている状態と同じになります。つまり、output要素の内容が変化すると、他の読み上げが一段落したあとで、output要素の内容すべてを読み上げます。ライブリージョンの詳細についてはCHAPTER 4-2を参照してください。

また、output要素はラベル付け可能要素に分類されているため、必要に応じてlabel要素と関連付けることもできます。出力内容を単独で読み上げても理解しにくい場合には、ラベルを付けることを検討してもよいでしょう。

progress要素

progress要素は、タスクの進捗状況を表します。これは通常、プログレスバーとしてレンダリングされます。24は、進捗率が全体の半分の状態のプログレスバーを表した例です。表示例は25のようになります。

MEMO

progress要素は動的な進捗状況を表現するためのものです。単に割合を静的なグラフとして表示したい場合には、後述のmeter要素などを利用します。

24 progress要素の記述例

```
<progress value="0.5">50%</progress>
```

25 ブラウザーによる 24 の表示例

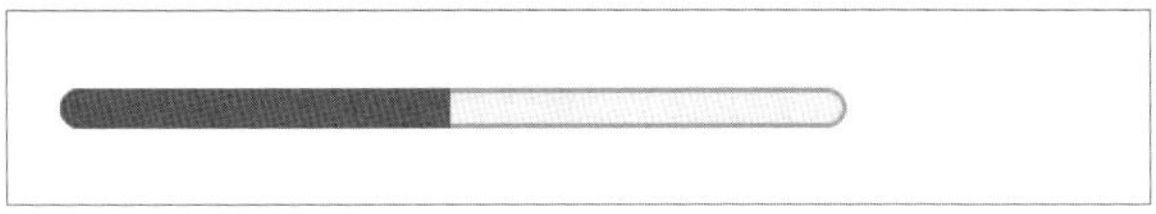

progress要素を実際に利用する場合は、進捗状況を動的に反映させるために、JavaScriptからvalueプロパティの値を操作します。

26 では、updateProgress()関数を外部から呼び出すことでprogress要素の値を更新できます。

26 JavaScriptを利用してprogress要素の値を更新する例

```
<progress id="progress_bar" max="100" value="0"><span>0</span>%</progress>
<script>
  const progressBar = document.getElementById('progress_bar');
  function updateProgress(newValue) {
    progressBar.value = newValue;
    progressBar.firstElementChild.textContent = newValue;
  }
</script>
```

内容モデル

progress要素の内容モデルはPhrasingです。ただし、progress要素を子孫に持つことはできません。

progress要素の内容は表示されませんが、progress要素を解釈しないブラウザーに対するフォールバックとして機能します。26 の例のように、テキストを入れて進捗状況がわかるようにしておき、プログレスバーの更新と同時に内容のテキストも更新するとよいでしょう。

属性

progress要素にはvalue属性とmax属性を指定できます。

● value属性

value属性で進捗の現在値を表します。属性値は任意の浮動小数点数です。max属性が指定されていない場合、value属性は0.0～1.0のいずれかの値を取り、1.0の場合に進捗が完了したことになります。負の値も指定可能ですが、プログレスバー上では負の値は表現されず、0のときと同じ表示になります。

value属性を省略すると、値は「不定(indeterminate)」となります。これは、progress要素で表すタスクが処理中であるものの、完了が予測できない状態を表します。多くのブラウザーは、プログレスバー自体がローディング中であるような表示をします。

max属性

max属性で進捗の最大値を指定できます。たとえば、max=100を指定すると、value=50のときに半分、value=100のときに最大となります。

max属性が指定されていない場合のデフォルト値はmax=1.0となります。

max属性に0以下の値の指定はできません。0や負の値を指定した場合は構文エラーとなり、結果として、max=1.0を指定した場合と同じように動作します。

MEMO

progress要素にmin属性はありません。最小値は変更できず、常に0となります。

アクセシビリティ上の注意点

progress要素のデフォルトのARIAロールはprogressbarです。スクリーンリーダーは、進捗の割合を読み上げた上でこのコントロールの名前を読み上げます。たとえば、「50% 進行インジケーター」のように読み上げることがあります。

progress要素はラベル付け可能要素に分類されているため、必要に応じてlabel要素と関連付けることもできます。文脈から何を表しているのかがわかれば問題ありませんが、単独で読み上げても理解しにくい場合には、ラベルを付けることを検討してもよいでしょう。

MEMO

ライブリージョンの機能は持たないため、進捗状況が変化しても自動的に読み上げられるわけではありません。プログレスバーが変化するたびに読み上げられると煩わしい場合が多いでしょう。

meter要素

meter要素は、一定範囲に収まるスカラー量や、割合で表現できる値を表します。たとえば、ディスク使用量や投票率などです。これは通常、棒グラフのようなゲージとしてレンダリングされます。27は0.75（75%）のゲージを記述する例です。表示例は28となります。

MEMO

見た目は前述のprogress要素と似た表現になります。動的に変化する進捗状況を表現したい場合にはprogress要素を、そうでない場合にはmeter要素を使います。

27 meter要素の記述例

```
<meter value="0.75">0.75</meter>
```

28 ブラウザーによる27の表示例

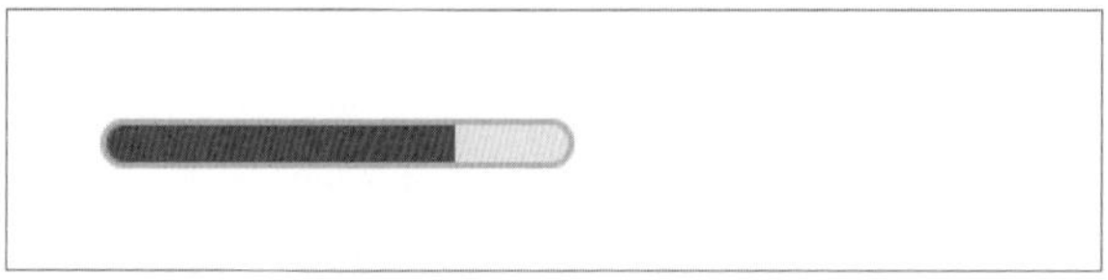

内容モデル

meter要素の内容モデルはPhrasingです。ただし、meter要素を子孫に持つことはできません。

meter要素の内容は表示されませんが、meter要素を解釈しないブラウザーに対するフォールバックとして機能します。27のように、テキストを入れて進捗状況がわかるようにしておくとよいでしょう。

属性

meter要素の属性は以下になります。

value属性

value属性で割合を表します。属性値は任意の浮動小数点数です。min属性やmax属性が指定されていない場合、value属性は0.0～1.0までのいずれかの値をとり、1.0の場合に最大となります。

負の値も指定可能ですが、min属性で指定した最小値(min属性がない場合は0)を下回る値は表現できず、最小値のときと同じ表示になります。同様に、max属性で指定した最大値(max属性がない場合は1)を超える値を指定すると、最大値のときと同じ表示になります。

min属性、max属性

min属性、max属性を指定すると、それぞれゲージの最小値、最大値を表します。指定できる値は任意の浮動小数点数で、負の値も設定可能です。ただし、min属性とmax属性の両方を指定する場合、min属性の値よりもmax属性の値のほうが大きくなくてはなりません。

29は、-100°Cから200°Cまでの温度を表現するゲージの例です。

29 温度ゲージの例

```
<meter min="-100" max="200" value="10">10℃</meter>
```

low属性、high属性

値が一定の範囲を超えた場合にゲージの見た目を変えて、ユーザーに注意を促したいこともあるでしょう。このような場合、low属性とhigh属性を使用すると、低い値、高い値のしきい値を指定できます。low属性で指定した値以下の値は、低い値であるとみなされます。同様に、high属性で指定した値以上の値は、高い値であるとみなされます。

29の温度ゲージにしきい値を追加し、0°C以下を低温、100°C以上を高温とみなすようにすると、30のようになります。

30 29にlow属性とhigh属性を追加した例

```
<meter min="-100" low="0" high="100" max="200" value="10">10℃</meter>
```

31は30のvalue属性の値を-50、50、150にそれぞれ設定したものです。表示例は32のようになります。50°Cは適温と判断されて通常の表示となり、-50°Cは低温、150°Cは高温と判断されて色が変化しています。

31 30のvalue属性の値を-50、50、150に設定した例

```
<meter min="-100" low="0" high="100" max="200" value="-50">-50℃</meter>
<meter min="-100" low="0" high="100" max="200" value="50">50℃</meter>
<meter min="-100" low="0" high="100" max="200" value="150">150℃</meter>
```

32 Chromeによる 31 の表示例

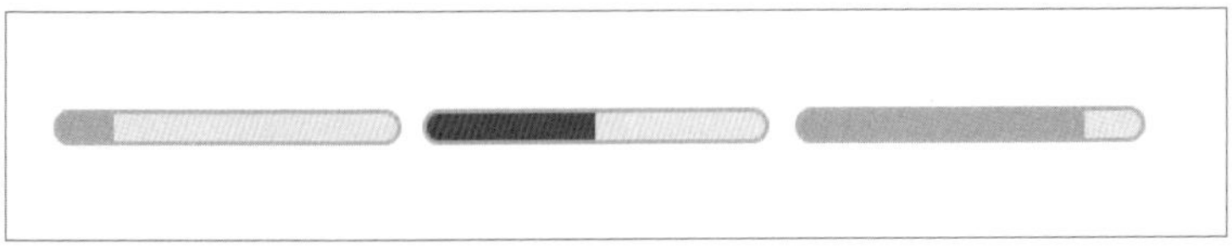

> **MEMO**
> 紙面の都合上、見難いかもしれませんが、ゲージが3本並んでおり、左から順にバーが長くなっていきます。中央のゲージは緑色で、左右のゲージは黄色で表現されています。

optimum属性

optimum属性は、どのレンジの値が適切な値であるのか指定します。先に挙げたlow属性、high属性の使用例では、中間のレンジを適温(適切な値)としていました。optimum属性を利用すると、より低い値や、より高い値を適切な値にできます。

属性値は浮動小数点数で指定し、その値を含むレンジが適切な値であるとみなされます。31 の例でoptimum=-100を指定すると 33 のようになります。表示例は 34 となります。-50℃は適温と判断されて通常の表示となり、50℃は高温と判断されて色が変化しています。150℃は超高温と判断され、さらに色が変化しています。

33 31 にoptimum属性を追加した例

```
<meter min="-100" low="0" high="100" max="200" optimum="-100"
value="-50">-50℃</meter>
<meter min="-100" low="0" high="100" max="200" optimum="-100"
value="50">50℃</meter>
<meter min="-100" low="0" high="100" max="200" optimum="-100"
value="150">150℃</meter>
```

34 Chromeによる 33 の表示例

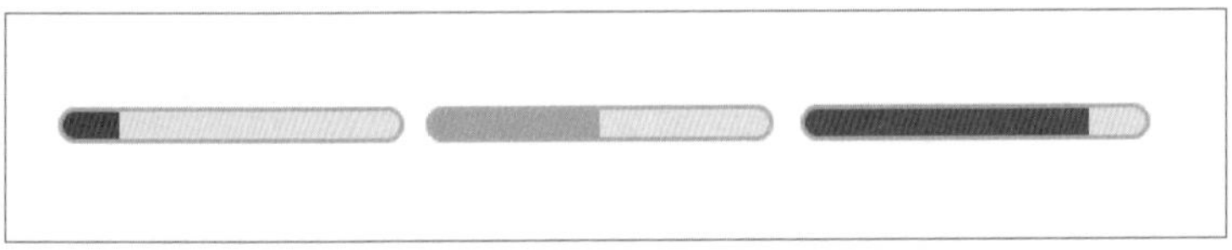

> **MEMO**
> 紙面の都合上、見難いかもしれませんが、ゲージが3本並んでおり、左から順にバーが長くなっていきます。左のゲージは緑、中央のゲージは黄色、右のゲージは赤で表現されています。

optimum属性を省略した場合のデフォルトの値は、最小値と最大値の中間値となります。言い換えればmin属性とmax属性の値の平均です。low属性とhigh属性の平均値ではないことに注意してください。

35 は、30 のmin属性とmax属性の値を変更し、温度の範囲を-100℃から1000℃とした例です。optimum属性は省略されています。35 ではoptimum属性を省略しているため、min属性とmax属性の値の中間である363.5という値が含まれるレンジ、すなわちhigh属性の値以上のレンジが適切であるとみなされます。

35 30 の温度の範囲を変更した例

```
<meter min="-100" low="0" high="100" max="1000" value="50">50℃</meter>
```

アクセシビリティ上の注意点

meter要素にデフォルトのARIAロールはありません。スクリーンリーダーは、ゲージの割合を読み上げた上で「レベルインジケーター」などと読み上げることがあります。lowおよびhigh属性を使用しているケースについては、特別な読み上げはなされず、値が特定のしきい値を超えていることが伝わらない場合があります。

meter要素はラベル付け可能要素に分類されているため、必要に応じてlabel要素と関連付けることもできます。文脈から何を表しているのかがわかれば問題ありませんが、単独で読み上げても理解しにくい場合には、ラベルを付けることを検討してもよいでしょう。

fieldset要素

fieldset要素は、一連のフォームコントロールをグループ化します。legend要素を使用してグループにラベルを付けることもできます。主に、36のようにラジオボタンやチェックボックスのグループにラベルを付けるために使います。表示例は37のようになります。

36 fieldset要素の記述例

```
<fieldset>
  <legend>ディスプレイ表示</legend>
  <p><label><input type="radio" name="c" value="0" checked>黒地に白字</label>
  <p><label><input type="radio" name="c" value="1">白地に黒字</label>
  <p><label><input type="checkbox" name="g">グレースケールを使用する</label>
  <p><label>コントラストを強調する <input type="range" name="e" list="contrast" min="0" max="100" value="0" step="1"></label>
  <datalist id="contrast">
    <option label="Normal" value="0">
    <option label="Maximum" value="100">
  </datalist>
</fieldset>
```

37 ブラウザーによる36の表示例

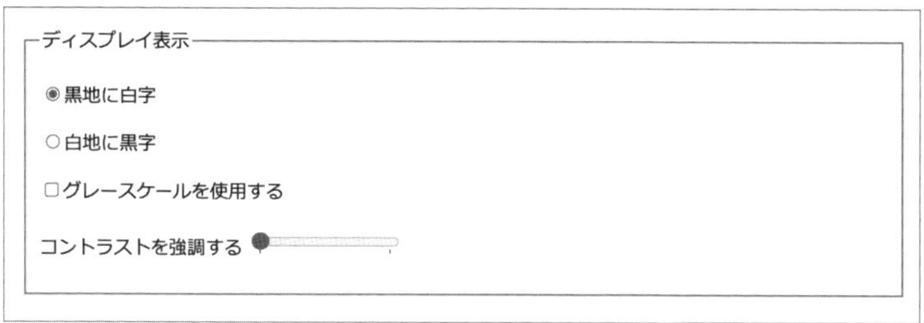

内容モデル

fieldset要素の内容モデルは、legend要素1つ、それに続いてFlowです。legend要素は省略可能ですが、使用する場合はfieldset要素の最初の子要素である必要があります。

legend要素のあとには、Flowのコンテンツを自由に置くことができます。p要素で説明文を書いたり、ul要素で複数のフォームコントロールをリスト化することがよく行われます。他のfieldset要素を入れ子にして、フォームコントロールのグループの階層化も可能です。

> **MEMO**
> legend要素はfieldset要素の直接の子要素でなければなりません。legend要素に装飾を加えたい場合、legend要素をdiv要素で囲むことができない点に注意してください。

> **MEMO**
> 内容モデルがFlowであるため、見出しを入れることもできます。アウトラインアルゴリズムでは、fieldset要素はセクショニングルートとなります。セクショニングルートについてはCHAPTER 3-3を参照してください。

属性

fieldset要素にはdisabled属性、name属性、form属性が指定できます。fieldset要素のname属性はform要素(P209)と同じものです。form属性については、フォームコントロールの共通属性(P233)を参照してください。

●disabled属性

disabled属性は、フォームコントロールの共通属性(P233)と同じものです。fieldset要素の場合、この要素自身はもともと選択できませんが、disabled属性を指定すると、子孫のフォームコントロールをまとめて無効にできます。

このとき無効になるのは、fieldset要素の子孫であり、かつlegend要素の子孫ではないフォームコントロールです。legend要素の中にあるフォームコントロールは無効になりません。

アクセシビリティ上の注意点

fieldset要素のデフォルトのARIAロールはgroupです。多くのスクリーンリーダーは、グループ内の最初のフォームコントロールへフォーカスしたときにグループのラベルを読み上げます。

ラジオボタンやチェックボックスに使用する場合、label要素によるラベルは個々の選択肢の名前となります。選択肢だけを読み上げられても、何に対する選択なのかわからないことが多いため、fieldset要素とlegend要素でグループ全体にラベルを付けるとよいでしょう。

> **MEMO**
> グループ内にラジオボタンだけが含まれ、このfieldset要素が1つのコントロールとして扱えるような場合は、radiogroupロールを指定してもよいでしょう。詳しくはTechniques for WCAG 2.1のARIA17を参照してください。
> Using grouping roles to identify related form controls
> https://www.w3.org/WAI/WCAG21/Techniques/aria/ARIA17

legend要素

legend要素は、fieldset要素のキャプションを表します。fieldset要素で表したグループのラベルとして機能します。使い方についてはfieldset要素(P255)を参照してください。

> **MEMO**
> legend要素の内容がグループのラベルとなります。legend要素は省略可能ですが、省略せずに適切なラベルを付けることをお勧めします。

内容モデル

legend要素の内容モデルはPhrasingですが、見出し要素を入れることもできます。38のようにlegend要素に見出しを入れると、グループのラベルと見出しを兼用できます。表示例は39のようになります。

38 legend要素に見出しを入れた記述例

```
<fieldset>
  <legend><h2>希望する連絡方法</h2></legend>
  <ul>
    <li><label><input type="radio" name="contact" checked>電子メール</label></li>
    <li><label><input type="radio" name="contact">電話</label></li>
    <li><label><input type="radio" name="contact">ファクシミリ</label></li>
  </ul>
</fieldset>
```

39 ブラウザーによる 38 の表示例

見出しはあくまでオプションであり、必須ではありません。また、Phrasingに属さない要素でlegend要素の内容にできるのは、h1 ～ h6の見出し要素だけです。他の要素、たとえばdiv要素などを入れることはできません。

通常は単にテキストを入れることが多いでしょう。Phrasingが入るので、テキストをマークアップしたり、フォームコントロールを入れたり、label要素を入れたりもできます。ただし、legend要素の内容はグループのラベルとして使用されるため、長いコンテンツを入れると理解が難しくなることがあります。

アクセシビリティ上の注意点

legend要素にデフォルトのARIAロールはありません。legend要素はfieldset要素のラベルとして扱われます。スクリーンリーダーは、fieldset要素内のフォームコントロールへフォーカスしたときにlegend要素の内容を読み上げることがあります。

12 インタラクティブ要素

THEME テーマ

ウェブページには、ユーザーの操作に動的に反応するインタラクションの仕組みがあります。ここでは、インタラクティブに機能する3つの要素について解説します。

details要素

details要素は、ユーザー操作によって追加の詳細情報を提示できるウィジェットを表します。ユーザーエージェントは、詳細情報の表示・非表示を切り替える機能を提供します。

details要素には子要素として必ずsummary要素を含まなければならず、詳細情報が非表示になった状態では、summary要素の内容のみが表示されます。詳細情報が表示された状態になると、details要素の内容のすべてが表示されます。

01 はdetails要素とsummary要素を使用した例です。表示例は 02 のようになります。

> MEMO
> 簡単に言えば、クリックやタップによって開閉する要素です。閉じた状態ではsummary要素の内容だけが表示され、開いた状態になるとdetails要素の内容も表示されます。

01 details要素とsummary要素を使用した記述例

```
<h1>あるパソコンのハードウェア仕様</h1>
<details>
  <summary>CPU: Intel Core i5-8250U</summary>
  <ul>
    <li>発売日: 2017年第3四半期</li>
    <li>ベース動作周波数: 1.60 GHz</li>
  </ul>
</details>

<details open>
  <summary>GPU: Intel UHD Graphics 620</summary>
  <ul>
    <li>ベース動作周波数: 300 MHz</li>
    <li>DirectX対応: 12</li>
  </ul>
</details>
```

02 ブラウザーによる 01 の表示例

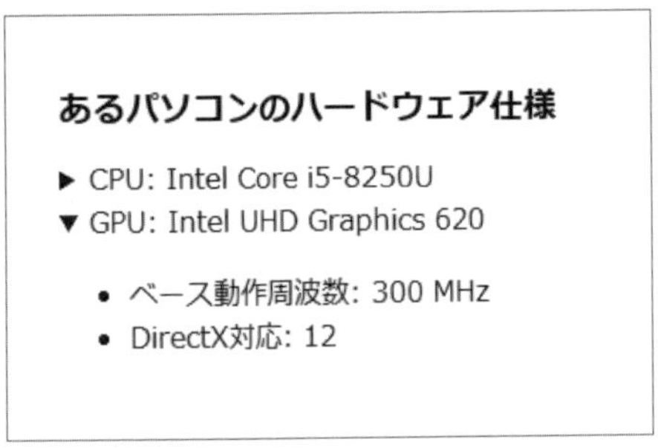

内容モデル

details要素の内容モデルは、summary要素とFlowです。summary要素は必須であり、最初の子要素でなければなりません。summary要素は1つのみで、複数持つことはできません。

summary要素がない場合は構文エラーとなりますが、この場合、ユーザーエージェントは要約文を独自に補って表示することがあります。多くの場合、「詳細」や"Details"といった単語が使われます。

summary要素の後ろには任意のFlowの内容を置くことができます。details要素が展開された状態になると、残りの内容が表示されます。

属性

details要素にはopen属性を指定できます。

open属性

open属性は、詳細情報を表示するブール型属性です。この属性が指定されていると、詳細情報が表示される(開いている)状態になります。そうでなければ詳細情報が表示されない(閉じている)状態になります。

アクセシビリティ上の注意点

details要素のデフォルトのARIAロールはgroupです。

仕様上はdetails要素の先頭には必ずsummary要素があり、summary要素はデフォルトでbuttonロールを持つため、多くのスクリーンリーダーは、開閉操作を行うボタンがあることを通知します。「下位項目が非表示になりました、展開ボタン」などと読み上げられることがあります。詳しくは次のsummary要素を参照してください。

summary要素

summary要素は、details要素の要約、キャプション、説明文を表します。summary要素は必ずdetails要素とセットで用いられ、details要素の子要素でなければなりません。用法についてはdetails要素を参照してください。

内容モデル

summary要素の内容モデルはPhrasingですが、h1などの見出し要素も混在させることができます。

summary要素に見出しを入れると、最初は見出しだけが見え、見出しをクリックすると内容が展開される仕組みを実現できます。

見出し以外のPhrasingの要素を入れることもできます。フォーム内で使用する場合は、label要素を入れるような用法も考えられます。

> **MEMO**
> スクリーンリーダーによっては、summary要素内の見出しをうまく扱えない場合があるので注意が必要です。

> **MEMO**
> summary要素にlegend要素を入れることはできないため、fieldset要素を開閉させる用途には向きません。

アクセシビリティ上の注意点

summary要素のデフォルトのARIAロールはbuttonです。

多くのスクリーンリーダーは、この要素が開閉するボタンであることを伝えると同時に、対応するdetails要素の現在の開閉状態がわかるように通知します。

summary要素には見出し要素を入れることも可能ですが、スクリーンリーダーによっては、見出しのマークアップが無視されてしまうことがあります。

> **MEMO**
> スクリーンリーダーは、summary要素の内容を読み上げたあとに、「ボタン、折り畳み」「ボタン、展開」などと読み上げることがあります。これは、ボタンにaria-expanded属性が指定されている場合と同じ挙動です。aria-expanded属性についてはCHAPTER 4-2を参照してください。

dialog要素

dialog要素は、ユーザーがタスクを実行するときのインタラクションに用いるアプリケーションの一部分を表現します。簡単に言えば、ダイアログボックスやサブウィンドウなどを表現できます。

> **MEMO**
> dialog要素はブラウザーによるサポートが不十分な状況が続いていましたが、2022年3月にFirefox 98、Safari 15.4がdialog要素に対応し、一通りのブラウザーで利用できる状況になりました。

内容モデル

dialog要素の内容モデルはFlowです。dialog要素の子孫要素にmethod=dialogを指定したform要素がある場合、フォーム送信時にダイアログを閉じ、送信した値をreturnValueプロパティから取得できるようになります。

> **MEMO**
> method=dialogについては、CHAPTER 3-10のform要素(P209)を参照してください。

03は、ボタンを押すとダイアログが表示され、ダイアログ内のボタンを押すとダイアログが閉じる例です。表示例は04のようになります。

03ではshowModal()メソッドでダイアログを表示しているため、このdialog要素はモーダルダイアログとして表示されます。

> **MEMO**
> showModal()で表示した場合、CSSのz-indexプロパティを無視して最前面に表示される、ダイアログの外の要素にフォーカスが移らなくなるといったモーダルダイアログ特有の処理が行われます。詳細な動作は仕様を参照してください。
> https://html.spec.whatwg.org/multipage/interactive-elements.html#dom-dialog-showmodal

03 dialog要素を用いたダイアログを開閉するコード例

```
<dialog id="confirm_dialog">
  <form method="dialog">
    <p>OKですか?</p>
    <button type="submit" value="OK">OK</button>
    <button type="submit" value="Cancel">Cancel</button>
  </form>
</dialog>
<script>
const dialog = document.getElementById('confirm_dialog');
const dialogOpen = () => {
  dialog.showModal();
};
dialog.onclose = () => {
  alert(dialog.returnValue);
};
</script>
<button type="button" onclick="dialogOpen()">ダイアログを開く</button>
```

04 ブラウザーによる 03 の表示例

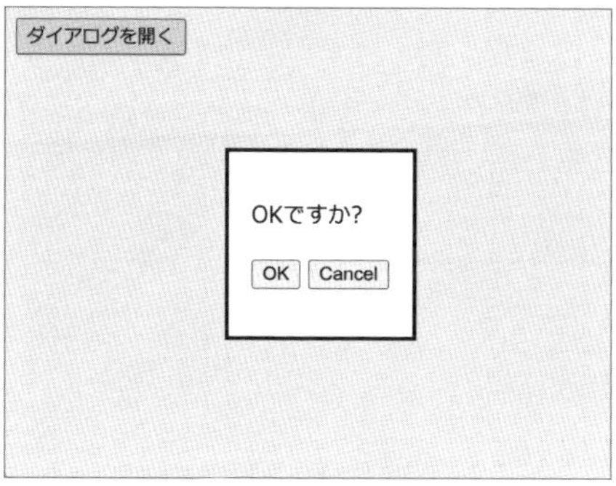

属性

dialog要素にはopen属性を指定できます。

tabindex属性を指定できないことに注意してください。tabindex属性はグローバル属性ですが、dialog要素には指定できません。

open属性

open属性を指定すると、dialog要素は表示された状態になります。open属性はブール型属性です。この属性がない場合、dialog要素は非表示になります。open属性のないdialog要素をHTMLに単に書いても表示されませんので注意してください。

なお、JavaScriptからDOM操作でopen属性を追加した場合、ダイアログは表示されますが、フォーカス制御が行われない、closeイベントが発生しないといった不都合があります。JavaScriptで操作する場合はshow()、showModal()、close()メソッドを呼ぶとよいでしょう。

アクセシビリティ上の注意点

dialog要素のデフォルトのARIAロールはdialogです。スクリーンリーダーは「ダイアログ」と読み上げることがあります。

警告メッセージを表示する場合には、role=alertdialogを明示的に指定してロールを上書きしてもよいでしょう。

MEMO

HTML仕様では、dialog要素にtabindex属性を指定してはならないと規定されています。
https://html.spec.whatwg.org/multipage/interactive-elements.html#the-dialog-element:attr-tabindex

13 スクリプティング

THEME テーマ

ここでは、JavaScriptによる処理を扱うscript要素と、関連するいくつかの要素を紹介します。

スクリプト言語とJavaScript

「スクリプト言語(script language)」とは、比較的簡易な記述でプログラミングを行えるプログラミング言語を指します。ウェブのサーバー側の実装でよく利用されるPerl、PHP、Ruby、Pythonなどもスクリプト言語です。スクリプト言語は、単に「スクリプト(script)」と呼ばれることもあります。

ブラウザー上ではJavaScriptと呼ばれるスクリプト言語が動作します。JavaScriptを利用することで、ユーザーの操作に応じてウェブページの内容を動的に変化させる、コンテンツを動的に読み込んで表示するなど、さまざまな処理が可能になります。

以前のHTML仕様では、利用できるスクリプト言語の種類までは規定しておらず、たとえば、かつてのInternet ExplorerではJavaScriptのほかにVBScriptも動作していました。しかし、現在のHTML仕様はJavaScriptのみを想定しており、ブラウザー上で動作するスクリプト言語は事実上、JavaScriptのみとなっています。

JavaScriptによるプログラミングについては本書の範囲外となるため、その詳細は扱いません。

また、ここでのJavaScriptのサンプルコードは要素説明のための便宜的なものであり、実用性のない記述が含まれることに注意してください。

script要素

script要素を利用すると、HTML内にJavaScriptを埋め込んだり、外部のJavaScriptを参照できます。

script要素は、ほとんどの要素の子要素になることができます。この要素は、Metadataであり Flowであり Phrasingでもあり、さらにscript-supporting elementにも分類されます。

script-supporting elementは、通常は他の要素が配置できない場所にも使用できます。たとえば、ul要素の子要素は通常li要素のみであり、div要素などを置くことはできませんが、script要素はul要素の直下に記述できます。01は構文的に問題のないマークアップです。

MEMO

scriptという英単語は、Unicodeでの用字(たとえば、漢字、平仮名、片仮名など)のスクリプトを指すことがありますが、これはプログラミング言語とは関係ありません。

MEMO

モダンブラウザーではWebAssembly(wasmとも呼ばれる)も動作しますが、このコンパイル前の言語には特に制限がなく、C++、C#、Rustなどで書いたコードを動作させることも可能になります。WebAssemblyの詳細はMDNを参照してください。
https://developer.mozilla.org/ja/docs/WebAssembly

MEMO

JavaScriptの言語仕様は、Ecma InternationalのTechnical Committee 39 (TC39)が中心になって策定されており、ECMA-262がコアの仕様となっています。必要に応じて参照してください。
ECMA-262
https://www.ecma-international.org/publications-and-standards/standards/ecma-262/

MEMO

特に、サンプルコードではdocument.write()メソッドを利用していることがありますが、仕様ではこのメソッドの利用を推奨していないことに注意してください。
8.4.3 document.write()
https://html.spec.whatwg.org/multipage/dynamic-markup-insertion.html#document.write()

01 ul要素の子要素としてscript要素を記述する例

```
<ul>
  <script>
    document.write('<li>');
    document.write(new Date);
    document.write('</li>');
  </script>
</ul>
```

このように、script要素はたいていの要素の子要素となることができます。しかし、本書では読みやすさのために、各要素の内容モデルの説明からscript-supporting elementを省いていますので注意してください。

内容モデル

script要素の内容モデルは複雑です。有効なsrc属性が指定されている場合には、意味のある内容を含めることはできません。含めることのできる内容は、スペース、タブ、改行およびJavaScriptのコメントと解釈される値のみです。

有効なsrc属性が指定されていない場合は、特定の文字列を除いた任意の内容を含めることができます。内容はそのままスクリプトエンジンに渡され、JavaScriptとして解釈されます。ただし、後述するように、script要素がデータブロックである場合は何もしません。

●script要素の内容の指針

script要素の内容の挙動は、後述するように、過去との互換性の都合もあって非常に複雑なものとなっています。そのため、以下のような指針をもとに作成するとよいでしょう。

- 可能な限りscript要素に内容を含めず、src属性で外部リソースを指定する
- script要素に内容を含める必要がある場合は、文字列<!--および-->を含めないようにし、もし文字列</があればこれをエスケープする

●script要素の終了タグの扱い

script要素内に</scriptという文字列が出現した場合、script要素の終了タグとみなされることがあります。02はJavaScriptの構文エラーとなる例です。

02 構文エラーとなるscript要素の例

```
<script>
  document.write('<script>alert(1)</script>');
</script>
```

この場合、最初の</script>でscript要素が終了したものとみなされるため、JavaScriptとして解釈されるのはdocument.write('<script>alert(1)

MEMO
script要素はテキストをマークアップするものではなく、特定のセマンティクスを持ちません。他のHTML要素とは異なり、ユーザーに何かを提示するものではありません。

MEMO
HTML仕様の13.2.5 Tokenizationにある"Script data..."で始まる項目はすべてscript要素の内容を解析するためのものです。HTMLのすべての字句を解析するのに必要なステートが全部で80種類あり、そのうちの17種類がscript要素関連ですから、2割がscript要素のために費やされていることになります。

MEMO
02の例はHTMLの構文エラーにもなります。最後の</script>に対応する開始タグがないとみなされるためです。

の部分までとなり、結果として、JavaScriptの構文エラーとなります。後ろにある文字列 '); はscript要素の外のテキストノードとみなされ、ウェブページの内容として表示されます。

この構文エラーを避けるためには、script要素内に</scriptという文字列が出現しないようにエスケープする必要があります。</scriptという文字列さえ出現しなければ書き方は問いません。たとえば 03 のような書き方ができます。

03 文字列</をエスケープした記述例

```
<script>
  document.write('<script>alert(1)<\/script>');
  document.write('<script>alert(2)<\u002fscript>');
  document.write('<script>alert(3)<' + '/script>');
  document.write('<script>alert(4)</scr' + 'ipt>');
</script>
```

●要素内容におけるHTMLコメントの扱い

script要素内にHTMLのコメント形式の文字列が挿入されるケースを見かけることがあります。04 は、script要素内に文字列<!--と-->が含まれる例です。

04 script要素内に文字列<!--と-->が出現する例

```
<script>
<!--
  alert('hello');
-->
</script>
```

HTML構文の場合、script要素内に<!--という文字列があっても、HTMLのコメントとしては扱わず、内容の一部として扱われます。<!--や-->はそのままスクリプトエンジンに渡され、スクリプトエンジンの側でJavaScriptの1行コメントとして扱われます。

データブロックの場合にも、HTMLのコメントは単なる文字列として扱われ、そのまま渡されます。05 は、JavaScriptの実行結果として、<!---->という文字列が表示されます。

05 データブロックとなるscript要素内に<!--と-->を記述した例

```
<script id="data" type="text/x-data">
<!---->
</script>
<script>
  alert(document.getElementById("data").textContent);
</script>
```

MEMO

古いHTML4仕様では、文字列</が出現するとscript要素が終了するルールだったため、03 の4番目の例は仕様上、構文エラーとなっていました。現在のHTML構文では</の後ろに"script"という文字列が出現するかどうかまで判定するため、このような書き方でも問題ありません。同じ理由で、</script>以外の終了タグもエスケープ不要になっています。

MEMO

きわめて古いブラウザーではscript要素が解釈できず、中身をそのまま表示することがあったため、互換性のために 04 のような書き方をすることがありました。

MEMO

XML構文の場合にはXMLのコメントとみなされ、内容がスクリプトエンジンに渡りません。

MEMO

ECMAScript 2015では、互換性のためのHTML-likeコメントが正式に仕様に追加され、HTMLのコメント区切り子(<!--および-->)をECMAScriptの1行コメントとして解釈するよう定めています。つまり、これらは//と同じ効力を持つことになります。
https://262.ecma-international.org/6.0/#sec-html-like-comments

HTMLコメントの構文解析への影響

script要素内の<!--という文字列は、HTMLの構文解析ルールにも影響を与えます。06は、HTMLの構文エラーとなる02の例に対して、文字列<!--と-->を追加しただけのものです。02と同様にHTMLの構文エラーになると予想されるかもしれませんが、06は問題なく動作します。

06のようにscript要素内に<!--が出現し、さらに<scriptが出現した場合、</scriptが出現してもscript要素の終了タグとみなさない処理が行われます。そのため、06はscript要素中に</script>を含んでいるにもかかわらず、問題なく動作します。

06 05のscript要素内に文字列<!--と-->を追加した例

```
<script>
<!--
  document.write('<script>alert(1)</script>');
-->
</script>
```

逆に、この処理が意図しない挙動を招くこともあります。07は仕様で挙げられている、意図どおりに解析されない例です。

07には<!--および<script>という文字列が含まれているため、その後の</script>はscript要素の終了タグとみなされません。</script>という文字列はscript要素の内容の一部として扱われ、これ以降の内容もscript要素の内容とみなされます。

07 意図どおりに解析されないscript要素の記述例

```
<script>
  var example = 'Consider this string: <!-- <script>';
  console.log(example);
</script>
```

属性

script要素はtype属性の値によりその性質が変化し、その値によって利用できる属性が異なります。また、src属性により外部スクリプトとして呼び出すことができます。

type属性

type属性は、スクリプトの種類を指定します。多くの場合、属性値としてMIMEタイプを指定します。MIMEタイプについてはCHAPTER 1-6を参照してください。

type属性の値によって、script要素は「クラシックスクリプト(classic script)」、「モジュールスクリプト(module script)」、「データブロック(data block)」のいずれかに分類されます。

MEMO

HTMLパーサーの字句解析器の挙動としては、<!--が出現すると"Script data escaped state"という状態に遷移し、そこで<scriptが出現すると"Script data double escaped state"に遷移します。このときに</scriptが出現しても終了タグとみなさず、単に"Script data escaped state"に戻ります。

◎クラシックスクリプト

type属性にJavaScriptとみなされるMIMEタイプの値を指定すると、クラシックスクリプトとして扱われます。script要素の内容、もしくはsrc属性で指定したリソースはJavaScriptのスクリプトとして解釈され、実行されます。

type属性を省略した場合や、空の値を指定した場合もクラシックスクリプトとみなされます。古いHTML4ではscript要素のtype属性は必須でしたが、現在では省略可能です。クラシックスクリプトを意図する場合は省略することが推奨されています。

◎モジュールスクリプト

type属性の値としてmoduleを指定すると、モジュールスクリプトとして扱われます。script要素の内容、もしくはsrc属性で指定したリソースはJavaScriptのモジュールとして読み込まれます。

モジュールは比較的新しい機能であるため、モジュールを扱えない古いブラウザーにフォールバックを提供するためのnomodule属性が定義されています。詳しくは後述のnomodule属性を参照してください。

モジュールスクリプトは即時に実行されず、常に遅延読み込みされます。そのため、defer属性を指定しても無視されます。詳しくはdefer属性、async属性を参照してください。

◎データブロック

type属性が有効なMIME typeであり、かつJavaScriptとみなされないものである場合、script要素はデータブロックとして扱われます。

内容をJavaScriptから参照できるため、ウェブページに表示したくないデータを埋め込むのに利用できます。また、クローラーによって処理される場合もあります。08は、データブロックを利用してテキストデータを埋め込んでいる例です。

08 データブロックを利用してテキストデータを埋め込んだ記述例

```
<script type="text/x-message-data" id="data1">
  Welcome!
  You are lucky!
</script>
<script>
  const data = document.getElementById("data1").text;
  alert(data);
</script>
```

08ではscript要素が2つありますが、最初のものがデータブロックです。続くscript要素がクラシックスクリプトで、このJavaScriptによってデータの内容を取得し、表示しています。

JSONデータを埋め込むこともできます。09のようにJSON-LDによるメタデータを埋め込むと、検索エンジンのクローラーがこれを認識してメタデータを取得することがあります。

MEMO

クラシックスクリプトとみなされる値の正確な一覧は、MIME Sniffing Standardで定義されています。
https://mimesniff.spec.whatwg.org/#javascript-mime-type

よく利用されるのは "application/javascript" と "text/javascript" です。RFC 4329では "application/javascript" が推奨されていましたが、RFC 4329を廃止して "text/javascript" に一本化する仕様が策定中です。

RFC 4329 Scripting Media Types
https://datatracker.ietf.org/doc/html/rfc4329
ECMAScript Media Types Updates
https://datatracker.ietf.org/doc/html/draft-ietf-dispatch-javascript-mjs

MEMO

モジュールはECMAScript 2015で新たに導入されたもので、JavaScriptをモジュールに分割して扱えるようにしたものです。モジュールではexportで必要な機能を公開し、それをimportで読み込んで利用できます。詳細はMDNなどを参照してください。
JavaScript モジュール - JavaScript | MDN
https://developer.mozilla.org/ja/docs/Web/JavaScript/Guide/Modules
ECMAScriptモジュール · JavaScript Primer
https://jsprimer.net/basic/module/

MEMO

正確には、クラシックスクリプトにもモジュールスクリプトにも当てはまらない値はすべてデータブロックとみなされます。しかし仕様では、type属性はMIMEタイプでなければならないとされています。これは、将来の仕様でtype属性に"module"以外のキーワードが使えるようになったときに、誤動作しないようにするためです。

09 JSON-LDによるメタデータを埋め込んだ記述例

```
<script type="application/ld+json">
{
  "@context":"https:\/\/schema.org",
  "@type":"BreadcrumbList",
  "itemListElement": [
    {
      "@type":"ListItem",
      "position":1,
      "item":{
        "@id":"https:\/\/www.example.com",
        "name":"example"
      }
    }
  ]
}
</script>
```

廃止された属性：language属性

古くに書かれたHTMLでは、type属性の代わりにlanguage属性が指定されていたこともありました。現在のHTMLではlanguage属性は廃止されています。

ただし、過去との互換性のために、ブラウザーはlanguage属性によるタイプ判定をすることがあります。type属性が指定されておらず、かつlanguage属性に空でない値が指定されている場合、"text/"に続けてlanguage属性の値を連結した値がtype属性に指定されているものとみなします。

type属性が指定されている場合、language属性は無視されます。language属性が指定された古いHTMLを修正する機会があれば、language属性は削除し、クラシックスクリプト以外のものにだけtype属性を指定するとよいでしょう。

src属性とインラインスクリプト

src属性を利用すると、外部JavaScriptのURLを指定して読み込むことができます。src属性が指定されていない場合、script要素の内容がJavaScriptとして解釈されます。

src属性を指定している場合、script要素の内容に意味のあるJavaScriptを書くことはできません。内容があるとエラーとなりますが、その場合、内容は無視されてsrc属性の指定が優先されます。

ただし、script要素がデータブロックである場合にはsrc属性を指定できず、src属性は無視されます。

src属性を用いた外部JavaScriptの指定は、たとえば10のようになります。内容が空であっても、script要素の終了タグが省略できないことに注意してください。

MEMO

ブラウザーは、データブロックに対して何の処理も行いません。内容がJavaScriptとして実行されることも、ウェブページに表示されることもありません。script要素の属性のうち、type属性以外の属性は指定できません(idなどのグローバル属性は有効です)。次の7つの属性は、データブロックに指定しても無視されます：src、async、nomodule、defer、crossorigin、integrity、referrerpolicy

MEMO

JSON-LD (JSON for Linked Data)は、メタデータをJSON形式で表現する構造化データのフォーマットです。構造化データとは、HTML文書に含まれる要素や属性の意味を伝えるためのもので、RDFaやMicrodataなども構造化データです。
JSON-LDの仕様は、JSON-LD 1.1としてW3C勧告となっています。
https://www.w3.org/TR/json-ld11/

MEMO

たとえば、type属性がなく、language=vbscriptが指定されている場合は、type=text/vbscriptが指定されているものとみなします。これは結果としてデータブロックになります(仮にVBScriptが書かれていても、現在のHTML仕様上は、実行されることはありません)。language=javascriptが指定されている場合は、type=text/javascriptとみなされてクラシックスクリプトとして扱われます。

MEMO

JavaScriptのコメントと改行、空白類文字のみが許されます。詳細は仕様を参照してください。
https://html.spec.whatwg.org/multipage/scripting.html#inline-documentation-for-external-scripts

10 src属性を用いた外部JavaScriptの指定例

```
<script src="sample.js"></script>
<script type="module" src="libs.mjs"></script>
```

●defer属性およびasync属性

src属性で外部JavaScriptを指定して読み込む場合、defer属性やasync属性を使用すると、JavaScriptの読み込みや実行のタイミングを制御できます。defer属性とasync属性はいずれもブール型属性です。

通常、ブラウザーはHTMLを先頭から順に解析していきますが、script要素に遭遇すると、解析を中断してJavaScriptを実行します。JavaScriptの読み込みや実行に時間がかかると、HTMLの解析処理が長時間ブロックされ、ウェブページの表示に時間がかかることになります。

defer属性を指定すると、HTMLの解析と並行してJavaScriptを読み込みます。そのJavaScriptは、JavaScriptの読み込みとHTMLの解析の両方が終わったときに実行されます。

async属性の場合、HTMLの解析と並行してJavaScriptを読み込む点はdefer属性と同様ですが、async属性ではHTMLの解析完了を待たずにJavaScriptを実行します。このため、実行開始時点でHTMLの解析が終わっていないことがあります。

defer属性とasync属性を同時に指定した場合は、async属性の挙動になります。

なお、モジュールスクリプトの場合には、デフォルトで並行読み込みが行われ、HTMLの解析完了を待って実行されます。これはdefer属性が指定されている場合の振る舞いと同様です。言い換えると、モジュールスクリプトではdefer属性は無視され、常にdefer属性があるかのような動作になります。async属性を指定した場合には動作が変わり、HTMLの解析完了を待つことなく実行されるようになります。

11 はHTML仕様に掲載されている図を編集したものでで、defer属性およびasync属性の動作のタイミングをタイムラインで示したものです。

> **MEMO**
> 言い換えると、defer属性が指定されたスクリプトは、DOMContentLoadedイベントが発生するタイミングで初めて実行されます。

> **MEMO**
> async属性が指定されたスクリプトの実行開始のタイミングは不定です。async属性を指定したscript要素が複数ある場合、HTMLソースでの出現順とは異なる順で実行されることもあります。

> **MEMO**
> 互換性のためにdefer属性とasync属性を同時に指定することがあります。両方を指定すると、async属性を理解しない古いブラウザーではdefer属性の挙動になります。

11 defer属性およびasync属性の動作

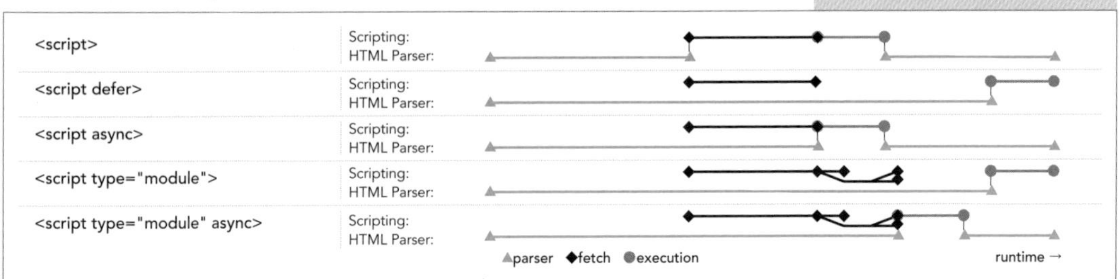

出典：https://html.spec.whatwg.org/images/asyncdefer.svg

JavaScriptの処理内容によっては、単純にdefer属性やasync属性を指定するとうまく動作しないことがあります。たとえば、document.write()メソッドを実行するとエラーとなり、Chromeではコンソールに次のエラーメッセージが出力されます。

```
Failed to execute 'write' on 'Document': It isn't possible to write into a document from an asynchronously-loaded external script unless it is explicitly opened.
```

document.write()メソッド以外にも、HTMLのDOMツリーを参照するような処理が動作しなくなることがあります。DOMContentLoadedイベントをトリガーにして動作させるなど、JavaScript側で遅延実行を想定した実装をしておく必要があります。

なお、defer属性やasync属性を指定できるのは、src属性で外部JavaScriptを読み込んでいる場合だけです。src属性がないscript要素はこれらの属性を指定できず、指定すると構文エラーとなります。

script要素を後から挿入した場合の挙動

DOM操作でscript要素を生成した場合、DOMツリーに挿入されて「結び付けられた（becomes connected）」時点でスクリプトが実行されます。ただし、12のようにcreateElement()メソッドでscript要素を生成した場合、最初からasyncプロパティがtrueになっていることがあります。12で生成したノードをそのままDOMツリーに挿入すると、非同期で実行されます。

12 asyncプロパティがtrueの状態

```
<script>
  // 特に属性を指定せずにscript要素を生成
  const scriptElement = document.createElement('script');
  // 最初からasyncプロパティがtrueになっている
  alert(scriptElement.async); // true
</script>
```

document.write()メソッドでscript要素を書き込んだ場合は、defer属性やasync属性を指定していない限り同期実行になります。この場合、HTMLの解析がブロッキングされ、パフォーマンスに悪影響が出る場合があることに注意してください。

なお、innerHTMLやouterHTMLプロパティでscript要素を書き込んだ場合は、そのJavaScriptは実行されません（非同期で一定時間後に実行されるのではなく、一切実行されません）。

nomodule属性

nomodule属性を利用すると、モジュールを扱えない古いブラウザーにフォールバックを提供できます。13は、モジュールスクリプト"app.mjs"と、フォールバック用のクラシックスクリプト"classic-app.js"を扱う例です。

MEMO
スクリプト実行までのプロセスの詳細は、仕様の4.12.1.1 Processing modelを参照してください。
https://html.spec.whatwg.org/multipage/scripting.html#script-processing-model

13 app.mjsとclassic-app.jsを扱う例

```
<script type="module" src="app.mjs"></script>
<script nomodule src="classic-app.js"></script>
```

モジュールスクリプトをサポートするブラウザーは、nomodule属性が指定されたクラシックスクリプトを無視します。そのため、"app.mjs"のみを実行します。

一方、モジュールをサポートしないブラウザーはtype=moduleを不明な属性として無視するため、モジュールスクリプトは無視されます。そしてnomodule属性を理解しないため、"classic-app.js"を実行します。

● crossorigin属性

crossorigin属性を指定すると、src属性で指定されたリソースをクロスオリジンで参照する場合のCORSの挙動を制御できます。オリジンとCORSについてはCHAPTER 1-5を参照してください。

script要素がクラシックスクリプトとして扱われる場合、crossorigin属性が指定されていないと、単なるGETリクエストでリソースを取得します。

crossorigin属性が指定されている場合、CORSによるリクエストを行います。crossorigin属性に指定された値によって、HTTP認証やCookieなどのクレデンシャル情報の扱いが以下のように変化します。

- "anonymous": HTTP認証やCookieなどのクレデンシャル情報は、同一オリジンに対してのみ送信されます。クロスオリジンの場合には送信されません
- "use-credentials": オリジンにかかわらずクレデンシャル情報が常に送信されます

crossorigin=""が指定されている場合、あるいは単にcrossoriginとだけ指定されている場合は、crossorigin="anonymous"と同じ挙動になります。なお、この属性はあくまでscript要素のsrc属性で指定したリソースの取得を制御するもので、JavaScript内部からのリクエストには影響しません。JavaScript内部からのCORSリクエストについては、たとえばXmlHttpRequestを用いたJavaScriptでwithCredentialsプロパティを設定するなどの対応が必要です。

モジュールスクリプトの場合、crossorigin属性が指定されていなくても、常にCORSによるリクエストが行われます。crossorigin属性を指定すると、クレデンシャル情報の扱いを変更できます。

● integrity属性

integrity属性を使用すると、「サブリソース完全性(Subresource Integrity)」の仕様に沿って外部リソースの完全性をチェックできます。これにより、サブリソースとして取得したJavaScriptが改竄されていないことを確認できます。

MEMO

crossorigin属性が指定されている場合、リクエストにCORSに関連するHTTPヘッダーが追加されます。また、エラー時にはwindow.onerrorイベントハンドラーで詳細なエラー情報が取得できます。

MEMO

Subresource Integrity
https://w3c.github.io/webappsec-subresource-integrity/

外部のサイトから読み込んでJavaScriptを実行している場合、その外部のサイトが攻撃を受けてJavaScriptが改竄されると、読み込んでいる側のサイトまで攻撃の影響を受けてしまいます。サブリソース完全性はこのようなリスクに対応する仕組みで、ハッシュ値の照合によってリソースの改竄チェックを行います。

integrity属性の値は、ハッシュアルゴリズムを示す接頭辞と、base64でエンコードされたハッシュ値を - (U+002D、ハイフン)でつないだ文字列です。integrity属性が指定されており、指定されたハッシュ値がリソースのハッシュ値と一致しなかった場合、リソースは読み込まれず、ネットワークエラーで取得に失敗した扱いとなります。

integrity属性は、スペースで区切って複数の値を指定できます。14 はSubresource Integrity仕様で挙げられている例です。

MEMO
ハッシュアルゴリズムの接頭辞として現在利用できるものは、sha256、sha384、sha512です。

14 Subresource Integrity仕様で挙げられている例

```
<script src="hello_world.js"
  integrity="sha384-H8BRh8j4809oYatfu5AZzq6A9RINhZO5H16dQZngK7T62em8MUt1FLm52t+eX6xO
  sha512-Q2bFTOhEALkN8hOms2FKTDLy7eugP2zFZ1T8LCvX42Fp3WoNr3bjZSAHeOsHrbV1Fu9/
  A0EzCinRE7Af1ofPrw=="
  crossorigin="anonymous"></script>
```

14 では、SHA-384とSHA-512という強度の異なるハッシュ値を指定しています。このように強度の異なるハッシュ値を列挙すると、ブラウザーが対応している中でもっとも強度の高いものが採用されます。

15 のように強度が同一のハッシュ値を列挙した場合、ブラウザーはそのすべてを採用します。

15 強度が同一のハッシュ値を複数指定した場合の例

```
<script src="https://example.com/example-framework.js"
  integrity="sha384-Li9vy3DqF8tnTXuiaAJuML3ky+er10rcgNR/VqsVpcw+ThHmYcwiB1pbOxEbzJr7
  sha384-+/M6kredJcxdsqkczBUjMLvqyHb1K/JThDXWsBVxMEeZHEaMKEOEct339VItX1zB"
  crossorigin="anonymous"></script>
```

この場合、ブラウザーはハッシュ値のいずれかがマッチした場合に整合性のあるリソースであると判断します。

なお、integrity属性を指定できるのは、src属性で外部JavaScriptを読み込んでいる場合だけです。src属性がないscript要素にはこの属性を指定できず、指定すると構文エラーとなります。

MEMO
外部リソースに更新の予定がある場合、更新前後のハッシュ値を両方とも指定しておくと、更新のタイミングに合わせてintegrity属性を書き換える必要がなくなります。

referrerpolicy属性

referrerpolicy属性を使用すると、JavaScriptを参照する場合の「リファラーポリシー（Referrer Policy）」を指定できます。CHAPTER 3-6も参照してください。

script要素にreferrerpolicy属性を指定した場合、src属性で指定したリソースだけでなく、そのJavaScriptからimportで読み込まれるリソースにもポリシーが適用されます。16はHTML仕様で挙げられている例です。

16 referrerpolicy属性の記述例

```
<script referrerpolicy="origin">
  fetch('/api/data');
  import('./utils.mjs');
</script>
```

referrerpolicy属性で指定したポリシーはfetch()で読み込むリソースには適用されませんが、import()で読み込むリソースには適用されます。

●廃止された属性：charset属性

以前のHTMLではscript要素にcharset属性を指定できましたが、現在は廃止されています。これは、外部JavaScriptファイルの文字エンコーディングを指定するものでした。

現在のHTMLでは、外部JavaScriptファイルの文字エンコーディングはHTTPレスポンスヘッダーのcharsetパラメーターに依存し、charsetパラメーターがない場合はUTF-8とみなされます。charset属性は基本的に無視されますので、指定しないようにします。

MEMO

charset属性の値が"utf-8"の場合（大文字小文字は区別しません）のみ、「旧式だが適合する機能」として仕様に適合します。"utf-8"以外の値が指定されている場合は構文エラーですが、ブラウザーは互換性のために、その値をヒントとして利用することがあります。

外部スクリプト取得時の文字コード判定の詳細は、HTML仕様およびRFC 4329を参照してください。

8.1.4.2 Fetching scripts
https://html.spec.whatwg.org/multipage/webappapis.html#fetch-a-classic-script

RFC 4329 4.2. Character Encoding Scheme Detection
https://datatracker.ietf.org/doc/html/rfc4329.html#section-4.2

noscript要素

noscript要素を用いると、ブラウザーのJavaScriptが無効になっている場合のフォールバックコンテンツを提供できます。JavaScriptが有効である場合、この要素の内容は表示されません。

たとえば、スクロールしてから画像が表示されるような場所に配置されるimg要素に対し、JavaScriptを用いて遅延読み込み（lazy loading）を行う場合、17のように記述することで、JavaScriptが無効の環境でも画像を表示させることができます。

MEMO

noscript要素を利用できるのは、HTML構文の場合のみです。XML構文ではnoscript要素は使用してはならないと定められています。

17 noscript要素の記述例

```
<img src="blank.jpg" data-src="target.jpg" alt="">
<noscript><img src="target.jpg" alt=""></noscript>
```

フォールバックコンテンツの表現には、必ずしもnoscript要素は必要ありません。たとえば18のように、JavaScript無効時のコンテンツをHTMLに書いておき、JavaScriptによるDOM操作で書き換える方法があります。このようにすると、HTMLに書いたメッセージがフォールバックとして機能します。

18 noscript要素を使用せずにフォールバックコンテンツを記述する例

```
<p id="message">(JavaScript無効時のフォールバックコンテンツ) </p>
<script>
  document.getElementById("message").textContent="JavaScript有効時のコンテンツ"
</script>
```

内容モデル

noscript要素の内容モデルは、JavaScript有効時と無効時で異なります。

JavaScript有効時、noscript要素の内容は単なるテキストとみなされ、noscript要素の終了タグ以外のマークアップは解釈されません。

JavaScript無効時は以下のようになります。

- noscript要素がhead要素の内側で出現した場合、子要素にできるのはlink、style、meta要素だけです
- noscript要素がhead要素の外側で出現した場合、内容モデルがTransparentであるように振る舞います。ただし、子孫にnoscript要素を入れることはできません

MEMO

ただし、script要素やnoscript要素の開始タグ・終了タグをすべて取り除いたときにHTMLとして適切な構文になっていないと、構文エラーとされます。

canvas要素

canvas要素は、JavaScriptで任意のビットマップを描画できるキャンバスを表します。グラフや画像、映像などの描画に利用できます。

19 はcanvas要素に円弧を描画する例です。表示例は 20 です。

MEMO

canvas要素にはさまざまなものを多岐にわたる方法で描画できます。具体的な描画の仕方は、MDNのチュートリアルなどを参照してください。
Canvas チュートリアル
https://developer.mozilla.org/ja/docs/Web/API/Canvas_API/Tutorial

19 canvas要素に円弧を描画する記述例

```
<canvas id="canvas01" width="100" height="100">
  <img src="sample.png" alt="[図] 円弧の例">
</canvas>
<script>
  const canvas = document.getElementById('canvas01');
  const c = canvas.getContext('2d');
  c.strokeStyle = '#ff6600';
  c.beginPath();
  c.arc(50, 50, 40, 0, 0.5 * Math.PI, true);
  c.stroke();
</script>
```

20 ブラウザーによる 19 の表示例

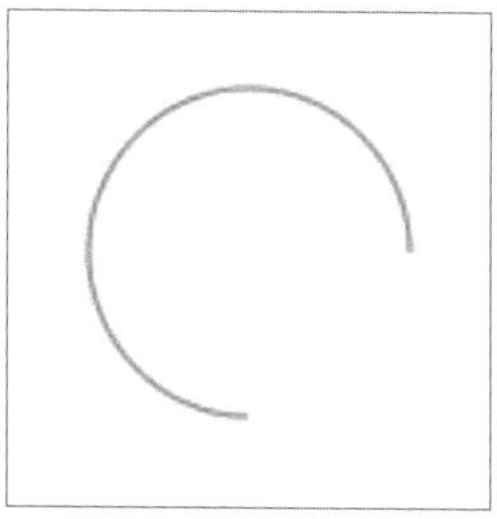

canvas要素にはさまざまなものを多岐にわたる方法で描画できますが、具体的な描画の仕方は本書の扱う範囲を超えますので、割愛します。MDNのチュートリアルなどを参照してください。

内容モデル

canvas要素の内容モデルはtransparentです。ただし、インタラクティブコンテンツを子孫要素にはできません。

canvas要素の内容は、canvas要素が利用できない場合のフォールバックコンテンツとして機能します。canvas要素が画像として使用されている場合は、代替となるimg要素などを入れておくとよいでしょう。より複雑な機能を提供している場合は、可能な限りその機能を代替できる内容を入れておくべきです。

> MEMO
> インタラクティブコンテンツには、a要素、button要素、tabindex属性が指定された要素などが含まれます。詳細はCHAPTER 3-1を参照してください。

属性

width属性とheight属性でcanvas要素のピクセルサイズを指定できます。省略時のデフォルト値はwidthが"300"、heightが"150"です。

アクセシビリティ上の注意点

canvas要素にデフォルトのARIAロールはありません。canvas要素はさまざまな視覚表現ができますが、canvas要素自体はセマンティクス上の意味を持たないことに注意してください。

canvas要素以外で表現できるものにcanvas要素を利用するのは避けたほうがよいでしょう。特に、見出しやナビゲーションをcanvas要素に置き換えると、支援技術でナビゲーションできなくなるなど、アクセシビリティ上の問題が発生することがあります。

> MEMO
> かつて、ナビゲーションをすべてFlashで実装する企業サイトが流行し、アクセシビリティ上の大きな問題となりました。canvas要素も同じような使い方ができますが、同じ問題を繰り返さないようにしたいものです。

Web Components

Web Componentsは、HTML要素をコンポーネント化する技術群の総称です。主要な技術としては、以下の3つで構成されています。

- カスタム要素
- Shadow DOM
- HTMLテンプレート(template要素、slot要素)

本書では、HTML要素として存在するtemplate要素、slot要素と、カスタム要素について簡単に紹介します。

> MEMO
> Web Componentsの詳細は、MDNを参照してください。
> https://developer.mozilla.org/ja/docs/Web/Web_Components

template要素

template要素は、それ自身は何も表さない、HTML断片のコンテナーです。template要素は、その内容も含めレンダリングされません。主に、JavaScriptによって文書に挿入するためのHTMLの断片を書いておくために使用します。

JavaScriptから使用するデータをHTMLに含めるという意味では、script要素によるデータブロックにも似ていますが、template要素の内容はHTMLとして解析され、DOMツリーが作られるという点で異なります。このDOMツリーはどこにも挿入されず、template要素のcontentプロパティからDocumentFragmentオブジェクトとして取得できます。

MEMO
template要素の利用法については、MDNを参照してください。
<template>: コンテンツテンプレート要素
https://developer.mozilla.org/ja/docs/Web/HTML/Element/template

内容モデル

template要素の内容モデルはNothingと定義されています。前述のように、template要素の内容はHTMLとして解析されますが、DOMツリーに直接挿入されることはなく、あたかもtemplate要素の内容が空であるように振る舞います。

slot要素

slot要素は、Shadow DOMにおけるスロット、可変値を挿入するためのプレースホルダーを定義します。

slot要素には、name属性で名前を与えることができます。Shadow DOMを利用する際、要素にslot属性で名前を指定して渡すと、対応する名前のslot要素の箇所に挿入されます。

MEMO
slot要素の利用法については、MDNを参照してください。
<slot>: ウェブコンポーネントのスロット要素
https://developer.mozilla.org/ja/docs/Web/HTML/Element/slot

内容モデル

slot要素の内容モデルはtransparentです。slot要素はプレースホルダーであり、その内容は何かに置換される想定ですが、内容を入れておくと、置換されない場合のデフォルト値として利用できます。

カスタム要素

「カスタム要素(Custom Elements)」は、Web Componentsを構成するものの1つです。

古くから、独自に定義した要素を利用したいというニーズがコンテンツ制作者にあります。そのような独自の要素を実際に使用すると、ブラウザーは柔軟に解釈することがある一方で、古いHTML仕様ではそのような独自の要素は定義されていないため、構文エラーとなります。

現在のHTML仕様では、カスタム要素として、コンテンツ制作者が自由にHTMLの要素名を一定の制約のもとで定義できます。これにより、HTML仕様に適合させながら、独自に定義した要素を利用できます。

要素名の制約

カスタム要素の要素名の制約は、大まかには以下の2点となります。

- アルファベットの小文字で始まること
- 1つ以上の - (ハイフン)を含むこと

21 はカスタム要素の使用例です。これは、Googleの検索結果で使用されている5つ星の評価のマークアップです。

21 カスタム要素の記述例

```
<g-review-stars>
  <span class="fTKmHE99XE4__star-default" role="img" aria-label=
  "5 点中 3.5 点の評価、">
    <span style="width:46px"></span>
  </span>
</g-review-stars>
```

カスタム要素の種類

カスタム要素には、大きくわけて次の2種類があります。

- 自律カスタム要素(autonomous custom element):任意の要素を表すHTMLElementインターフェイスを拡張する
- カスタマイズされた組み込み要素(customized built-in element):HTML仕様で定義された要素を拡張する。たとえば、HTMLButtonElementインターフェイスであればbutton要素をもとに拡張できる

カスタム要素を利用する際は、JavaScriptを用いて、カスタム要素自身と、その動作を定義していくことになります。詳細についてはGoogle Developersの記事などを参照してください。

MEMO

HTMLの要素はハイフンを含む要素名を持たず、またMathMLやSVGの要素でハイフンを含む要素名は限られています。そのため、ソースコード上でそのようなハイフンを含む要素に遭遇した場合、ほぼカスタム要素と考えてよいでしょう。
要素名の正確な制約は、HTML仕様に示されるPotentialCustomElementNameで定義されています。
https://html.spec.whatwg.org/multipage/custom-elements.html#prod-potentialcustomelementname

MEMO

Custom Elements v1: Reusable Web Components | Web Fundamentals | Google Developers
https://developers.google.com/web/fundamentals/web-components/customelements

CHAPTER

4

主要な属性とWAI-ARIA

01 グローバル属性

THEME テーマ

HTMLの個々の要素は異なる属性を持ちますが、属性の中には、複数の要素に共通して利用できるものもあります。ここでは、すべての要素で共通して利用できるグローバル属性について説明します。

グローバル属性とは

「グローバル属性(Global attributes)」とは、すべてのHTML要素に共通して利用できる属性です。HTML仕様が定義しているもののほかに、WAI-ARIA仕様やXML仕様など、他の仕様で定義されているものもあります。

ここでは、グローバル属性のうち代表的なものを紹介します。ここで紹介していない属性については、仕様を参照してください。

> **MEMO**
> WAI-ARIA仕様で規定されているrole属性やaria-*属性については、CHAPTER 4-2で詳しく説明します。XML仕様ではxml:langなどの属性が定義されていますが、これはXML構文の場合のみ利用できます。HTML構文の場合には効果がなく、単に無視されます。

> **MEMO**
> HTML仕様が定義するグローバル属性の一覧は、仕様の「3.2.6 Global attributes」で確認できます。
> https://html.spec.whatwg.org/multipage/dom.html#global-attributes

title属性

title属性は、要素に対するヒントや助言の情報を表します。属性値は任意のテキストです。

一部の要素ではtitle属性が特別な意味を持ちます。abbr要素(P145)、dfn要素(P144)、link要素(P164)、特定の属性が指定されたinput要素(P215)などが該当します。詳細はそれぞれの要素の説明を参照してください。

アクセシビリティ上の注意点

title属性の値はユーザーに伝わらない可能性があることに注意してください。ほとんどのブラウザーは、要素にマウスポインターを乗せたときにtitle属性の値をツールチップとして表示します。タッチスクリーンやキーボードで操作している場合、ツールチップを表示できないことがあります。

スクリーンリーダーでは、特定の条件下で、title属性の値を「アクセシブルな名前(accessible name)」として扱います。たとえばimg要素でalt属性が存在しない場合、title属性の値をアクセシブルな名前として読み上げます。

> **MEMO**
> アクセシブルな名前についての詳細は、CHAPTER 4-3を参照してください。

lang属性

lang属性は、指定された要素の言語(自然言語)を指定します。主に以下のような用途があります。

・言語によって適切なフォントやグリフを選択する(中国語繁体字、簡体字、日本語で漢字の字形が異なる場合など)

- 言語によって引用符を選択する(CHAPTER 3-5のP142にあるq要素も参照してください)
- スクリーンリーダーの音声合成エンジンを選択する
- 翻訳機能を利用する際、翻訳元の言語を特定する

属性値には、BCP47の「言語タグ(language tag)」を指定します。日本語を表す言語タグとしては、jaやja-JPが利用されます。言語タグは「サブタグ(subtag)」を組み合わせて構成されており、ja-JPの場合にはjaの部分が「言語(language)」サブタグ、JPの部分が「地域(region)」サブタグです。2つ以上のサブタグを使う場合、-(ハイフン)でつなぎます。

ほかによく見るものとして「用字(script)」サブタグがあります。たとえば、ja-Hiraで日本語のひらがなを表すことができます。

以下に英語と中国語の言語タグの例を示します。

- en(英語)
- en-GB(イギリス英語)
- en-US(アメリカ英語)
- zh(中国語)
- zh-Hans(繁体字中国語)
- zh-Hant-HK(香港で使われる、繁体字中国語)

言語サブタグは必須ですが、それ以外のサブタグは必須ではありません。「日本で話される日本語」を意味するja-JPは、単に「日本語」を意味するjaで十分です。不要なサブタグは省略し、できるだけ簡潔に表現しましょう。

lang属性の値は大文字小文字を区別しません。一般的に言語サブタグを小文字、地域サブタグを大文字で記述しますが、これは慣習的なものに過ぎません。

言語指定は子孫要素に継承されます。このため、html要素にlang属性を指定すれば、個別の要素にlang属性を指定しなくても、すべての要素に言語の指定が行われます。

どの祖先要素にもlang属性がない場合、meta要素かウェブページのHTTPレスポンスヘッダーで指定されたContent-Languageの値が参照されます。いずれもない場合、言語指定は不明(unknown)となります。原則として、html要素のlang属性でページ全体の言語を指定しておくべきです。

XML構文の場合

XML構文の場合、XMLの属性であるxml:lang属性も使用できます。属性値の規則はlang属性と同じです。古いXHTMLの慣習として、xml:lang属性とlang属性の両方を記述することもあります。

lang属性とxml:lang属性の両方を記述する場合、両者に同じ値を指定しなければなりません(大文字小文字の違いは許容されます)。

MEMO

言語タグの組み立て方に関する詳しい情報は、W3CのHTMLとXMLにおける言語タグを参照してください。
https://www.w3.org/International/articles/language-tags/

MEMO

CSSで言語指定にマッチさせたい場合は、属性セレクターでlangの値を指定するのではなく、:lang()擬似クラスを利用します。

MEMO

xml:lang属性はXML仕様で定義されています。
Extensible Markup Language (XML) 1.0 (Fifth Edition)
https://www.w3.org/TR/xml/#sec-lang-tag

アクセシビリティ上の注意点

スクリーンリーダーは、lang属性の値によって音声合成エンジンを切り替えることがあります。適切な言語設定が行われていないと、コンテンツを一切読み上げなかったり、理解不能な読み上げをすることがあります。アクセシビリティの観点からも、html要素にlang属性を用いてページ全体の言語を指定しておくべきです。

> MEMO
> 言語の指定は、WCAG 2.1達成基準3.1.1「ページの言語」で要求されています。
> Success Criterion 3.1.1 Language of Page
> https://www.w3.org/TR/WCAG21/#language-of-page

style属性

要素にstyle属性を指定すると、その要素に対してCSSのスタイルを設定できます。属性値にはCSSの「宣言(declaration)」を記述します。セミコロンで区切って複数の宣言を記述できます。

style属性で指定した宣言の「詳細度(specificity)」はもっとも高くなり、style要素や外部スタイルシートに含まれる他のあらゆるセレクターよりも優先されます。

複数の要素に対してまとめてスタイルを指定したい場合は、style要素(P104)を使用するか、link要素で外部スタイルシート(P176)を利用するのがよいでしょう。

> MEMO
> style属性はCSS Style Attributes仕様で定義されています。
> CSS Style Attributes
> https://www.w3.org/TR/css-style-attr/

> MEMO
> 古いCSS仕様では、style属性はIDセレクターと同一の詳細度とされていましたが、現在ではstyle属性が最優先となっています。
> 2021年現在、スタイルの継承や詳細度はCSS Cascading and Inheritance Level 4仕様で定義されています。
> Specificity
> https://www.w3.org/TR/css-cascade/#cascade-specificity

アクセシビリティ上の注意点

CSS一般の注意点として、CSSで要素の見た目を変更しても、そのことがスクリーンリーダーのユーザーに伝わらない場合があります。

display:noneを指定した場合、その要素はアクセシビリティツリーから取り除かれます。つまり、視覚だけでなく、スクリーンリーダーでも読み上げられなくなります。

table要素のdisplayプロパティの値をtable以外に変更すると、スクリーンリーダーはテーブルとして扱わなくなることがあります。

class属性

class属性を利用すると、要素のクラス名を指定できます。値はスペース区切りのトークンで、複数の値をASCII空白文字で区切って指定できます。また、空の値(class="")も指定可能です。

クラス名はセマンティクス上の特定の意味を持つものではなく、コンテンツ制作者が自由に命名して指定できます。

> MEMO
> 空の値を指定した場合、クラス名が指定されていないものとみなされます。意味はありませんが構文エラーにもなりません。

クラス名の用途

クラス名は主に以下のような用途に用いられます。

- CSSのスタイルを適用する
- JavaScriptで使用する

また、マイクロフォーマットと呼ばれるメタデータの記述に用いられることもありました。

CSSのスタイルを適用する

CSSのクラスセレクターを利用すると、特定のクラス名を持つ要素にスタイルを適用できます。01 の例では、class="global-footer__top" が指定された要素にスタイルを適用します。

01 クラスセレクターを用いて要素にスタイルを適用する例

```
.global-footer__top {
  margin-top: 3em;
}
```

JavaScriptで使用する

クラス名はJavaScriptでも利用できます。getElementsByClassName()メソッドで特定のクラス名を持つ要素を取得したり、querySelector()メソッドでクラスセレクターとして利用できます。

02 は、"js-menu-button" というクラス名の要素をメニューボタンとして扱うJavaScriptの例です。

02 JavaScriptで対象のクラスを一括処理する例

```
<script>
  const menuButtonsList = document.querySelectorAll('.js-menu-button');
  menuButtonsList.forEach(element => {
    // メニューボタンの処理
  });
</script>
```

JavaScriptからクラス名の追加や削除をする場合は、classListプロパティが便利です。03 のように追加、削除、トグルなどの操作ができます。

03 classListプロパティの利用例

```
<div id="menu_target" class="c1 c2">menu</div>
<script>
  const target = document.getElementById('menu_target');
  target.classList.add('c3'); // c3を追加。class="c1 c2 c3" に
  target.classList.remove('c2'); // c2を削除。class="c1 c3" に
  target.classList.toggle('c1'); // c1がなければ追加、あれば削除。class="c3"に
</script>
```

MEMO

「マイクロフォーマット（Micro formats）」は、既存のHTMLのclass属性やrel属性などを利用して、その要素の意味を表すものです。P282のコラム「マイクロフォーマット」も参照してください。

MEMO

要素の特定には後述のid属性も利用できますが、クラス名は複数の要素に同一の名前を指定できるため、複数の要素を一括処理したい場合に適しています。

MEMO

IDL属性のclassNameプロパティを利用する方法もあります。ただし、この場合はclass属性の属性値にアクセスするため、クラス名が複数指定されていると、すべてのクラス名を含んだスペース区切りの値が返ってくることになります。

COLUMN

マイクロフォーマット

「マイクロフォーマット(Microformats)」と呼ばれる仕様は、(HTML4に対して)要素や属性を追加することなく、既存のHTMLのclass属性やrel属性などを利用して、その要素の意味を表すという試みです。01は、マイクロフォーマットの仕様の1つであるh-card(*1)の例です。

01 マイクロフォーマットの例

```
<div class="h-card">
  <a class="p-name u-url"
     href="https://blog.lizardwrangler.com/"
    >Mitchell Baker</a>
  (<a class="p-org h-card"
      href="https://mozilla.org/"
     >Mozilla Foundation</a>)
</div>
```

*1：http://microformats.org/wiki/h-card

h-やp-の接頭辞の付けられたものがマイクロフォーマットのクラス名です。この例では、2つのa要素とその内容が、それぞれ人名と組織名を表すことがわかるようになっています。

マイクロフォーマットの大きな特徴は、既存の属性を利用してメタデータを表現することです。仕様上、HTMLの語彙を拡張せずに済む反面、既存の属性を別の目的で用いることには実務上の弊害があります。特にclass属性では、スタイル定義のための名前とメタデータが混ざり合うことになり、クラス名の管理が難しくなります。

現在のHTMLでは、専用の語彙を用いるJSON-LDやマイクロデータ、RDFaなどが利用できます。新規でメタデータを埋め込む場合は、これらを利用するとよいでしょう。

●クラス名の命名

class属性の属性値はスペース区切りのトークンであるため、クラス名にはASCII空白文字を含めることができません。そのほかには特に制約がなく、ASCII英数字はもちろん、漢字や絵文字なども使えます。

クラス名の命名は開発者の自由ですが、無秩序に命名すると運用や管理が困難になる場合があります。管理のためのクラス名の命名規則にはいくつもの流儀があり、CSS設計手法として知られています。参考にしてルールを整えるとよいでしょう。

MEMO

慣習として、JavaScriptからの操作を前提としたクラス名には、js-というプレフィクスを付けることがあります。こうすることで、JavaScriptで操作するためのクラス名であることが明確になります。

アクセシビリティ上の注意点

仕様では、コンテンツの見た目ではなく性質を表す名前を使うことが奨められています。ただし、性質によって名付けたとしても、ユーザーエージェントにその性質が伝わるわけではないことに注意してください。たとえば、class=headingと名付けても、その要素が見出しとして扱われることはありません。

要素の役割や状態を伝えたい場合は、ARIA属性を利用します。ARIA属性の詳細についてはCHAPTER 4-2を参照してください。

COLUMN

状態を伝える属性

要素の状態を伝えるためにclass属性を利用することもありますが、この場合も、ユーザーエージェントに状態は伝わりません。01は、ボタンの押下時に見た目が変化する例です。ボタンが押されるとJavaScriptの処理で"js-pressed"というクラスが付き、対応するCSSが適用されて見た目が変化します。

01 class属性で見た目が変化する例

```
<style>
  .js-pressed {
    /* 押されたときのスタイル */
  }
</style>
<button class="js-pressed">このボタンは押されている</button>
```

ボタンの見た目が変化するため、視覚的には押された状態が伝わりますが、ユーザーエージェントや支援技術には伝わりません。

支援技術に押された状態を伝えるには、02のようにaria-pressed属性を利用します。

02 class属性の代わりにaria-pressed属性を用いた例

```
<style>
  [aria-pressed="true"] {
    /* 押されたときのスタイル */
  }
</style>
<button aria-pressed="true">このボタンは押されている</button>
```

02からはclass属性がなくなっていることに注目してください。

class属性とARIA属性は併用できますが、属性セレクターを利用することで、ARIA属性のみでスタイルの変化を実装できます。こうすることで、意味を伝えると同時に、class属性を削除してHTMLをシンプルにできます。

id属性

id属性を利用すると、要素に対して「ユニークID（unique identifier）」を付与できます。ユニークIDは単に「ID」と略して呼ぶこともあります。IDは文書内において唯一でなければなりません。同一のIDを持つ要素が同じ文書内に存在すると、構文エラーとなります。

IDの用途

IDは主に以下のような用途で用いられます。

- URLのフラグメント
- 他要素からの参照
- JavaScriptでの使用
- CSSスタイルの適用

●URLのフラグメント

URLのフラグメントは、IDのもっとも代表的な用途です。ページ内の特定箇所へのリンクに利用できます。04は、ページ内の目次から見出しへリンクする例です。

MEMO

IDは俗称ではなく、仕様で使われている略称です。
An element can have an associated unique identifier (ID)
https://dom.spec.whatwg.org/#concept-id

04 URLのフラグメントの例

```
<ul class="toc">
  <li><a href="#section1-1">1-1. HTMLについて</a></li>
</ul>
...
<h2 id="section1-1">1-1. HTMLについて</h2>
```

●他要素からの参照

HTMLの要素には、他の要素と連携して機能するものがあり、属性値として他の要素のIDを指定するものがあります。代表例はlabel要素のfor属性(P213)で、05のように記述します。

05 label要素のfor属性でIDを参照する例

```
<label for="username01">ユーザー名</label>
...
<input type="text" name="username" id="username01">
```

ほかにも、input要素のform属性(P235)やlist属性(P232)など、他の要素のIDを参照する属性がいくつかあります。

繰り返しになりますが、複数の要素に同一のIDを指定できないことに注意してください。特に、HTMLを機械的に生成してlabel要素などを繰り返し出力しているケースでは、IDの重複が起こりがちです。末尾に連番を付けるなど、IDを重複させないような工夫が必要になります。

●JavaScriptでの使用

IDはJavaScriptでも利用できます。

getElementById()メソッドでそのIDを持つ要素を取得したり、querySelector()やquerySelectorAll()メソッドでIDセレクターとして利用できます。

●CSSスタイルの適用

IDは、CSSのスタイルを適用するためにも利用できます。06の例では、id="global-footer"が指定された要素にスタイルを適用できます。

06 IDセレクターを用いて要素にスタイルを適用する例

```
#global-footer {
  margin-top: 3em;
}
```

●IDの命名

IDには、ASCII空白文字を除くすべての文字が利用できます。ASCII空白文字が含まれている場合、構文エラーとなります。class属性と異なり、複数のIDを列挙する指定はできませんので注意してください。また、空のID（id=""）も指定できず、構文エラーとなります。

MEMO

フラグメントを利用したリンクについては、CHAPTER 1-5のフラグメント、CHAPTER 3-5のa要素も参照してください。

MEMO

属性によっては、複数のIDを列挙して参照できるものもあります。output要素のfor属性(P250)や、WAI-ARIAのaria-labelledby属性(P302)などが該当します。詳細はそれぞれの属性の説明を参照してください。

MEMO

要素の特定には前述のclass属性も利用できます。複数の要素に同一のIDは指定できないため、複数の要素を一括処理したい場合にはclass属性のほうが適しています。

MEMO

近年のCSS設計では、IDセレクターを使わず、クラスセレクターのみで統一することを好む傾向も見られます。class属性の説明も参照してください。

MEMO

HTML4では、IDに利用できる文字はASCII英数字、-（ハイフン）、_（アンダースコア）、.（ピリオド）、:（コロン）のみで、かつ、先頭がASCII英字でなければなりませんでした。現在のHTML仕様にはそのような制限はありません。

大文字小文字は区別されることに注意してください。07の例では、要素に"Test"と"test"というIDを付けていますが、両者は同一視されません。

07 IDの大文字小文字が区別される例

```
<h1 id="test">h1</h1>
<p id="Test">p</p>
<script>
  const test1 = document.getElementById('test');
  console.log(test1); // h1
  const test2 = document.getElementById('Test');
  console.log(test2); // p
  const test3 = document.getElementById('TEST');
  console.log(test3); // null
</script>
```

前述のように、IDはURLのフラグメントとしても使われます。URLは慣習的に小文字で書かれるため、IDの命名も小文字が好まれる傾向があります。

tabindex属性

tabindex属性を利用すると、その要素がフォーカスを受け取るかどうかを制御できます。

キーボード操作時には、Tabキーを押すことで、一定の順序でフォーカスを移動させることができます。このときのフォーカス移動を「シーケンシャルフォーカスナビゲーション(sequential focus navigation)」と呼びます。通常は、DOMツリー順(HTMLソースコード中の要素の出現順)にフォーカスが遷移します。

ただし、すべての要素がフォーカスを受け取るわけではありません。

HTMLの要素の中には「フォーカス可能(focusable)」と定義されているものがあり、フォーカス可能な要素だけがシーケンシャルフォーカスナビゲーションの対象になります。フォーカス可能な要素は、JavaScriptのfocus()メソッドでフォーカスを受け取ることもできます。

tabindex属性を使用すると、フォーカス可能でない要素をフォーカス可能にできます。

tabindex属性の属性値には整数を指定します。属性の有無と指定する数値によって挙動が変化します。

属性が指定されていない場合

tabindex属性が指定されていない場合、もともとフォーカス可能とされている要素であればフォーカスを受け取ります。そうでない場合はフォーカスを受け取りません。

MEMO

HTML4の仕様ではIDの大文字小文字を区別しませんでした。正確には、SGMLの処理ルール上、小文字を大文字に変換して解釈することになっていました。

MEMO

IDには日本語の文字も利用できます。ただし、URLの中に現れる場合、パーセントエンコード(P064)で表現されて読みにくくなることがあります。

MEMO

Tabキーでは順方向に、Shift+Tabキーでは逆方向にフォーカスを移動できます。

MEMO

フォーカス可能な要素の代表例は、a要素やbutton要素などのインタラクティブコンテンツです。フォーカスに関する挙動の詳細は、仕様の6.5 Focusを参照してください。
6.5 Focus
https://html.spec.whatwg.org/multipage/interaction.html#focus

0を指定した場合

tabindex=0を指定した場合、その要素がフォーカス可能と分類されていない場合でもフォーカスを受け取るようになります。シーケンシャルフォーカスナビゲーションのフォーカス順序には影響せず、DOMツリー順にフォーカスが遷移します。

負の数を指定した場合

tabindex=-1など、負の値を指定した場合、要素はフォーカス可能となり、JavaScriptのfocus()メソッドではフォーカスを受け取りますが、シーケンシャルフォーカスナビゲーションの対象になりません。そのため、キーボード操作でフォーカスを移すことができません。主にJavaScriptでフォーカスを制御する場合に使用します。

正の数を指定した場合

正の値を指定した場合、tabindex=0の場合と同様にフォーカス可能になります。

加えて、シーケンシャルフォーカスナビゲーションのフォーカス順序が変更され、その要素に優先的にフォーカスが移るようになります。複数の要素に正の値のtabindex属性が指定されていると、数値の小さいものが優先され、小さいものから大きいものへと順にフォーカスが移ります(同値の場合はDOMツリー順になります)。

正の値を使用すると、見た目とはまったく異なるフォーカス順序も設定できますが、十分な配慮をせずに使用するとアクセシビリティの問題を起こします。アクセシビリティ上の注意点も参照してください。

アクセシビリティ上の注意点

キーボード操作でフォーカスを移動するとき、通常はDOMツリー順にフォーカスが遷移します。しかし、tabindex属性に正の値を指定すると、シーケンシャルフォーカスナビゲーションのフォーカス順序が変化します。不用意にフォーカス順序を変更すると、ユーザーが予測しない箇所にフォーカスが移動し、混乱を招くことがあります。

tabindex属性は、特にキーボード操作をするユーザーに対して大きな影響を与えます。WAI-ARIAと組み合わせて、キーボード操作を改善するために利用することもあります。CHAPTER 4-3も参照してください。

MEMO

フォームコントロールにdisabled属性(P234)が指定されて無効になっている場合、tabindex属性を指定してもフォーカス可能にはなりません。

MEMO

負の数であればどの値でも扱いは同じですが、慣習的にtabindex=-1を使用します。

MEMO

WCAG 2.1達成基準2.4.3「フォーカス順序」では、「意味及び操作性を損なわない順序でフォーカスを受け取る」ことが要求されています。
Success Criterion 2.4.3 Focus Order
https://www.w3.org/TR/WCAG21/#focus-order

autofocus属性

autofocus属性を指定すると、その要素が表示されたときに即座にフォーカスを受け取ることが期待されます。autofocus属性はブール型属性です。

この属性を指定できる要素は、基本的に同一ページ内で1つだけです。複数の要素に同時に指定すると構文エラーとなります。

08 のようにtabindex属性と組み合わせると、通常はインタラクティブでない要素にフォーカスを移動させることもできます。

08 autofocus属性とtabindex属性を組み合わせた記述例

```
<div tabindex="0" autofocus>autofocusでフォーカスがページ読み込み時に移動します</div>
```

アクセシビリティ上の注意点

この属性が指定されている要素は、強制的にフォーカスを奪います。スクリーンリーダーは通常、ページの先頭から順に読み上げますが、この属性を持つ要素が存在すると、その要素から読み上げることがあります。ページの読み込みに時間がかかり、ユーザーがコンテンツを読み始めた後でこの属性を持つ要素が出現すると、フォーカスが予想外の場所に突然移動し、混乱を招くことあります。

この属性を有効活用できるのは、ログインフォームや検索フォームしか存在しないページなど、入力欄以外のコンテンツがほとんどないような場合です。入力欄のほかに読むべきコンテンツがある場合、この属性の利用が本当に必要なのかどうかを含め、慎重に検討してください。

MEMO

autofocus属性がdialog要素の子孫要素に指定されている場合、そのdialog要素が表示されたときにフォーカスを受け取ります。この場合、同一のdialog要素内で1つのみ指定できます。

イベントハンドラーコンテンツ属性

「イベントハンドラーコンテンツ属性(event handler content attributes)」を利用すると、要素のイベントが発生したときにJavaScriptを実行できます。

イベントハンドラーとは

ユーザーがクリック操作をする、あるいは画像の読み込みが完了するなど、何らかの動作や出来事をトリガーにしてJavaScriptの処理を実行したい場合があります。そのような動作や出来事を「イベント(event)」と呼びます。

HTML仕様では60以上のイベントが定義されており、キーボードやマウスの操作、フォーカスの受け取りや移動、ページの読み込み、エラー発生などさまざまなものをイベントとしてトリガーにできます。

こういったイベントの発生を監視する仕組みを「イベントリスナー(event listener)」と呼びます。イベントリスナーはイベントを監視し、イベントが発生したときに処理を行います。

MEMO

イベントハンドラーコンテンツ属性は、単にイベントハンドラー属性と呼ぶこともあります。

MEMO

どのようなイベントが存在するのか知りたい場合は、MDNのイベントリファレンスが参考になります。
イベントリファレンス | MDN
https://developer.mozilla.org/ja/docs/Web/Events

イベントリスナーと、イベント時に実行するコードを組み合わせたものを「イベントハンドラー（event handler）」と呼んでいます。

イベントハンドラー属性

イベントハンドラー属性を利用すると、HTMLの要素に対してイベントハンドラーを定義できます。属性名はonで始まり、その直後にイベントの名前が続きます。たとえばonclick属性は、要素のclickイベントに対応するイベントハンドラーを定義します。要素がクリックされると、属性値で指定したJavaScriptを実行します。

このJavaScript内では、eventという名前でイベントオブジェクトを参照できます。09の例では、MouseEventオブジェクトのoffsetXプロパティの値が表示されます。

MEMO

「イベントリスナー」と「イベントハンドラー」の用語は厳密には使い分けられず、同じ意味で使われることもあります。それぞれの正確な定義はHTML仕様を参照してください。
8.1.7.1 Event handlers
https://html.spec.whatwg.org/multipage/webappapis.html#event-handlers

09 イベントハンドラー属性の例

```
<button type="button" onclick="alert(event.offsetX)">このボタンのどこかをクリック</button>
```

COLUMN

イベントハンドラーの戻り値

イベントハンドラー属性値に指定したJavaScriptを実行後、最終的な戻り値がfalseであった場合、要素の本来の動作がキャンセルされます。これはpreventDefault()メソッドを実行するのと同じ効果です。01の例にはa要素が2つありますが、どちらもクリックしても何も起こりません。

01 最終的な戻り値がfalseであった場合の例

```
<script>
  const clickExample = (event) => {
    event.preventDefault();
  }
</script>
<p>
  <a href="https://example.com/" onclick="
  return false">example1</a>
  <a href="https://example.com/" onclick="
  clickExample(event)">example2</a>
</p>
```

余談ですが、button要素の誤用が原因でreturn falseが必要となるケースを見ることがあります。02は、ボタンを押すと住所検索ダイアログが表示されるフォームの断片です。

02 onclick属性にreturn falseを指定している例

```
<form action="https://example.com">
  <!-- さまざまなフォームコントロール -->
  <button onclick="searchAddress(); return
  false">住所検索</button>
  <button>送信</button>
</form>
```

02でreturn falseを指定しているのは、フォーム送信を抑制するためです。しかし、フォーム送信が行われるのは、button要素のtype属性のデフォルトが"submit"であるためです。03のようにtype="button"を指定するだけで、return falseは必要なくなります。

03 02のbutton要素の修正例

```
<form action="https://example.com">
  <!-- さまざまなフォームコントロール -->
  <button type="button" onclick="
searchAddress()">住所検索</button>
  <button>送信</button>
</form>
```

イベントハンドラー属性を使用しないイベント定義

イベントを定義する際、必ずしもHTMLの属性を利用する必要はありません。10の例では、JavaScriptからbutton要素にイベントリスナーを設定しています。このように、JavaScriptからイベントリスナーを設定するほうがスマートであるため、近年ではHTMLのイベントハンドラー属性を利用することは少なくなっています。

10 button要素にイベントリスナーを設定している例

```
<button type="button" id="talk_button">ボタンをクリック</button>
<script>
  const sayHello = () => {
    alert('Hello World!');
  }
  const button = document.getElementById('talk_button');
  button.addEventListener('click', sayHello, false);
</script>
```

> **MEMO**
> イベントハンドラー属性には、CSPとの相性が悪いという問題もあります。CSPでインラインのコードを禁止する設定にしている場合、イベントハンドラー属性に記述されたJavaScriptもブロックされます。
> コンテンツセキュリティポリシー(CSP)
> https://developer.mozilla.org/ja/docs/Web/HTTP/CSP

accesskey属性

accesskey属性は、ユーザーエージェントに対して、この要素にアクセスするためのショートカットキーのヒントを与えます。属性値にはキーの文字を指定します。11はキーボードの「1」のキーをショートカットキーとする例です。

11 accesskey属性の記述例

```
<button type="button" accesskey="1" onclick="alert(1)">click</button>
```

多くのブラウザーでは、ショートカットを利用する際に修飾キーとの同時押しが必要です。11の例に示したボタンは、alt+1やControl+Option+1キーといった操作で反応します。

仕様では、accesskey属性に複数の値を指定することでフォールバックする仕組みも規定されています。しかし、現状のブラウザーのほとんどは、そのような複数指定をうまく解釈できません。

> **MEMO**
> モバイル端末、特にフィーチャーフォンには、修飾キーとの同時押しを必要としないものもあります。古いフィーチャーフォン端末向けのサイトでは、accesskey属性を積極的に利用するものが多く見られました。

アクセシビリティ上の注意点

accesskey属性はキーボードのキーを指定するものですが、OSやデバイスによって利用できるキーは異なります。利用する修飾キーもOSやブラウザーによって異なり、操作方法は統一されていません。

状況によっては、OSや支援技術が持つ既存のキーボードショートカットと競合することもあります。特にスクリーンリーダーなどの支援技術では、AltキーやCtrlキーなども操作に利用するため、誤操作につながる可能性があります。

> **MEMO**
> MDNでは、各種のOSやブラウザーで利用する修飾キーの一覧がまとめられています。
> accesskey | MDN
> https://developer.mozilla.org/ja/docs/Web/HTML/Global_attributes/accesskey

米国の非営利団体であるWebAIMは、accesskey属性には実装上の問題があり、一部のユーザーにはメリットがあるものの、逆にデメリットになるユーザーもいると指摘しています。そのため、ウェブサイトやウェブアプリではaccesskey属性の利用を避けることが望ましく、利用する場合はきわめて慎重に用いるべきだと述べています。

MEMO

WebAIM: Keyboard Accessibility - Accesskey
https://webaim.org/techniques/keyboard/accesskey

hidden属性

要素にhidden属性を指定すると、現時点でこの要素がページと無関係であることを示します。hidden属性はブール型属性です。

この属性が指定されると、ブラウザーは要素をレンダリングしなくなります。hidden属性が指定された要素に子孫要素がある場合、子孫要素もまるごと非表示になります。

hidden属性が指定されていない要素から、hidden属性が指定されている要素に対してハイパーリンクを設定してはなりません。12は正しくない例です。

12 不適切なhidden属性の記述例

```
<a href="#section1">セクション1</a>

<section hidden>
  <h1 id="section1">セクション1</h1>
</section>
```

ページ内リンクが設定されていますが、リンク先はhidden属性が指定された要素の中にあります。この場合、ページ内リンクは機能しません(クリックしても何も起こりません)。同様に、label要素やoutput要素のfor属性による参照もできません。

ただし、他の方法による参照は可能です。たとえば、JavaScriptからはhidden属性の指定された要素に対する読み書きが可能です。これを利用して、hidden属性を指定した非表示のcanvas要素に内容を描き込んでおき、あとで表示するといった処理を行うことができます。

なお、フォームコントロールにhidden属性を指定しても、フォーム送信時には値が送信されることに注意してください。

MEMO

入力途中の選択肢によって入力欄の表示・非表示が変化するようなフォームを実装する場合、hidden属性で隠した入力項目も送信されます。値が送信されないようにしたい場合は、disabled属性と併用するとよいでしょう。

hidden属性とCSS

HTML仕様では、ユーザーエージェントスタイルシートに[hidden]{display:none}のスタイルを適用することを勧めています。これにより、ブラウザーはhidden属性の指定された要素を非表示にします。

しかし、このスタイル指定の優先度は高くないため、コンテンツ制作者がCSSでdisplayプロパティを指定すると、打ち消されることがあります。13は、hidden属性が機能しない例です。

13 見出しにhidden属性を指定している記述例

```
<style>
  h1 {
    display: inline-block;
  }
</style>
<section>
  <h1 hidden>見出し</h1>
  本文...
</section>
```

13では見出しにhidden属性を指定していますが、非表示にはなりません。style要素でのdisplay: inline-blockの指定が優先され、hidden属性のdisplay: noneの指定が上書きされるためです。

アクセシビリティ上の注意点

hidden属性を指定すると、ブラウザーで視覚的に非表示になるだけでなく、スクリーンリーダーでも読み上げられなくなります。これはCSSのdisplay:noneの指定と同じ挙動です。

なお、WAI-ARIAのaria-labelledby属性などでは、hidden属性が指定された要素も問題なく参照できます。14では、入力欄にフォーカスした際、スクリーンリーダーは「秘密の合言葉」と読み上げます。aria-labelledby属性についてはCHAPTER 4-2を参照してください。

14 hidden属性を持つ要素を参照している参照

```
<input aria-labelledby="label">
<p id="label" hidden>秘密の合言葉</p>
```

MEMO

HTML仕様の15. Renderingでは、ユーザーエージェントスタイルシートの具体的な記述が提案されています。
https://html.spec.whatwg.org/multipage/rendering.html#hidden-elements

MEMO

CSSのカスケーディング順序は、2021年現在、CSS Cascading and Inheritance Level 4仕様の6. Cascadingで定義されています。
https://www.w3.org/TR/css-cascade/#cascading

カスタムデータ属性：data-*属性

カスタムデータ属性を利用すると、任意の要素に任意の属性を指定できます。この属性は特別な効果を持たず、ユーザーに対して表示されることもありません。主にJavaScriptから参照して利用します。

カスタムデータ属性の属性名は、data-から始まり、その後に1文字以上の任意の名前を付けることができます。総称として「data-*属性（data-* attribute）」と呼ばれます。実際に利用する際は、*の部分をコンテンツ制作者が命名した任意の名前に置き換えます。

JavaScriptからは、15のようにdatasetプロパティを通じてアクセスします。属性名から先頭のdata-を除去したものがプロパティ名となります。

15 カスタムデータ属性にdatasetプロパティでアクセスする例

```
<span id="datatest"
  data-html_book="データにアクセスできました">
</span>
<script>
  const element = document.getElementById('datatest');
  alert(element.dataset.html_book); // データにアクセスできました
</script>
```

*部分にハイフンを含む場合は、キャメルケースでプロパティ名にアクセスできます。つまり、ハイフンの直後の文字を大文字にして、ハイフンを除去したものが名前となります。16はdata-html-book属性にhtmlBookプロパティでアクセスする例です。

WORD

キャメルケース

プログラミングなどで英語の複合語やフレーズを一語につなげて表記する際に、単語の先頭を大文字にする方式。語の途中に大文字が出現する様子をラクダ（camel）のこぶに例えた表現。
たとえばgetElementByIdのような表記となる。

16 data-html-book属性にhtmlBookプロパティでアクセスする例

```
<span id="datatest"
  data-html-book="データにアクセスできました">
</span>
<script>
  const element = document.getElementById('datatest');
  alert(element.dataset.htmlBook); // データにアクセスできました
</script>
```

カスタムデータ属性の命名規則

data-*の*部分の名前はコンテンツ制作者が自由に設定できます。ただし、HTMLの属性名に利用できない文字は使えません。また、XMLとの互換性のため、:も使用できません。

さらに、名前にはASCIIアルファベット大文字も利用できないことになっています。ただし、HTML構文の場合は、構文解析の際に属性名が小文字に変換されるため、大文字で書いても構文エラーにはなりません。この場合、JavaScriptからは小文字の名前で参照することになります。混乱のもとになるため、大文字で書くことは避けるべきです。

MEMO

HTMLの属性名に利用できない文字には、ASCII空白文字と、/、>、=、"、'、<が該当します。これらの文字が出現すると、その文字の直前で属性名が終わったものとみなされます。また、:が出現した場合は、XMLの名前空間接頭辞の区切りとみなされます。

漢字やひらがな、絵文字など、その他の文字は使用できます。ただし、名前が数字で始まる場合や、+などJavaScriptの識別子として解釈される文字が含まれる場合、プロパティ名として記述するとJavaScriptの構文エラーになります。

17 は動作しない例です。18 のようにすれば参照できますが、JavaScriptのコードが煩雑になるため、*部分の名前を記号や数字で始めないほうがよいでしょう。

17 JavaScriptの構文エラーとなる例

```
<span id="datatest"
  data-01="データにアクセスできました">
</span>
<script>
  const element = document.getElementById('datatest');
  alert(element.dataset.01); // エラー
</script>
```

18 17 の修正例

```
<span id="datatest"
  data-01="データにアクセスできました">
</span>
<script>
  const element = document.getElementById('datatest');
  alert(element.dataset["01"]); //データにアクセスできました
</script>
```

その他のグローバル属性

その他、HTMLの要素に共通して指定できる属性として、以下のようなものがあります。ここでは簡単な紹介にとどめます。

- itemid / itemprop / itemref / itemscope / itemtype属性：HTMLコンテンツにメタデータを記述できるmicrodata（マイクロデータ）のための属性です。
- translate属性：翻訳対象とするかどうかを示します。機械翻訳サービスがこの属性を尊重することがあります。
- xmlns属性：XML名前空間を記述するための属性で、XML構文で利用されます。HTML構文では特に効力がありませんが、svg要素やmath要素など、XMLアプリケーションとして規定された要素の中で見られます。

02 WAI-ARIA

THEME テーマ

HTMLで利用できる属性の中には、HTML仕様とは別の文書で定義されているものもあります。その1つに、近年利用されるようになったWAI-ARIAがあります。ここでは、WAI-ARIAで定義されているARIA属性について説明します。

WAI-ARIAの概説

CHAPTER 1-4で触れたように、WAI-ARIAは、W3CのWAIによって発行されている仕様で、アクセシビリティを向上させるための属性を定義するものです。単にARIAとも呼ばれます。

WAI-ARIAは単独で使うものではなく、別のマークアップ言語と組み合わせて、補助する形で利用します。組み合わせる相手のマークアップ言語のことを「ホスト言語(host language)」と呼びます。

MEMO

Accessible Rich Internet Applications (WAI-ARIA) 1.1
https://www.w3.org/TR/wai-aria/

ARIA属性の分類

WAI-ARIAが定義する属性を「WAI-ARIA属性(WAI-ARIA attribute)」、もしくは単に「ARIA属性(ARIA attribute)」と呼びます。

ARIA属性を利用することで、ホスト言語の要素に対して追加の情報を提供できます。ARIA属性は性質によって「ロール(role)」、「ステート(state)」、「プロパティ (property)」の3種類に分類されます。

MEMO

WAI-ARIAの用例のほとんどはHTMLをホスト言語としますが、SVGをホスト言語とするケースも見られます。

ロール

ロールは要素の役割を表すもので、この要素が何であるのか、もしくは何をするものかという情報を与えます。要素にロールを付与する場合は、role属性を使用します。

たとえば、div要素にrole="navigation"を指定すると、HTMLのnav要素と同じようなナビゲーションのセマンティクスを提示できます。ロールの中には、tabロールやsearchロールのように、対応するHTMLの要素が存在しないものもあります。

MEMO

2021年現在、searchロールに対応するsearch要素が提案されています。

ステート

ステートは、要素の現在の状態を表すものです。

ステートと後述のプロパティとの役割はほとんど同じですが、ステートは頻繁に変化することが想定されるものを表します。主にJavaScriptからの操作によって設定され、現時点でのその要素の状態を表します。

たとえば、aria-disabled="true"は、指定された要素が現在無効になっていることを伝えます。また、aria-expanded属性は、指定された要素に関連する要素が開閉どちらの状態になっているのかを伝えます。

MEMO

ステートとプロパティを定義するARIA属性には、aria-で始まる名前が付けられています。これらを総称して「aria-*属性(aria-* attribute)」と呼ぶことがあります。

プロパティ

プロパティは、要素の性質や特性を表現するものです。

たとえば、aria-required="true"は、指定された要素が必須入力項目であることを伝えます。aria-label属性のように、要素に対して追加の説明を与えるものや、aria-controls属性のように、他の要素との関連性を示すものもあります。

WAI-ARIAとその周辺仕様

WAI-ARIAには、本体の仕様のほかに複数の関連文書があります。WAI-ARIAを体系立てて理解したい場合や、HTML仕様との対応関係を調べたい場合などは、関連文書を参照する必要があります。

● WAI-ARIA仕様

WAI-ARIA仕様の本体には、WAI-ARIAそのものの説明と、ロール、ステート、プロパティの定義が含まれています。それぞれの意味や効果、どのロールにどのステートやプロパティが指定可能かといった情報も含まれています。

ロールの情報の中には、"Related Concepts"として、そのロールがどのHTML要素に類似するかという情報もあります。ただし、これはあくまで理解を助けるための参考情報という位置付けです。HTML要素とロールとの対応関係については、後述のARIA in HTMLを参照する必要があります。

● ARIA in HTML

ARIA in HTMLは、HTMLをホスト言語とした場合のARIAの位置付けを規定した文書です。ARIAロールとHTMLの要素との対応関係や、どのHTML要素にどのロールを指定できるかといった情報があります。

この文書では、ARIA属性の具体的な使い方までは説明していません。使い方のガイドや具体例については、後述のUsing ARIAとWAI-ARIA Authoring Practicesを参照するように促しています。

● Using ARIA

Using ARIAはW3Cのワーキンググループノートで、ARIAの使い方の基本的な方針について書かれた、入門ガイドのような位置付けの文書です。

Using ARIAには使用例も出ていますが、コード例は基本的な説明にとどまります。本格的なウィジェットをデザインするには不十分かもしれません。

● WAI-ARIA Authoring Practices

WAI-ARIA Authoring PracticesはW3Cのグループノートで、カルーセルやモーダルダイアログなどの本格的なウィジェットの実装例が紹介されています。コード例はもちろん、実際に動作を見ることのできるサンプルも用意されており、実際に制作する際の参考になるでしょう。

● その他の関連文書

その他、WAI-ARIAの関連文書には次のようなものがあり、WAI-ARIAスイートとして位置付けられています。

MEMO

ステートとプロパティとの違いはそこまで厳密なものではありません。プロパティが頻繁に変更されたり、ステートが変更されずに使われることもあります。実際、WAI-ARIA仕様ではステートとプロパティは一括りのセクションで記述されています。
6. Supported States and Properties
https://www.w3.org/TR/wai-aria/#states_and_properties

MEMO

WAI-ARIA 1.2からは、JavaScriptからARIA属性へアクセスする場合に利用するIDLインターフェイスも定義されるようになりました。IDLについては、CHAPTER 3-1も参照してください。
10. IDL Interface
https://www.w3.org/TR/wai-aria-1.2/#idl-interface

MEMO

ARIA in HTML
https://www.w3.org/TR/html-aria/

MEMO

Using ARIAは、2018年に公開されてから2021年現在まで更新されていません。一部の情報は古いものになっています。
Using ARIA
https://www.w3.org/TR/using-aria/

MEMO

WAI-ARIA Authoring Practices 1.1
https://www.w3.org/TR/wai-aria-practices/

- Core Accessibility API Mappings (core-aam): WAI-ARIAのプラットフォームAPIとの対応を示した、ブラウザーや支援技術の開発者向けの仕様
- HTML Accessibility API Mappings : core-aamのHTML拡張仕様。ARIA in HTMLの対の仕様と位置付けられる
- Accessible Name and Description Computation : アクセシブルな名前と説明の優先順位を決めるアルゴリズムを示した仕様

さらに、WAI-ARIA仕様の拡張として、EPUBのためのDPUB-ARIA、SVGのためのSVG Accessibility API Mappingsといった仕様もあります。

> **MEMO**
> Core Accessibility API Mappings 1.1
> https://www.w3.org/TR/core-aam/
>
> HTML Accessibility API Mappings 1.0
> https://www.w3.org/TR/html-aam/
>
> Accessible Name and Description Computation 1.1
> https://www.w3.org/TR/accname/
>
> Digital Publishing WAI-ARIA Module 1.0
> https://www.w3.org/TR/dpub-aria/
>
> SVG Accessibility API Mappings
> https://www.w3.org/TR/svg-aam/

role属性

role属性を使用すると、要素のロールを指定できます。属性値にはロールの名前を指定します。role属性にはさまざまな注意点があります。

ロールの複数指定

ロールは複数指定可能で、ASCII空白文字で区切って列挙します。複数指定はフォールバックのためのもので、ブラウザーが解釈でき、かつ、その要素に適用可能なロールのうち、先頭にあるものが適用されます。01は複数指定の例です。

01 role属性の複数指定の例

```
<div role="dummyrole blockquote note">...</div>
```

この場合、dummyroleというロールは現在のARIA仕様に存在しないため、無視されます。blockquoteロールはARIA 1.2仕様で定義され、対応するブラウザーはこのロールを採用します。そうでないブラウザーはこれも無視してnoteロールを採用することになります。

抽象ロールは指定できない

ARIA仕様では、ロールの継承・派生関係を表現するための「抽象ロール(abstract role)」が定義されています。

抽象ロールはコンテンツ制作者が使用できないロールです。そのため、role属性で抽象ロールを指定してはなりません。抽象ロールを指定しても、ブラウザーはそれを無視します。たとえば、windowロールは抽象ロールであるため、02のような指定はできません。

> **MEMO**
> 逆に、実際に使える具体的なロールは「具象ロール(concrete role)」と呼びますが、この言葉が使われることは稀です。

> **MEMO**
> あるロールが抽象ロールかどうかは、ARIA仕様で確認できます。全部で12のロールが抽象ロールとなっています。
> 5.3.1 Abstract Roles
> https://www.w3.org/TR/wai-aria-1.2/#abstract_roles

02 windowロールを指定した不適切な例

```
<div role="window">ダイアログのつもり?</div>
```

一方で、windowロールの派生ロールであるdialogロールは抽象ロールではないので、03のような指定は問題ありません。

03 dialogロールを指定した適切な例

```
<div role="dialog">ダイアログのつもり</div>
```

ロールの上書き

HTMLの要素の多くは、もともとセマンティクスを持っています。たとえば、h1要素はランク1の見出しを、main要素は主要なコンテンツを表します。このような、ホスト言語がもともと持つロールを「暗黙のネイティブロール(implicit native role)」、もしくは単に「ネイティブロール(native role)」と呼びます。

要素がネイティブロールを持つ場合、role属性で異なるロールを指定すると、ネイティブロールを上書きします。04は、a要素にrole属性を指定した例です。

04 a要素にrole属性を指定した例

```
<a href="/register" role="button">今すぐ登録</a>
```

href属性を持つa要素のネイティブロールはlinkですが、role属性によってbuttonロールに上書きされます。そのため、支援技術は、この要素をリンクではなくボタンとして認識します。

ただし、role属性が上書きするのはセマンティクスだけで、機能は変更しません。04はスクリーンリーダーで「ボタン」と読み上げられますが、button要素のような機能は持ちません。たとえば、スペースキーでボタンを押せるようにはなりません。

COLUMN

ネイティブ、暗黙、ホスト言語

WAI-ARIA仕様では、ネイティブ(native)、暗黙の(implicit)、ホスト言語(host language)といった用語が出てきますが、これらはすべて同じ概念を表しているものです。つまり、HTMLを考える場合、すべてHTMLデフォルトの(default)と読み替えることができます。

ARIA関連仕様では、「ネイティブセマンティクス(native semantics)」という表現も出てきますが、この文脈でのセマンティクスは、ロールだけでなく、ステート、プロパティも含んだ概念です。

指定できるロールの制限

role属性では要素のネイティブロールを上書きできますが、ネイティブの機能と矛盾するような指定はできません。05は不適切な例です。

05 button要素を見出しとした構文エラーとなる例

```
<button role="heading">見出し?</button>
```

MEMO

HTMLの要素がどのようなネイティブロールを持つかは、先に紹介したARIA in HTMLで確認できます。

button要素をボタンではなく見出しにしようとしていますが、ボタンと見出しとでは役割や機能がかけ離れており、互換性がありません。このような無理のあるロール変更はできず、エラーとなります。

要素に適用できるロールは、ARIA in HTMLで定義されています。button要素に適用できるロールは以下のとおりです。

checkbox, link, menuitem, menuitemcheckbox, menuitemradio, option, radio, switch or tab.

headingロールは含まれていないため、button要素にheadingロールは適用できません。なお、見出しをボタンとして押せるようにしたい場合には、06のように、見出しの中にボタンを入れる方法があります。

06 見出しの中にボタンを入れた記述例

```
<h1><button>見出しボタン</button></h1>
```

特殊な働きをするロール

基本的に、ロールはユーザーにセマンティクスを伝えるものであり、要素の機能を変更することはありません。ただし、中には特殊な働きをするロールもあります。ここでは、注意が必要なロールをいくつか紹介します。

●ランドマークロール

CHAPTER 3-1でも触れましたが、ロールの中には「ランドマークロール」と呼ばれるものがあります。これはその名のとおり、ナビゲーションのランドマークとして機能するものです。

支援技術の多くはランドマークを利用したナビゲーションの機能を持ちます。たとえば、mainロールのランドマークまで読み飛ばして本文から読み上げ始める、searchロールのランドマークに移動して検索する、といったことが可能になります。

●ライブリージョンロール

「ライブリージョン(live region)」は、内容が更新された際にユーザーに通知される領域です。

支援技術のユーザーがある箇所を読んでいるとき、他の特定の箇所がリアルタイムで更新されても、その更新に気付かないことがあります。更新される領域に対してライブリージョンを設定しておくと、更新された際にユーザーへ通知され、他の箇所を読んでいても更新に気付くことができます。たとえば、株価の表示、ゲームのスコア表示、緊急性の高いエラーメッセージなど、リアルタイムで更新される箇所に使用します。

ライブリージョンロールは慎重に利用してください。不用意に利用すると、ユーザーが読もうとしている箇所とは無関係なメッセージが不意に読み上げられたり、重要性の低いメッセージが繰り返し読み上げられることになります。場合によっては、コンテンツの読み上げに著しい支障をきたすことがあります。

MEMO

button要素に適用可能なロールは以下で確認できます。
https://www.w3.org/TR/html-aria/#el-button

MEMO

ARIA in HTMLで許可されている組み合わせであっても、不用意なセマンティクスの変更は望ましくありません。CHAPTER 4-3の「ネイティブセマンティクスをむやみに変更しない」も参照してください。

MEMO

WAI-ARIA仕様では、ランドマークロールが8種類定義されています。
5.3.4 Landmark Roles
https://www.w3.org/TR/wai-aria/#landmark_roles

MEMO

ランドマークは便利ですが、使い過ぎには注意してください。コンテンツ内に大量のランドマークが存在すると、目的のランドマークを見つけ出すのに多大な労力がかかってしまいます。

MEMO

WAI-ARIA仕様では、ライブリージョンの機能を持つロールが5種類定義されています。aria-live属性(P307)を使用すると、他のロールにライブリージョンの機能を持たせることも可能です。
5.3.5 Live Region Roles
https://www.w3.org/TR/wai-aria/#landmark_roles

ロールの削除：presentationとnoneロール

presentationロールとnoneロールは、ネイティブロールを打ち消す働きをするロールです。このロールを指定すると、要素はセマンティクスを持たなくなります。

ネイティブロールを打ち消したいケースには、たとえば以下のようなものがあります。

- table要素を純粋にレイアウト調整のためだけに用いている場合
- 親子のロール関係を修復したい場合

親子のロール関係の修復は、たとえば07のように、ul/li要素を用いてタブコンポーネントを作成するような場合に行います。

07 ul/li要素を用いてタブコンポーネントを作成する記述例

```
<ul role="tablist">
  <li>
    <button role="tab" aria-controls="panel1">タブ1</button>
  </li>
  ...
</ul>
<div role="tabpanel" id="panel1">
タブ1は…。
</div>
```

一見すると問題ないように見えますが、ul要素のネイティブロール(list)をtablistロールによって上書きした一方で、li要素はネイティブロール(listitem)のままです。これは、ul要素のないli要素が出現しているのと同じ状態で、親子のロール関係に矛盾が生じています。

そこで、presentationロールを用いて08のようにマークアップすることで、親子のロール関係の修復をします。

08 07のul/li要素部分の関係性を修復した例

```
<ul role="tablist">
  <li role="none presentation">
    <button role="tab" aria-controls="panel1">タブ1</button>
  </li>
  ...
</ul>
```

このようにすることで、セマンティクスの観点から矛盾のないタブコンポーネントを作成できます。

ロールを削除できない場合

ロールを削除できない場合もあります。まず、フォーカス可能要素やインタラクティブコンテンツのロールを打ち消すことはできません。これは、要素が操作可能であることを担保するためのルールです。

MEMO

presentationロールとnoneロールは同じ機能を持つ同義語です。同義の別名のロールが存在するに至った経緯は、仕様の注記で言及されています。
Note regarding the ARIA 1.1 none role.
https://www.w3.org/TR/wai-aria-1.2/#note-regarding-the-aria-1-1-none-role-0

MEMO

presentationロールは特定の場合に継承されることがあります。「必須の所有要素がある場合のロール変更」も参照してください。

MEMO

タブコンポーネントの詳細についてはWAI-ARIA Authoring Practicesを参照してください。
3.24 Tabs
https://www.w3.org/TR/wai-aria-practices/#tabpanel

09 はrole属性が機能しない例です。

09 ロールを削除できない例

```
<button role="presentation">ボタンじゃない?</button>
```

09 の場合、ブラウザーはrole属性を無視しなければならないと定められています。ロールの指定は無視され、ネイティブロールであるbuttonロールが有効になります。

また、グローバルARIA属性が明示的に指定されている場合、その要素のロールは削除できません。10 はaria-describedby属性が指定されている例です。

10 aria-describedby属性が指定されているためロールを削除できない例

```
<section role="presentation" aria-describedby="heading01">
  <h1 id="heading01">このセクションの説明</h1>
</section>
```

10 の場合も、09 と同様に要素のロールは削除できません。グローバルARIA属性が指定されていることが要件のため、たとえばaria-hidden=falseのような一見無意味な指定でも、ロールは打ち消せなくなります。

必須の所有要素が存在する場合のロール変更

HTMLの要素には、table要素やul要素のように、必ず特定の子孫とセットで用いるものがあります。このような場合に必須となる特定の子孫を、ARIA仕様では「必須の所有要素(required owned element)」と呼んでいます。table要素ならばtr要素が、ul要素ならばli要素が必須の所有要素となります。

要素が必須の所有要素を持つ場合、その要素のロールだけを変更すると、矛盾が生じます。11 は、見た目のためにテーブルレイアウトでカラムを左右に並べたものです。

11 テーブルレイアウトでカラムを左右に並べる記述例

```
<table role="presentation">
  <tr>
    <td>左カラム</td>
    <td>右カラム</td>
  <tr>
</table>
```

table要素とtd要素はそれぞれ、ネイティブロールとしてtableロールとcellロールを持ちますが、このままでは支援技術にテーブルとして扱われてしまい、混乱を招きます。そこで、11 ではtable要素にpresentationロールを指定し、テーブルのセマンティクスを打ち消しています。

MEMO

グローバルARIA属性の一覧は、WAI-ARIA仕様の6.4 Global States and Propertiesで確認できます。
https://www.w3.org/TR/wai-aria/#global_states

MEMO

グローバルでないARIA属性が指定されている場合は、ロールの削除が可能です。たとえば、h1要素にaria-level属性が指定されていても、role="presentation" を指定することでロールを削除できます。

MEMO

table要素にth要素やcaption要素などが一切使われていない場合、ブラウザーはレイアウト目的のテーブルと判断して、独自のロールを割り当てることもあります。

cellロールは祖先がtableロールであることを前提としていますが、tableロールが失われたことにより、td要素のロールは宙に浮いてしまいます。このようなとき、ブラウザーはtd要素のネイティブセマンティクスを自動的に削除します。

つまり、必須の所有要素を持つ要素にpresentationロールを指定すると、対応する子孫要素にpresentationロールが継承されるような動作になります。

MEMO
必須の所有要素ではない要素には影響しません。たとえば、11 でtd要素の中に他の要素があった場合、その要素のロールは変更されません。

代表的なaria-*属性

ここでは、ステートおよびプロパティを表すaria-*属性のうち、よく利用される代表的なものを紹介します。

aria-hidden属性（ステート）

aria-hidden属性は、その要素がアクセシビリティ APIに対して公開されるかどうかを指定する属性です。属性値として"true"もしくは"false"を指定します。

MEMO
ブール型属性（P059）とは指定の仕方が異なり、aria-hiddenと書いただけでは効果を発揮しないので注意してください。

aria-hidden=trueを指定した要素はアクセシビリティ APIに公開されず、支援技術からアクセスできなくなります。要素は視覚的に表示されますが、スクリーンリーダーでは読み上げられません。

MEMO
視覚的に非表示にするhidden属性、CSSのdisplay: noneやvisibility: hiddenには、aria-hidden=trueと同様にアクセシビリティ APIから隠す効果もあります。そのため、これらとaria-hidden属性を併用する必要はありません。

この属性は、冗長な情報を支援技術から隠すために使用します。たとえば、意味を持たないアイコンを表現するためにアイコンフォントを利用すると、スクリーンリーダーでは意図しない読み上げがなされてしまうことがあります。12 のようにaria-hidden=trueを指定することで、意図しない読み上げを回避できます。

12 aria-hidden=trueを指定する例

```
<span class="icon" aria-hidden="true">□</span>
```

aria-hidden属性を本当に利用する必要があるのか、十分に考慮してください。意味を持つ要素にaria-hidden=trueを指定すると、支援技術のユーザーにはその意味が伝わらなくなります。この属性を利用してよいのは、その要素を隠していても支援技術のユーザーに十分な情報が伝わり、同等の機能が利用できる場合だけです。

MEMO
フォーカス可能な要素にaria-hidden="true"を指定した場合、フォーカスを見失う危険性もあります。フォーカスに関してはCHAPTER 4-3も参照してください。

aria-label属性（プロパティ）

aria-label属性は、要素に対して「アクセシブルな名前（accessible name）」を提供します。言い換えると、要素にラベル付けする文字列を定義します。

主にアイコンボタンなど、視覚的には意味を持ち、かつテキストを持たない要素にラベルを与えるために使用します。13 の例は、閉じるボタンにアルファベット大文字で「X」とだけ記載されている例です。

13 閉じるボタンの記述例

```
<button type="button" aria-label="閉じる" onclick="myDialog.close()">X</button>
```

視覚的には「X」がバツ印のように見え、閉じるボタンであることが伝わりますが、スクリーンリーダーは単に「エックス ボタン」などと読み上げてしまいます。13の例ではaria-label属性で「閉じる」というラベルを与えているため、「閉じる ボタン」と読み上げることが期待されます。

このとき、ボタンの内容であるテキスト「X」を読み上げない点に注意してください。もともとラベルを持っている要素にaria-label属性でラベルを与えた場合、元のラベルは上書きされる形になります。

●aria-label属性の使い過ぎに注意

aria-label属性は支援技術のユーザーに情報を伝えるための手段としては便利なものです。しかし、aria-label属性のラベルを利用できるのは支援技術のユーザーだけであり、視覚的には何も伝わりません。

そのラベルが多くのユーザーにとって有益なものならば、すべてのユーザーに見える形で提示することを検討しましょう。

MEMO
見えているテキストをコントロールと結びつけたい場合は、後述のaria-labelledby属性が利用できます。

●名前付けできないロール

aria-label属性はグローバルARIA属性ですが、WAI-ARIA 1.2では「名前付けできないロール(roles which cannot be named)」が定義されています。これらのロールではaria-label属性を利用できません。

14は、WAI-ARIA 1.2において語彙的ルールに反する例です。span要素のデフォルトのロールはgenericとなりますが、これは名前付けできないロールであるため、支援技術はこのaria-label属性を無視することがあります。

MEMO
5.2.8.6 Roles which cannot be named (Name prohibited)
https://www.w3.org/TR/wai-aria-1.2/#namefromprohibited

14 語彙的ルールに反した記述例

```
<span class="close-icon" aria-label="閉じる">
  <!-- 要素の内容は空だが、CSSでアイコンを表示 -->
</span>
```

MEMO
14の例はaria-label属性によって代替テキストを提供する意図だと考えられますが、そもそもラベルは代替テキストではないことに注意しましょう。

aria-labelledby属性(プロパティ)

aria-labelledby属性はaria-label属性と同様の働きをしますが、属性値にラベルの文字列ではなく、ラベルを含む要素のIDを指定します。HTMLのlabel要素のfor属性と似ていますが、label要素とは参照の方向が逆となることに注意してください。

15のように、スペースで区切ってIDを複数指定すると、そのすべてが有効となり、順に読まれます。

15 aria-labelledby属性の記述例

```
<div id="billing">請求書</div>
<div>
  <div id="name">名前</div>
  <input type="text" aria-labelledby="billing name">
</div>
<div>
  <div id="address">住所</div>
  <input type="text" aria-labelledby="billing address">
</div>
```


15 では、1つ目のinput要素は「請求書 名前」、2つ目のinput要素は「請求書 住所」とラベル付けされます。

aria-label属性と同様に、元あったラベルが上書きされることに注意してください。16 は、ラベルを持つボタンにaria-labelledby属性を指定した例です。

16 ラベルを持つボタンにaria-labelledby属性を指定した例

```
<div id="billing">請求書</div>
<button aria-labelledby="billing">
下書き保存する
</button>
```

16 の場合、「請求書 送信ボタン」とだけ読み上げられ、「下書き保存する」は読み上げられません。ボタンのラベルも読み上げさせたい場合は、17 のようにその要素自身にIDを付け、自身を参照します。こうすると、「請求書 下書き保存する 送信ボタン」と読み上げることが期待できます。

17 ボタンのラベルを読み上げさせる例

```
<div id="billing">請求書</div>
<button id="savebutton" aria-labelledby="billing savebutton">
下書き保存する
</button>
```

aria-labelledby属性では不可視の要素も参照できます。18 のようにすると、不可視のspan要素の内容も参照されて「請求書 を 下書き保存する」というラベルになります。もっとも、実際にはここまでこだわらなくてもユーザーには十分伝わるでしょう。

18 不可視の要素を利用した例

```
<div id="billing">請求書</div>
<span id="billingsubname" hidden>を</span>
<button id="savebutton" aria-labelledby="billing billingsubname savebutton">
下書き保存する
</button>
```

なお、画面上で可視のラベルを持つことができない場合は、aria-labelledby属性ではなくaria-label属性を使うべきです。

aria-labelledby属性とaria-label属性を同時に指定した場合は、aria-labelledby属性だけが有効となり、aria-label属性は無視されます。

MEMO
複数の方法でラベルを指定した場合の優先順位については、CHAPTER 4-3を参照してください。

aria-describedby属性(プロパティ)

aria-describedby属性を利用すると、その要素に対して「アクセシブルな説明(accessible description)」を提供できます。使い方はaria-labelledby属性とほとんど同じで、提供されるものが名前であるのか、説明であるのかという点が異なります。要素のIDを指定すること、複数指定が可能であることも共通です。

多くのスクリーンリーダーは、入力欄の種類とラベルを読み上げた後に説明文を読み上げます。19は、「新しいパスワード パスワード入力欄 半角英数記号、8文字以上512文字以下で入力してください」などと読み上げられます。

19 aria-describedby属性の記述例

```
<label>新しいパスワード
<input type="password" aria-describedby="new-pass-desc">
</label>
<p id="new-pass-desc">※半角英数記号、8文字以上512文字以下で入力してください</p>
```

aria-current属性(ステート)

aria-current属性は、その要素が「現在の項目(current item)」であることを示します。ページナビゲーション、ステップナビゲーション、パンくずリストなどで現在位置を示したり、カレンダーの中で今日の日付を示すことができます。

属性値として"true"と"false"を指定できますが、そのほかに、現在地の種類を示す5種類のトークンを指定できます。20は、ページナビゲーションでaria-current属性を利用し、"page"トークンを指定した例です。

MEMO
aria-current属性の5種類のトークンとその意味は次のとおりです。
・page:現在のページ
・step:現在のステップ
・location:現在の位置
・date:現在の日付
・time:現在の時間

20 ページナビゲーションにaria-current属性を指定した例

```
<ul>
  <li><a href="../1">1</li>
  <li><a href="../2">2</a></li>
  <li aria-current="page">3</li>
</ul>
```

このようにすると、3番目の項目では「3 現在のページ」と読み上げることが期待されます。

MEMO
フォームコントロールやタブのようなコントロールで現在選択されている項目を表す場合は、aria-current属性ではなくaria-selected属性を使います。CHAPTER 4-4も参照してください。

aria-haspopup属性(プロパティ)

aria-haspopup属性を指定すると、指定した要素がポップアップする何かを持っていることを示すことができます。典型的には、ポップアップメニューやダイアログボックスを表示するボタンに使用します。

多くの場合、ユーザーはボタンに含まれるアイコンの形状(典型的には、下向きの三角形)によって、ポップアップが出ることを予測します。この属性を利用すると、視覚的に形状を認識できないスクリーンリーダーのユーザーにも、ポップアップメニューが出るボタンであることが伝わります。

属性値には"true"と"false"のほか、5種類のトークンを指定でき、何がポップアップするのかを示すことができます。

> **MEMO**
> aria-haspopup属性で指定できる5種類のトークンは以下になります。
> ・menu
> ・listbox
> ・tree
> ・grid
> ・dialog

aria-expanded属性(ステート)

aria-expanded属性を利用すると、その要素が所有しているか、もしくはコントロールしている要素の開閉状態を示すことができます。属性値として"true"か"false"のいずれかを指定し、"true"は開いている、"false"は閉じている状態を示します。

たとえば、ボタンを押すと開閉するメニューのようなものがあるとき、ボタンの側にこの属性を指定することで、現在の開閉状態を示すことができます。21は、「パネルを開く」ボタンを押すと下の要素が開閉する想定です。

21 aria-expanded属性でパネルの開閉状態を提示する例

```
<button type="button" aria-expanded="true" aria-controls="panel01">パネルを開く</button>
<div id="panel01">
開くコンテンツ
</div>
```

21では、ボタンを押すとパネルが開きます。aria-expanded属性を利用することで、スクリーンリーダーにも開閉状態を伝えることができます。

21の場合、ボタンにフォーカスすると「パネルを開く ボタン 開いています」などと読み上げます。これで、このボタンの操作対象が現在すでに開いていることがわかります。

> **MEMO**
> 21では、開閉操作の対象の要素が何であるのかをaria-controls属性で示しています。aria-controls属性については後述します。

aria-expanded属性はグローバル属性ではなく、特定のロールを持つ要素にしか指定できません。基本的に、開閉を制御するボタンとなる要素に指定します。開閉される要素の側に指定するものではないことに注意してください。

ボタンのラベルや他のARIA属性から十分に状態が推測できる場合、aria-expanded属性は不要なこともあります。たとえば、21ではボタンのラベルが「パネルを開く」となっているため、パネルが閉じた際には単にaria-expanded属性を削除すればよく、aria-expanded="false"を指定しなくても、現在はパネルが閉じている状態であると推測できます。

aria-controls属性（プロパティ）

aria-controls属性を利用すると、その要素が制御する対象の要素を示すことができます。たとえば、メニューを開くボタンと開いたメニューを結び付けたり、タブとタブパネルを結び付けます。典型的にはaria-expanded属性と組み合わせて使用します。属性値は制御対象の要素のIDで、スペースで区切って複数の指定もできます。22は、メニューを開くボタンと、メニューの内容を結び付ける例です。

22 aria-controls属性の記述例

```
<div class="hamburgerMenu">
  <button aria-expanded="true" aria-controls="menu01">
    <span class="menu-icon"><img src="menu.png" alt="メニュー"></span>
  </button>
  <ul id="menu01">
    <li><a href="/">ホーム</a></li>
    <!-- メニュー -->
  </ul>
</div>
```

aria-controls属性によって、制御対象となる要素の情報が支援技術に伝わります。しかし、その情報をもとに支援技術が何をするべきかは定められていません。現在の多くの支援技術は、ユーザーに何も通知しません。aria-controls属性だけでは伝わらないことがあるため、他の手段と併用するとよいでしょう。

MEMO

スクリーンリーダーのJAWSはaria-controls属性を独自に解釈し、特定の組み合わせのキーを押すことで、制御対象の要素に移動するオプション機能があります。ただし、移動したあとで元いた場所に戻る手段は提供されていません。

aria-level属性（プロパティ）

aria-level属性は、要素の階層レベルを示します。属性値として整数を指定します。

典型的な利用法は、headingロールを持つ要素の見出しレベルを示すものです。HTMLの見出し要素はh1 ～ h6しか存在しませんが、23のようにするとレベル7の見出しを表現できます。

23 aria-level属性の記述例

```
<div role="heading" aria-level="7">見出し7</div>
```

MEMO

見出しの他、リストの階層を表すために用いることもできます。

aria-live属性（プロパティ）

aria-live属性を使用すると、要素をライブリージョンとして定義したり、その動作を変更したりできます。

aria-live属性に設定できる値は"off"、"polite"、"assertive"の3種類です。

offを指定した場合、ユーザーが該当のライブリージョンにフォーカスしているときのみ変化が伝わります。他の要素にフォーカスしている場合には何も伝わりません。広告や時計など、あまり重要でない情報に対して利用します。

politeを指定した場合、ライブリージョンの変化は、スクリーンリーダーのタスクが一段落した時点で通知されます。たとえば、スクリーンリーダーが他の箇所を読み上げている場合は、その読み上げが終わってから通知が行われます。

assertiveを指定した場合、ライブリージョンの変化は即座に伝えられます。スクリーンリーダーが他の箇所を読み上げている場合、その読み上げを強制的に中断します。

先に紹介したように、ライブリージョンの機能を持つロールも存在します。これらには、それぞれのロールごとに、aria-live属性のデフォルトの挙動が定義されてます。

ライブリージョンロールにaria-live属性を指定すると、デフォルトの挙動を上書きできます。しかし、挙動を変更することは推奨されません。とくにassertiveの指定は慎重に行ってください。

aria-atomic属性（プロパティ）

aria-atomic属性は、ライブリージョンの変化が発生したときに、支援技術にライブリージョン全体を通知するかどうかを設定します。

falseが設定された場合、ライブリージョンで変更された箇所のみを通知します。たとえば、ライブリージョンが設定された、時刻を表すシンプルな時計を考えます。時計の値が"17:33"から"17:34"に変更されたとき、支援技術は"4"のみを通知します。

trueが設定された場合、ライブリージョン全体を通知します。前述の時計の例では、全体の値"17:34"を通知します。

なお、ライブリージョンロールalertおよびstatusは、デフォルトでaria-atomic="true"を持ちます。つまり、このロールが設定された要素に更新が発生した場合、要素の内容の全体を通知します。

MEMO

aria-live属性の指定は慎重に行なってください。不用意に利用すると、ライブリージョンロールと同様の問題を起こします。詳細はライブリージョンロール（P298）を参照してください。

MEMO

ロールとaria-live属性値の対応は以下のようになります。

- alert : assertive
- log : polite
- marquee : off
- status : polite
- timer : off

03 / ARIA利用時の注意点

THEME テーマ

CHAPTER 4-2ではWAI-ARIAと関連仕様について取り上げました。WAI-ARIAではさまざまな属性が定義されていますが、誤用や使いすぎには注意が必要です。ここでは、ARIA属性を利用する際の注意点を紹介します。

ARIA利用時の基本的な注意点

WAI-ARIAは便利ですが、むやみに使っても効果がなかったり、かえって混乱を招いたりすることがあります。WAI-ARIAの関連文書には、誤用や使いすぎに関する言及があります。

ここでは、WAI-ARIAを利用する際の基本的な注意点を3つ紹介します。

1. HTML自身に備わっている機能を利用する

WAI-ARIAに関する警句として、以下のようなものがあります。

> ARIAを使う際にもっとも注意すべきことは、ARIAを使わないようにすることです

これは、HTMLにもともと備わっているネイティブな機能でWAI-ARIAと同等の表現ができる場合、HTMLの機能を使用すべきという意味です。たとえば、メインコンテンツと見出しはWAI-ARIAで 01 のように表現できます。これは結局のところ、02 と同じ意味です。

01 と 02 はどちらも機能は同じですが、このような場合はHTMLのネイティブセマンティクスを利用した 02 を選択すべきです。

01 WAI-ARIAを用いたコード例

```
<div role="main">
  <div role="heading" aria-level="1">メインコンテンツ</div>
  ...
</div>
```

02 ネイティブセマンティクスを用いたコード例

```
<main>
  <h1>メインコンテンツ</h1>
  ...
</main>
```

2. 冗長なロールやARIA属性を使用しない

03 は、HTMLのネイティブセマンティクスとWAI-ARIAのセマンティクスを同時に使用した例です。

MEMO

2.1 No ARIA is better than Bad ARIA
https://www.w3.org/TR/wai-aria-practices/#no_aria_better_bad_aria

03 ネイティブセマンティクスとWAI-ARIAのセマンティクスを同時に使用する例

```
<main role="main">
  <h1 role="heading" aria-level="1">メインコンテンツ</h1>
  ...
</main>
```

03 は特に害はありませんが、冗長であり、やはり望ましくありません。

ARIAの機能とまったく同一の機能がネイティブで利用できる場合は、ネイティブの機能だけを使用し、ARIAを使わないようにすることが推奨されています。

プロパティやステートも同様です。インタラクティブコンテンツに冗長なステートを設定すると、有害なこともあります。たとえば、チェックボックスが「チェックされている」という状態は、HTMLのchecked属性とWAI-ARIAのaria-checked属性で表現できます。04 は、その両方を指定した例です。

04 checked属性とaria-checked属性を併用した望ましくない例

```
<input type="checkbox" checked aria-checked="true">
```

これは単に冗長なだけではありません。ユーザーがチェックボックスのチェックを外しても、aria-checked属性の値が自動で"false"に変わることはないため、支援技術には「チェックされている」ままの状態として通知されてしまいます。05 のように、単にHTMLのchecked属性を使い、冗長なaria-checked属性は使わないようにします。

05 checked属性のみ使用した適切な例

```
<input type="checkbox" checked>
```

3. ネイティブセマンティクスをむやみに変更しない

CHAPTER 4-2の「ロールの上書き」で説明したとおり、role属性を指定すると、要素のセマンティクスを上書きして変更できる場合があります。

この場合、元からあったネイティブセマンティクスは失われることに注意してください。06 は望ましくない例です。

06 h2要素をtabロールで上書きした望ましくない記述例

```
<div role="tablist">
  <h2 role="tab">見出しタブ</h2>
</div>
```

MEMO

冗長なロールの使用については、ARIA in HTML仕様の2.2 Don't add redundant rolesを参照してください。
https://www.w3.org/TR/html-aria/#don-t-add-redundant-roles

MEMO

かつてのHTML 5.0仕様では、main要素にrole="main"もあわせて指定するようアドバイスされていたことがあります。しかし、これは当時のブラウザーの互換性のためのもので、現在ではこのような指定は必要ありません。
4.4.14 The main element
https://www.w3.org/TR/2018/SPSD-html5-20180327/grouping-content.html#the-main-element

06 ではh2要素のロールをtabに変更しています。この場合、h2要素のheadingロールは失われ、見出しであることは伝わらなくなります。07 のように、見出しのセマンティクスは生かしたまま、tabロールの要素を新規に追加するほうがよいでしょう。

07 見出しのセマンティクスを生かした記述例

```
<div role="tablist">
  <div role="tab">
    <h2>見出しタブ</h2>
  </div>
</div>
```


インタラクティブコンテンツを扱う際の注意点

独自のウィジェットを実装する場合など、WAI-ARIAをインタラクティブコンテンツと組み合わせて利用する機会も多いでしょう。ここでは、インタラクティブコンテンツを扱う際の注意点を紹介します。

1. マウスやタッチで操作可能なものはキーボードでも操作可能にする

div要素やspan要素などの要素にJavaScriptで機能を追加し、独自のウィジェットを作ることがあります。CHAPTER 4-2で説明したように、role属性を利用すると、その要素が操作可能なコントロールであることを伝えられます。

注意しなければならないのは、WAI-ARIAは機能を追加しないことです。ロールを指定しても、自動的に操作可能になるわけではありません。たとえば、08 ではdiv要素にrole=buttonを指定しています。

08 div要素にrole=buttonを指定する例

```
<div role="button" onclick="pushedButton()">素敵なボタン</div>
<script>
const pushed = () =>{
  alert('押されました'); // ボタンを押されたときの処理
}
</script>
```

この要素はボタンとしてのセマンティクスを持ち、支援技術にはボタンであると伝えられます。また、ボタンを押した際の動作はonclick属性に記述したJavaScriptで実現しています。マウスでクリックするとボタンのように動作し、問題ないように見えますが、以下のような機能はありません。

- キーボードのTabキーでフォーカスを当てる
- キーボードのEnterキー、Returnキー、スペースキーでボタンを押す

MEMO

アクセシビリティ上の重要事項であり、WCAG 2.1達成基準2.1.1「キーボード」の要求事項となっています。
Success Criterion 2.1.1 Keyboard
https://www.w3.org/TR/WCAG21/#keyboard

つまり、このボタンはキーボード操作ができません。

ユーザーがクリック、タップ、ドラッグ、ドロップ、スライド、スクロールといった各種の操作を行えるとき、キーボードのみの環境でも同等の操作を実現できるようにする必要があります。

スマートフォンなど、典型的にはタッチ操作を行う環境でも、キーボード操作への対応は必要です。スクリーンリーダーを利用する場合はキーボード操作に準じた操作が必要となりますし、実際にBluetoothキーボードを利用することも考えられます。

MEMO

WAI-ARIAを併用したキーボード操作の考え方については、WAI-ARIA Authoring Practices の Developing a Keyboard Interface が参考になります。
https://www.w3.org/TR/wai-aria-practices-1.2/#keyboard

2. 操作可能な要素を隠さない

フォーカス可能な要素にaria-hidden="true"を指定すると、問題が起きることがあります。09は問題のある例です。

09 aria-hidden="true"を指定した問題のある記述例

```
<button aria-hidden="true">支援技術に「見えない」がフォーカスは当たるボタン</button>
```

09は、フォーカス可能なボタンにaria-hidden="true"を指定しています。aria-hidden="true"の指定はフォーカス移動に影響しないため、このボタンにはフォーカスが当たります。しかし、aria-hidden="true"の効果により、支援技術はこのボタンを認識できません。このボタンにフォーカスが当たった場合、スクリーンリーダーは何も読み上げず、ユーザーはフォーカスを見失ってしまいます。

フォーカスが当たらなければ問題は起きないため、視覚環境も含めたすべての環境から要素を隠したり、キーボードによるフォーカス操作を無効にすれば問題を回避できます。10はこの問題が起きない例です。

MEMO

フォーカスを見失うような状況は、WCAG 2.1 達成基準2.4.3「フォーカス順序」の要件を満たせていないといえます。
Success Criterion 2.4.3 Focus Order
https://www.w3.org/TR/WCAG21/#focus-order

10 フォーカスを無効にして問題を回避した記述例

```
<button hidden>すべての環境から隠されたボタン</button>
<button aria-hidden="true" disabled>無効のボタン</button>
<button aria-hidden="true" tabindex="-1">フォーカスの当たらないボタン</button>
```

逆に、フォーカス可能な要素を視覚的に隠し、支援技術からはアクセス可能にした場合にも問題が起きます。この場合、視覚的に見えない要素にフォーカスが当たるため、視覚環境でキーボード操作を行うユーザーは、フォーカスを見失ってしまいます。

MEMO

意図的に隠す場合だけでなく、ある要素が別の要素に重なって視覚的に見えない場合や、ある領域が操作不能であることを示すために視覚的にグレーアウトした場合にも同様の問題が起こることがあります。

3. 操作可能な要素にアクセシブルな名前を持たせる

操作可能な要素には、アクセシブルな名前を付けなければなりません。11は不適切な例です。

11 内容が空のボタンの不適切な例

```
<button><span class="menu-icon"></span></button>
```

このような空の要素を用意し、CSSでアイコンを表示して、アイコンボタンとして利用するケースがあります。この要素はアクセシブルな名前を持ちません。スクリーンリーダーのユーザーがこのボタンにフォーカスした場合、単に「ボタン」と読み上げられるだけで、何をするボタンなのかわかりません。

操作可能な要素には、アクセシブルな名前を与える必要があります。名前を与える方法は、後述の「アクセシブルな名前を与える方法」を参照してください。

アクセシブルな名前を与える方法

要素によって、アクセシブルな名前を提供する方法は異なります。

11 のようなbutton要素であれば、要素の内容となるテキストがアクセシブルな名前となります。12 の例は「メニュー ボタン」と読み上げることが期待できます。13 のようにボタン内にimg要素がある場合は、画像の代替テキストもアクセシブルな名前となります。

12 要素のテキストがアクセシブルな名前となる記述例

```
<button><span class="menu-icon">メニュー</span></button>
```

13 画像の代替テキストがアクセシブルな名前となる記述例

```
<button><img src="menu-icon.png" alt="メニュー"></button>
```

ラベル付け可能要素の場合は、関連付けられたlabel要素(P212)の内容もアクセシブルな名前となります。また、以下の属性によっても名前を与えることができます。

- aria-labelledby属性(P302)
- aria-label属性(P301)
- title属性(P278)

実際に何がアクセシブルな名前として認識されているかは、ブラウザーの開発者ツールで確認できます。たとえばChromeでは、要素を「検証」して開発者ツールを開き、"Accessibility" パネルを開くと、14 のように確認できます。

MEMO

WAI-ARIA 1.2 の 5.2.8.4 Roles Supporting Name from Author では名前を付与できるロールを定めています。この一覧で「(name required)」とされているロールには、必ず名前を与えなければなりません。
https://www.w3.org/TR/wai-aria-1.2/#namefromauthor

MEMO

HTMLの各種要素に対してアクセシブルな名前が決定される際のアルゴリズムは、HTML Accessibility API Mappings 仕様の4. Accessible Name and Description Computationで定義されています。
https://www.w3.org/TR/html-aam-1.0/#accessible-name-and-description-computation

MEMO

CSSの::before擬似要素や::after擬似要素で追加したテキストもアクセシブルな名前に含まれます。つまり、スクリーンリーダーで読み上げられます。

MEMO

Accessibilityパネルは環境によって「ユーザー補助」と訳されている場合もあります。

14 Accessibilityパネル

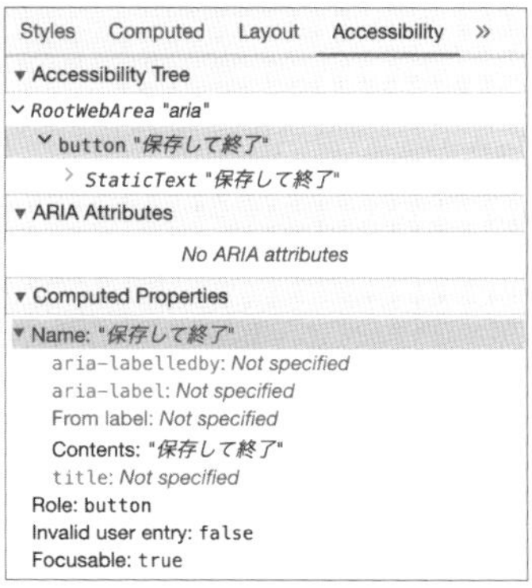

操作可能でない要素にアクセシブルな名前を与える

操作可能ではない要素にも、アクセシブルな名前を付けられる場合があります。ARIA 1.2のRoles Supporting Name from Authorでは、どのロールが名前付け可能かを定義しています。

たとえば、ランドマークに名前を与えるケースを考えてみましょう。1つのページに複数のnav要素がある場合、スクリーンリーダーはどれも「ナビゲーション ランドマーク」と読み上げ、区別ができません。そこで、15のようにaria-label属性で名前を与えることがあります。

> **MEMO**
> 5.2.8.4 Roles Supporting Name from Author
> https://www.w3.org/TR/wai-aria-1.2/#namefromauthor

15 aria-label属性で名前を与える記述例

```
<nav aria-label="パンくずナビゲーション">
  <!-- ヘッダーナビゲーション -->
</nav>
...
<nav aria-label="グローバルナビゲーション">
  <!-- グローバルナビゲーション -->
</nav>
...
<nav aria-label="フッターナビゲーション">
  <!-- フッターナビゲーション -->
</nav>
```

15では「パンくずナビゲーション ナビゲーション ランドマーク」のように読み上げられることが期待され、ナビゲーションが区別できます。

インタラクティブでない領域にaria-label属性やaria-labelledby属性を用いてアクセシブルな名前を与える場合、名前が本当に必要なのか、有用な名前を付けられるかを考えるようにしましょう。

名前がなくても、コンテキストで理解できるケースもあります。16の例では、2つのnav要素に名前を付けています。

> **MEMO**
> ただし、この名前が有用かどうかはまた別の話です。「パンくずナビゲーション」「グローバルナビゲーション」と言われても、ユーザーはその内容を想像できない可能性もあります。名前で説明することを考える前に、多数のnav要素を区別させなければならない状況自体を改善するべきでしょう。

16 2つのnav要素に名前を付けた記述例

```
<header>
  <nav aria-label="ヘッダーナビゲーション">
    <!-- ヘッダーナビゲーション -->
  </nav>
</header>
...
<footer>
  <nav aria-label="フッターナビゲーション">
    <!-- フッターナビゲーション -->
  </nav>
</footer>
```

しかしこの例では、それぞれのnav要素がヘッダー内・フッター内にあることは要素のセマンティクスからも明らかです。「ヘッダーナビゲーション」「フッターナビゲーション」という名前からは、追加の情報はほとんど得られず、この名前はあまり有用とはいえないでしょう。

ARIA実装の基本テクニック

WAI-ARIAを利用した実装には、さまざまなテクニックがあります。WAI-ARIA Authoring Practicesでは、コード例とともに多数のテクニックを学ぶことができます。

WAI-ARIAのテクニックの中には、さまざまな局面で利用でき、応用が利くものもあります。ここでは、そのような基本テクニックをいくつか紹介します。

MEMO
WAI-ARIA Authoring Practices 1.1
https://www.w3.org/TR/wai-aria-practices/

アクセシブルな名前を提供する方法

前述したように、要素にアクセシブルな名前を提供する方法は複数あります。

実装時には、どの方法を採用すればよいか迷うかもしれません。WAI-ARIA Authoring Practices 1.2のCardinal Rules of Namingでは、名前を与える際に考えるべきこととして、5つのルールが紹介されています。

MEMO
5.3.1 Cardinal Rules of Naming
https://www.w3.org/TR/wai-aria-practices-1.2/#naming_cardinal_rules

- (仕様に反した実装をしないように)テストを行い、警告に注意する
- 可視のテキストを使う
- HTMLのネイティブ機能を使う
- (title属性やplaceholder属性などによる)ブラウザーのフォールバックに頼ることは避ける
- 簡潔で有用な名前を付ける

筆者が特に重要だと考えるのは、「可視のテキストを使う」ことと、「HTMLのネイティブ機能を使う」ことです。コントロールにlabel要素で名前を付けることは、その両方を満たす方法であり、ベストな方法といえます。

ビジュアルデザインの制約などでラベルを設けるスペースがない場合でも、たとえばフローティングラベル(floating label)と呼ばれる手法を用いると、可視のラベルテキストを確保できます。

要素がラベル付け可能要素とされていない場合、label要素は利用できません。しかしこの場合も、17のようにaria-labelledby属性を用いて可視のテキストと関連付けることができます。こうすることで、支援技術を利用するユーザー、利用しないユーザーの双方に情報が伝わります。

> **MEMO**
> フローティングラベルの機能や実装方法については、Bootstrapの例が参考になります。
> https://getbootstrap.com/docs/5.1/forms/floating-labels/

17 aria-labelledby属性で可視テキストと関連付ける例

```
<nav aria-labelledby="product">
  <div id="product">製品</div>
  <!-- 製品ページへのリンクのナビゲーションリスト -->
</nav>
```

もっとも、nav要素はセクショニングコンテンツでもあるため、内容の先頭に見出しがあれば、セクションの見出しとして扱われます。17では、div要素を見出しに変更し、aria-labelledby属性を削除してもよいでしょう。

スクリーンリーダー向けテキストを提供する

要素の内容がアクセシブルな名前として扱われる場合、スクリーンリーダーに読み上げさせる専用のテキストを入れる方法もあります。18は、button要素の内容に読み上げ専用のテキストを入れた例です。

18 読み上げ専用のテキストを記述した例

```
<button>
  <span class="visually-hidden">メニュー</span>
  <span class="menu-icon"></span>
</button>
```

visually-hiddenは、視覚環境で表示されず、かつスクリーンリーダーでは読み上げられるスタイルを定義したクラスです。多くのCSSフレームワークは、このようなクラスをあらかじめ用意しています。たとえば、Bootstrap 5.0のvisually-hiddenには19のようなスタイルが定義されています。

> **MEMO**
> _visually-hidden.scss
> https://github.com/twbs/bootstrap/blob/main/scss/mixins/_visually-hidden.scss

19 Bootstrap 5.0のvisually-hiddenのコード

```
.visually-hidden {
  position: absolute !important;
  width: 1px !important;
  height: 1px !important;
  padding: 0 !important;
  margin: -1px !important;
  overflow: hidden !important;
  clip: rect(0, 0, 0, 0) !important;
  white-space: nowrap !important;
  border: 0 !important;
}
```

このテクニックは、先に紹介した「操作可能な要素を隠さない」（P311）という考え方と競合することに注意してください。原則として、操作可能な要素に適用すべきではありません。20 は不適切な例で、CHAPTER 3-6で紹介した「スキップリンク」にvisually-hiddenを適用しています。

20 の例では、スキップリンクは視覚的に隠されますが、キーボードフォーカスは受け取るため、視覚環境を利用するキーボードユーザーはフォーカスを見失ってしまいます。

20 スキップリンクにvisually-hiddenを適用した不適切な記述例

```
<body>
  <div class="visually-hidden">
    <a href="#content">メインコンテンツへ</a>
  </div>
...
  <main id="content">
```

キーボードフォーカスを制御する

通常、フォーカス可能でない要素はキーボードフォーカスを受け取れませんが、CHAPTER 4-1で紹介したtabindex属性を利用すると、フォーカスを受け取れるようになります。

tabindex="0" を指定すると、ユーザーがキーボード操作でフォーカスを移動してフォーカスを当てられるようになります。21 はdiv要素をフォーカス可能にする例です。

21 div要素をフォーカスする記述例

```
<div class="button" tabindex="0">ボタン?</div>
```

ただし、これだけでは単にフォーカスが当たるだけで、他の機能は持ちません。フォーカスを当てた後に何か操作をさせたい場合は、JavaScriptなどで実装する必要があります。

tabindex="-1" を指定した場合、ユーザーがキーボード操作でフォーカスを当てることはできませんが、JavaScriptのfocus()メソッドでフォーカスを移せるようになります。たとえば、ユーザーがボタンを押した際に別の場所にフォーカスを移動したい場合などに利用します。

ただし、予想外のフォーカス移動が行われるとユーザーは混乱します。基本的には、ユーザーの何らかの操作をトリガーとするようにしてください。

MEMO

ユーザー操作を実装する際は、キーボード操作にも対応できるように配慮する必要があります。「マウスやタッチで操作可能なものは、キーボードでも操作可能にする」（P310）も参照してください。

動作検証とアクセシビリティサポーテッド

最後に、筆者が重要だと考えている動作検証についてお伝えします。

アクセシビリティに関する技術や機能が、ブラウザーや支援技術によって十分に対応されて、意図どおりに動作するとき、その状態のことを「アクセシビリティサポーテッド(Accessibility supported)」であるといいます。

WAI-ARIAは比較的新しい技術でもあり、古い支援技術はARIA属性を十分にサポートしていないことがあります。仕様で規定されたARIA属性を適切に利用していても、アクセシビリティサポーテッドでないことがあり、意図どおりに機能しないことがあります。

また、ARIAのルールにはかなり複雑な部分があります。これまで説明してきたように、特定の要素に適用できないロールがある、ロールとARIA属性との組み合わせを許可しない場合がある、他のARIA属性が効果を上書きする場合があるなど、さまざまな注意点があります。正直なところ、これらすべてを正確に把握するのはかなり難しく、正しい効果が予想しにくい場合もあるでしょう。

そこで重要になるのが、動作検証です。検証といっても、大掛かりなものである必要はありません。最近では多くのOSにスクリーンリーダーの機能が組み込まれており、追加のスクリーンリーダーを導入することなく検証できます。ARIA属性を利用するときには、実際にスクリーンリーダーを利用してアクセスし、動作検証を行うようにしましょう。

アクセシビリティに唯一の正解はありませんが、WAI-ARIAを利用するのは、支援技術でもコンテンツにアクセスしやすくしたいという動機によるものです。支援技術のユーザーに実際にコンテンツにアクセスしてもらい、フィードバックを得ることで、品質を向上できるでしょう。

MEMO

逆に、ブラウザーや支援技術によるサポートが十分でない場合、アクセシビリティサポーテッドでないといいます。

MEMO

可能であれば、普段から支援技術を利用しているユーザーにアクセスしてもらって、その意見を聞くとよいでしょう。ARIAの使いすぎや、説明が冗長であるという意見は、コンテンツの実装者からはなかなか出てこないものです。

04 WAI-ARIAの実践

THEME テーマ　ここでは、実際にウェブでよく使われるウィジェットの事例を通じて、WAI-ARIAをどのように利用するのか、その検討の過程や考え方について紹介します。

事例1：ハンバーガーメニューを改良する

モバイル用のページでは、通常はメニューを隠しておき、ボタンを押すことでメニューが開く仕組みがよく見られます。01のように、メニューを開くボタンが3本の横棒で表現されたものは「ハンバーガーメニュー」と呼ばれます。一般的なハンバーガーメニューは、以下のような機能を持ちます。

- ユーザーがボタンを押すと、メニューが出現する
- メニューにはサイト内の主要なコンテンツへのリンクが含まれる
- メニューはコンテンツに覆いかぶさるような形で現れ、メニューが開いている間はメニューの外のコンテンツは利用できない
- メニューが出現すると、メニューを開くボタンはメニューを閉じるボタンに変化する
- 閉じるボタンを押すとメニューは消え、元の状態に戻る

01 一般的なハンバーガーメニューの例(左：閉じた状態　右：開いた状態)

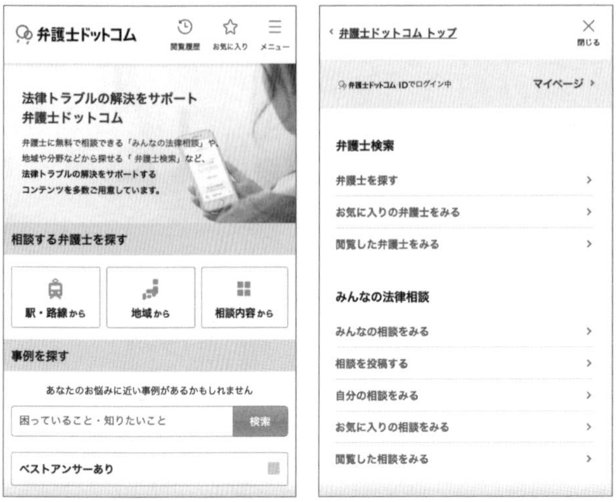

多くのサイトで見られるパーツですが、アクセシビリティ上の留意点がいくつかあります。深く考えずに作られたハンバーガーメニューは、たとえば02のようなマークアップになっていることがあります。

MEMO
詳細なコード例についてはWAI-ARIA Authoring Practicesなどを参照してください。
https://www.w3.org/TR/wai-aria-practices/

MEMO
参考サイト
弁護士ドットコム - 無料法律相談や弁護士、法律事務所の検索
https://www.bengo4.com/

02 ハンバーガーメニューのマークアップ例

```
<div class="hamburgerMenu">
  <div class="button">
    <!-- 閉じている場合にのみ表示され、開くとdisplay:noneになる -->
    <span class="menu-icon"></span>
    <!-- 開いている場合にのみ表示され、閉じるとdisplay:noneになる -->
    <span class="close-icon"></span>
  </div>
  <ul>
    <li><a href="/">ホーム</a></li>
    <!-- メニュー -->
  </ul>
</div>
```

<div class="button">がボタンに相当します。中に入っている2つのspan要素は、それぞれハンバーガーアイコンと閉じるアイコンに相当し、CSSのbackground-imageプロパティを使用してアイコン画像を表示します。そして、03のようなJavaScriptでdiv要素にclickイベントのイベントハンドラーを付け、動くようにします。

03 ハンバーガーメニュー用のJavaScript例

```
const hamburgerMenu = document.querySelector('.hamburgerMenu');
const hamburgerMenuButton = hamburgerMenu.querySelector('.button');
hamburgerMenuButton.addEventListener('click', event => {
  hamburgerMenu.classList.toggle('js-opened');
});
```

さまざまなJavaScriptの実装方法が考えられますが、ここでは単純に、外側のdiv要素にjs-openedクラスを付けたり外したりしています。そして、04のようなCSSでメニュー項目のul要素を非表示にし、js-openedクラスが付いたときだけ表示されるようにします。

04 ハンバーガーメニューのCSS例

```
.hamburgerMenu ul{
  display: none;
}
.hamburgerMenu.js-opened ul{
  display: block;
}
```

これでメニューボタンは動作しますが、このメニューにはアクセシビリティ上の問題点が複数あります。ここでは、このマークアップで作成されたメニューが既に存在すると仮定して、アクセシビリティを向上していく過程の考え方を紹介します。

MEMO

アクセシビリティを向上する手段の代表例がWAI-ARIAですが、CHAPTER 4-3で紹介したように、WAI-ARIAを利用することが必ずしも望ましいとは限りません。ここでは、WAI-ARIAを利用する方法、しない方法の両方を含めて検討していきます。

キーボード操作を可能にする

このメニューの最大の問題は、キーボードで操作できないことです。メニューボタンはdiv要素で実装されています。clickイベントを付けているため、マウスでのクリックやタップには反応します。しかし、キーボードでは、そもそもボタンにフォーカスを当てることができません。

キーボード操作を可能にする方法はいくつかあります。

●方法1：button要素を使用する

CHAPTER 4-3でも触れてきたように、WAI-ARIAを使う前に、まずHTMLのネイティブ機能が使えないか検討すべきです。ここでは 05 のように、HTMLのbutton要素を使うことができます。

05 button要素を仕様した例

```
<button>
  <span class="menu-icon"></span>
  <span class="close-icon"></span>
</button>
```

これだけでキーボード操作が可能になります。role属性もtabindex属性もkeypressイベントも必要ありません。button要素はそれらの機能を既に備えているからです。

●方法2：a要素を使用する（非推奨）

おすすめはしませんが、a要素でもフォーカスを受け取ることはできます。a要素にrole=buttonを指定すると、ボタンであると宣言することができます。

role属性の指定は単に役割を宣言するだけです。role=buttonを指定しても、ボタンと同じ挙動にはならないことに注意してください。

a要素はbutton要素とは動作が異なります。たとえば、button要素ではフォーカスしたあとにスペースキーでボタンを押すことができますが、a要素ではできません。可能な限りbutton要素を利用するべきです。

●方法3：divのままキーボード操作可能にする（非推奨）

まったくおすすめしませんが、何らかの理由でbutton要素が利用できない場合、div要素のままキーボード操作を可能にする方法もあります。06 のように、tabindex=0とrole=buttonを指定すると、フォーカスが当たるようになり、スクリーンリーダーでも「ボタン」と読み上げられます。

06 tabindex=0を指定した例

```
<div class="button" role="button" tabindex="0">
  <span class="menu-icon"></span>
  <span class="close-icon"></span>
</div>
```

MEMO

キーボード操作は、WCAG 2.1の達成基準2.1.1「キーボード」で要求されているアクセシビリティ上の重要事項です。
https://www.w3.org/TR/WCAG21/#keyboard
CHAPTER 4-3の「マウスやタッチで操作可能なものはキーボードでも操作可能にする」（P310）も参照してください。

さらに、キーボード操作に対応するために、07のようなJavaScriptでkeypressイベントを付けます。

07 keypressイベントをJavaScriptで追記する例

```
hamburgerMenuButton.addEventListener('keypress', event => {
  // Enterキーやスペースキーでボタンが押せ、かつTabキーではボタンが押されないような実装...
});
```

このイベント内では、押されたキーを判定して、Enterキーやスペースキーならばボタンが押されるように、かつTabキーなどの操作を横取りしないように実装します。

繰り返しになりますが、この方法はおすすめしません。

何のボタンかわかるようにする

button要素を利用すると、スクリーンリーダーを使ってボタンにフォーカスを当てたとき、「ボタン」と読み上げられます。しかし、単に「ボタン」と読み上げられても、これが何をするボタンかはわかりません。

何のボタンかわかるようにするために、ボタンにラベルを与える必要があります。たとえば、「メニュー」というラベルを与えると、「メニュー ボタン」などと読み上げられ、何のボタンか伝わります。

ボタンにラベルを与える方法はいくつかあります。

●方法1：画像をimg要素にしてaltでテキストを指定する

CHAPTER 3-11で紹介したとおり、button要素は、内容に含まれるテキストをラベルとして扱います。アイコンをCSSの背景画像で実装することをやめて、08のようにimg要素のalt属性で代替テキストを提供すれば、ラベルとして扱われることになります。

08 alt属性でテキストを指定した例

```
<button>
  <!-- 閉じている場合にのみ表示され、開くとdisplay:noneになる -->
  <span class="menu-icon"><img src="menu.png" alt="メニュー"></span>
  <!-- 開いている場合にのみ表示され、閉じるとdisplay:noneになる -->
  <span class="close-icon"><img src="close.png" alt="閉じる"></span>
</button>
```

このようにすると、スクリーンリーダーで読み上げられることに加え、画像が表示できないケースや、通信速度の問題で画像を表示しないようにしている場合などに代替テキストが利用されることが期待されます。ただし、ブラウザーによっては代替テキストを表示しないこともあります。

なお、img要素を用いるこの方法は、サイトの高速化を意図した「CSSスプライト」と呼ばれる技法と相性が悪いという問題があります。最近はCSSスプライトが使われることも少なくなってきましたが、CSSスプライトの利用が必須である場合は、他の方法を考えましょう。

MEMO

「メニュー」や「閉じる」アイコンは意味を持つ画像コンテンツと考えられます。WCAG 2.1達成基準1.1.1「非テキストコンテンツ」では、テキストによる代替を提供することが求められています。
https://www.w3.org/TR/WCAG21/#non-text-content

MEMO

img要素のalt属性については、CHAPTER 3-8（P182）も参照してください。

●方法2：スクリーンリーダー用テキストを入れる

button要素の中にテキストがあれば、ラベルとして扱われます。それは必ずしも、視覚的に見えている必要はありません。09のように、スクリーンリーダーで読み上げさせる専用のテキストを入れる方法もあります。

09 スクリーンリーダー用テキストの記述例

```
<button>
  <span class="visually-hidden">メニュー</span>
  <span class="menu-icon"></span>
  <span class="close-icon"></span>
</button>
```

visually-hiddenは、視覚環境で表示されず、かつスクリーンリーダーでは読み上げられるようなスタイルを定義したクラスです。詳細はCHAPTER 4-3の「スクリーンリーダー向けテキストを提供する」(P315)を参照してください。

なお、単純にCSSのdisplay:noneの指定を用いると、スクリーンリーダーからも参照できなくなり、読み上げられなくなるため注意が必要です。

●方法3：aria-label属性を利用する

別の選択肢として、10のようにaria-label属性を利用する方法もあります。

10 aria-label属性の記述例

```
<button aria-label="メニュー">
  <span class="menu-icon"></span>
  <span class="close-icon"></span>
</button>
```

このようにすると、aria-label属性に対応しているスクリーンのリーダーでは「メニュー ボタン」と読み上げることが期待できます。

ただし、aria-label属性で指定したラベルは、支援技術のユーザーにしか伝わらないという問題があります。視覚環境において、何らかの理由でCSSが無効になった場合、方法1や方法2ではボタンのアイコンやラベルが見えますが、この方法ではボタンの内容がまったく表示されなくなります。

aria-label属性の利用はスマートな方法に見えますが、おすすめできるものではありません。

●方法4：aria-haspopup属性を利用する

ボタンの意味を伝える方法には、ボタンにラベルを与える以外のアプローチもあります。11は、メニューボタンにaria-haspopup属性を指定した例です。

11 aria-haspopup属性を指定する記述例

```
<button aria-haspopup="menu">
  <span class="menu-icon"></span>
  <span class="close-icon"></span>
</button>
```

こうすると、aria-haspopup属性に対応したスクリーンリーダーでは、「ボタン メニュー ポップアップ」などと読み上げられます。ボタンにラベルはありませんが、押せばポップアップメニューが出現することは伝わります。

ボタンにラベルがある場合、それもあわせて読み上げられます。ラベルが「メニュー」の場合は、「メニュー ボタン メニュー ポップアップ」と読み上げられます(「メニュー」が2回出現しますが、前者はボタンのラベル、後者はaria-haspopup属性の値です)。これは冗長になるため、ボタンのラベルだけで動作が十分に伝わる場合は、aria-haspopup属性を指定すべきでないという考え方もあります。

なお、このボタンが閉じるボタンに変化する場合、「メニュー ポップアップ」と読み上げられると混乱を招くため、動作にあわせてaria-haspopup属性を削除する必要があります。

メニューの開閉状態がわかるようにする

ここまでで、キーボード操作ができ、ボタンも「メニュー ボタン」と読み上げられるようになりました。これで、メニューボタンを利用できる最低限の条件は満たしています。

メニューを開いた際、視覚的には、メニューが開いたことは一目瞭然です。しかし、**スクリーンリーダーのユーザーには、メニューが開いたかどうかはわかりません。**

今回はボタンに「メニュー」というラベルを付けましたから、メニューが開いただろうと想像はできるでしょう。しかし、実際にどこがどう変化したかはわかりませんし、メニューの開閉状態、つまりメニューが開いているのか、閉じているのかもわかりません。

この問題について、対応を検討していきましょう。

●方法1:開いたメニューにフォーカスを移す

メニューが開いたことを伝える方法の1つは、開いたメニューにキーボードフォーカスを移してしまうことです。先のスクリプトにあったボタンクリック時のイベントに、12のようなフォーカス移動の処理を追加します。

12 先頭のa要素にフォーカスを移動するコード例

```
hamburgerMenuButton.addEventListener('click', event => {
  hamburgerMenu.classList.toggle('js-opened');
  hamburgerMenu.querySelector('ul a').focus(); // この行を追加
});
```

> **MEMO**
> aria-haspopup属性は、あくまでポップアップが現れることを知らせるものです。メニューがポップアップするのではなく、他の方法で出現する場合は、aria-haspopup属性を使用するべきではありません。

> **MEMO**
> WCAG 2.1の達成基準 3.2.5「要求による変化」では、フォーカス移動のようなコンテキストの変化は、ユーザーの要求によってだけ生じるようにすることが望ましいとされています。この例では、ユーザーが「メニュー」というボタンを押すことによってフォーカスが移動しますから、この達成基準には抵触しません。
> https://waic.jp/docs/WCAG21/#change-on-request

こうすると、メニューを開くと同時に、メニューの先頭の項目にフォーカスが移動します。スクリーンリーダーはメニューの先頭の項目を読み上げ始めるので、メニューが開いたことは確実に伝わるでしょう。

この方法はわかりやすい反面、フォーカスを強制的に移動させる点に注意が必要です。HTMLソースコード上で、ボタンの直後にメニューが存在する場合は、直後の要素にフォーカスが移るだけで、元の位置に戻ることもできるため、大きな問題はないでしょう。

メニューがボタンから離れている場合は、慎重な設計が必要です。メニューを開いたあと、ユーザーはShift+Tabキーでフォーカスを戻そうとするかもしれません。フォーカス移動先がHTMLのDOMツリー上で離れた位置にあると、Shift+Tabキーの操作では元に戻れない場合があります。出現するメニューは、メニューボタンの直後に置くことが望ましいでしょう。

MEMO

HTMLソースコード上、メニューがボタンとかけ離れた場所にある場合、WCAG 2.1達成基準1.3.2「意味のある順序」の観点でも問題となる場合があります。
https://www.w3.org/TR/WCAG21/#meaningful-sequence

●方法2：ボタンのラベルで状態を伝える

フォーカスを移さない場合、ボタンのラベルで現在の状態を伝える方法もあります。たとえば13のように、メニューが開くと同時にボタンのラベルを「メニューを閉じる」に変えるようにします。

13 ボタンのラベルを変更する例

```
<button>
  <!-- 閉じている場合にのみ表示され、開くとdisplay:noneになる -->
  <span class="menu-icon"><img src="menu.png" alt="メニュー"></span>
  <!-- 開いている場合にのみ表示され、閉じるとdisplay:noneになる -->
  <span class="close-icon"><img src="close.png" alt="メニューを閉じる"></span>
</button>
```

こうすると、ボタンを再度読み上げさせれば「メニューを閉じる ボタン」と読み上げられ、現在メニューが開いている（だから閉じることができる）と推測できるでしょう。

ただし、メニューが開いたことがわかっても、実際にメニューに移動できるかどうかは別の話です。HTMLソースコード上、ボタンの直後にメニューを挿入するか、前述の方法1のように、フォーカスを制御するとよいでしょう。

MEMO

見た目上はボタンの隣にメニューが表示され、しかしHTMLソースコード上ではボタンと離れた場所にメニューが存在する場合、フォーカス移動先が予想外の要素になることがあります。その場合、WCAG 2.1達成基準2.4.3「フォーカス順序」の問題も生じます。
https://www.w3.org/TR/WCAG21/#focus-order

●方法3：aria-expanded属性を利用する

WAI-ARIAには開閉状態を通知するaria-expanded属性があります。メニューが開いた際、14のようにaria-expanded=trueを追加します。

14 aria-expanded属性を利用する例

```
<button aria-expanded="true">
```

こうすると「メニュー ボタン 開いています」などと読み上げられます。同様に、メニューが閉じた際にaria-expanded=falseを指定すると「メニュー ボタン 閉じています」などと読み上げられます（「隠されました」などと読み上げることもあります)。

aria-haspopup属性と同様、ボタンのラベルとあわせて読み上げることに注意してください。メニューが既に開いていて、ボタンのラベルが「メニューを閉じる」となっている場合、aria-expanded=trueを指定すると、「メニューを閉じる ボタン 開いています」と読み上げられます。これは冗長ですし、むしろ混乱を招くことがあります。

初期状態ではaria-expanded属性を付けないようにしておき、開いたときだけaria-expanded=trueを付ける方法もあります。この場合、メニューが閉じているときは「メニュー ボタン」と読み上げられ、開いているときは「メニュー ボタン 開いています」と読み上げられます。

この方法は、開いたメニューがページ内のどこに存在するかはわかりません。aria-controls属性で制御対象を明示する方法もあり、それ自体は望ましいことですが、その機能に頼るべきではありません。基本的に、出現するメニューはメニューボタンの直後に置くことが望ましいでしょう。

MEMO
実際にユーザーに伝わるかどうかは、文脈にもよります。ボタンのラベルや他のARIA属性も合わせた状態で実際に読み上げさせて、ボタンの挙動が伝わるか検討するとよいでしょう。情報が不足している場合だけでなく、情報が多すぎて冗長になっている場合にも伝わらないことがある点に注意してください。

MEMO
CHAPTER 4-2のaria-controls属性も参照してください。

メニューの裏側にフォーカスが当たらないようにする

一般的に、メニューを開いたとき、視覚環境ではメニューがコンテンツに覆いかぶさります。コンテンツはメニューの裏側に隠れて見えなくなり、メニューに隠されない部分があっても、グレーアウトして操作できない状態になります。

しかしキーボード操作の場合、メニューが開いた状態でも背後のコンテンツにフォーカスを移せてしまう場合があります。メニューの裏側の要素にフォーカスが移ると、視覚環境のキーボードユーザーはフォーカスを見失い、混乱することがあります。スクリーンリーダーのユーザーの場合、メニューが開いたままであることに気づかず、普通に利用できてしまうことが多いでしょう。

このようなフォーカス順序の問題を避ける方法を検討していきます。

MEMO
見えない要素にフォーカスが当たってしまう状況は、ユーザーにとって予想外のフォーカス移動になるため、WCAG 2.1の達成基準2.4.3「フォーカス順序」の問題となります。
https://www.w3.org/TR/WCAG21/#focus-order

●方法1：メニューの外の要素をすべてフォーカス不可能にする

メニューが開いたときに、メニューの外の要素をすべてフォーカス不可能にするという方法です。実装方法は複数存在しますが、ここでは方針だけ紹介します。

- メニューの外側のフォーカス可能な要素すべてにtabindex=-1を指定
- メニューの外側の要素すべてをdisplay: none;やvisibility: hiddenなどで削除
- メニューをdialog要素として実装し、showModal()メソッドで呼び出す

aria-hidden属性はこの目的では利用できないことに注意してください。aria-hidden属性を指定してもフォーカス移動には影響せず、フォーカスを受け取ってしまいます。スクリーンリーダーのユーザーは読み上げられない要素にフォーカスを奪われ、混乱することになります。

MEMO
dialog要素については、CHAPTER 3-12のdialog要素の項を参照してください。また、詳細な実装方法についてはWAI-ARIA Authoring Practicesを参照してください。

●方法2：フォーカス移動するときにメニューの先頭に戻す

メニューからフォーカスが外に出るのは、メニューの最後の要素からさらにフォーカス移動しようとしたタイミングです。そのタイミングでTabキーの挙動をフックして、メニューの先頭に戻してしまえば、フォーカスはメニューの外に出られなくなります。

メニューの最後の要素にkeypressイベントを付けてフックする方法もありますが、フォーカストラップを利用する方法もあります。たとえば15のように、メニューの前後にtabindex属性を指定したdivを挿入します。

15 tabindex属性を指定したdiv要素を挿入した例

```
<div tabindex="0"></div>
  <ul id="menu01">
    <li><a href="/">ホーム</a></li>
    <!-- メニュー -->
  </ul>
<div tabindex="0"></div>
```

キーボード操作でメニューの外にフォーカスを出そうとした際、このdiv要素にフォーカスが当たります。このdiv要素にfocusイベントを付けておき、フォーカスが当たったタイミングでフォーカスをメニューの先頭、もしくは末尾に移動します。

この際、フォーカスが脱出不能にならないように注意してください。メニューを閉じるボタンが押せなくなると、キーボードユーザーは操作不可能になってしまいます。また、ユーザーはブラウザーのアドレスバーにフォーカスしたい場合にShift+Tabキーで戻ることもあります。先頭の要素から前に戻ろうとすることは許容してもよいでしょう。

●方法3：フォーカス移動しようとした場合にメニューを自動的に閉じる

方法2と似ていますが、フォーカスをメニューの先頭に戻す代わりに、メニューを閉じるという方法もあります。実装方法は基本的に方法2と同様で、フォーカスをトラップした際の処理を、メニューを閉じる処理に変更するだけです。

ただし、メニュー項目にフォーカスしたままメニューを閉じると、フォーカスの当たった要素がdisplay:noneになることでフォーカスが外れてしまい、どこにもフォーカスが当たっていない状態になります。これを避けるために、メニューを開く直前にフォーカスがあった場所、つまりメニューボタンにフォーカスを戻すとよいでしょう。

ただし、この方法には欠点もあります。ユーザーはメニューが閉じることを予測できませんし、メニューが閉じたことに気づかないことがあります。これは混乱の原因になります。たとえば、メニューが閉じたあとでShift+Tabキーを押しても、直前のメニュー項目に戻ることはできず、予想外の場所にフォーカスが移ってしまいます。

また、メニューが長い場合、閉じてしまったメニューを開き直した上で、もう一度メニュー項目を先頭から読み上げていくことになります。ユーザーが大きなストレスを感じることもあるでしょう。

MEMO

フォーカスが脱出不能になると、WCAG 2.1 達成基準2.1.2「キーボードトラップなし」の要件を満たせなくなります。これはレベルAの要求で、「非干渉」の条件でもある重要な基準です。WCAGへの対応が求められる場合には、この基準を必ず満たさなければなりません。
https://www.w3.org/TR/WCAG21/#no-keyboard-trap

MEMO

スクリーンリーダーのユーザーはTabキーを使用せずにフォーカスを移動できる場合もあります。また、フォーカスを移動せずに外の要素を読み上げられることもあります。もっとも、スクリーンリーダーのユーザーは視覚的にフォーカスを見失っても困らないため、そこまで気にしなくてもよいでしょう。

事例2：カルーセルのライブラリーを選定する

「カルーセル(carousel)」とは、回転木馬、メリーゴーランドの意味です。ウェブでは、画像やカードなどが横に並び、左右に移動して順繰りに表示される、16のようなコンポーネントを指します。スライドショーと呼ばれたり、イメージローテーターと呼ばれることもあります。

16 左右のスライドが見切れているカルーセルの例

カルーセルにはさまざまなパターンがありますが、一般的には以下のような機能を持ちます。

- 複数の「スライド(slide)」を持つ。個々のスライドには画像やカードなど、視覚的に提示される項目が含まれる
- 一度に表示するスライドは1つだけ(ただし、左右に見切れた状態で前後のスライドが表示されることはある)
- ユーザーの操作により、次のスライド、前のスライドを表示させることができる。この操作を、回転木馬の回転になぞらえて「ローテーション(rotation)」と呼ぶ。多くの場合、カルーセル領域の左右に矢印状のボタンが表示され、これを押すことでローテーションする
- 表示されているスライドをクリックすると、そのスライドに対応するリンク先に遷移する

また、これらに加えて以下の機能を持つケースも見られます。

- スライドピッカーコントロール(slide picker control)を持つ。これはスライドが全部で何枚あり、現在表示中のものが何番目かを示すインジケーターであり、インジケーター部分をクリックすると、対応するスライドを直接表示させることもできる。多くの場合、カルーセル領域の下部に、円が横に並んだ形で表示される
- ページが読み込まれると同時に、ユーザーが操作しなくても自動的にカルーセルがローテーションを始め、一定の速度でローテーションし続ける
- スライドにマウスポインターが乗った場合や、キーボードフォーカスが移った場合に、カルーセルの自動ローテーションを停止する

MEMO

カルーセル関連のパーツにはさまざまな呼び方があり、名前は必ずしも統一されていません。たとえば、スライドは「カルーセル項目」「パネル」などと呼ばれることもあります。本書の用語はWAI-ARIA Authoring Practicesにならっています。
https://www.w3.org/TR/wai-aria-practices/#carousel

- ローテーションコントロール(rotation control)を持つ。これは、カルーセルの自動ローテーションを停止・再開できる機能で、多くの場合、オーディオ機器の一時停止・再生ボタンを模したボタンで表現される

このように、カルーセルは多数の機能を持つ複雑なものです。これらすべてを自前で実装するのは大変です。実際には、カルーセルを扱う専用のライブラリーを利用するケースが多いでしょう。カルーセルのライブラリーにはさまざまなものがあり、アクセシビリティに配慮したものも、そうでないものもあります。

ここでは、ライブラリーを選定するときに注意したいポイントを見ていくことにしましょう。

キーボード操作が可能か

カルーセルもキーボードで操作できなければなりません。ライブラリー選定時には、動作サンプルをキーボードで実際に操作してみるとよいでしょう。特に問題になりやすいのは以下の点です。

- 現在表示されているスライドにフォーカスし、リンクをたどることができるか
- 隠れているスライドにフォーカスが当たってしまい、フォーカスを見失うことはないか
- 次のスライド/前のスライドボタンにフォーカスし、操作できるか
- スライドピッカーコントロールにフォーカスし、操作できるか
- ローテーションコントロールにフォーカスし、操作できるか

キーボードフォーカスが見えず、事実上操作できないケースもよく見かけます。フォーカスが明確に見えるかどうかも確認しましょう。

●フォーカス時のローテーション停止

カルーセルが自動ローテーションする場合、スライドにフォーカスを移したタイミングでローテーションが行われると、フォーカスを見失うことがあります。多くのカルーセル実装では、スライドにフォーカスしたときに自動ローテーションを止めることで、これを防いでいます。

同様に、マウスポインターがスライドに乗ったときにも自動ローテーションを止めることが一般的です。スライドをクリックする瞬間にローテーションが行われると、意図しない遷移先に移動してしまうためです。このような配慮がなされているかどうかも確認しておきましょう。

スクリーンリーダーで操作できるか

視覚環境だけでなく、スクリーンリーダーで問題なく操作できるかどうかを確認しましょう。

- 現在表示されているスライドが適切に読み上げられるか
- 各種のボタンにラベルが付けられているか

MEMO

すべてのカルーセルが自動ローテーション機能を持つわけではありません。たとえば、ショッピングサイトで複数の商品画像を表示するケースなど、ユーザーが手動でローテーションすることを想定しているものもあります。

MEMO

すべてを自前で実装する必要がある場合は、WAI-ARIA Authoring Practices や Web Accessibility Tutorialsを参考にするとよいでしょう。
3.6 Carousel (Slide Show or Image Rotator)
https://www.w3.org/TR/wai-aria-practices/#carousel
Web Accessibility Tutorials Carousel
https://www.w3.org/WAI/tutorials/carousels/

・隠れているスライドが読み上げられて混乱することはないか

実装方法によっては、隠れているスライドまで読み上げてしまうことがあります。スライドの内容によっては大きな問題がないケースもありますが、多くの場合は混乱を招きます。

他の箇所の読み上げを妨害しないか

カルーセルが自動ローテーションする場合、1つ重要な注意点があります。自動ローテーション時に、現在の読み上げを妨害しないかという点です。

カルーセルのライブラリーの中には、カルーセル領域をライブリージョンとして実装するものがあります。たとえば、Slickというライブラリーの古いバージョンでは、17のように、カルーセル領域にaria-live=politeを指定していました。

17 カルーセル領域にaria-live=politeを指定した例

```
<div aria-live="polite" class="slick-list draggable">
  <!-- カルーセル領域 -->
</div>
```

aria-live=politeの指定によって、この領域はライブリージョンとして扱われます。カルーセルがローテーションすると、ライブリージョンの内容が変化するため、その都度、内容が読み上げられます。手動でローテーションした場合は問題ありませんが、カルーセルが自動ローテーションしたタイミングでも読み上げられることになります。

aria-live=politeの場合、現在の読み上げが一段落したところで割り込んで内容を読み上げます。たとえば、見出しを読み上げているときにカルーセルが切り替わると、見出しのテキストを読み上げ終えたあと、すぐに続けてカルーセルの内容を読み上げます。これはユーザーを混乱させます。

カルーセルを自前で実装する場合、ライブリージョンを使う必要があるかどうかは慎重に検討してください。どうしても利用する必要がある場合は、ユーザーがカルーセル領域から離れたときにaria-live=offに切り替えるか、カルーセルの自動ローテーションを止めるとよいでしょう。

ローテーションコントロールがあるか

ローテーションコントロールは、自動ローテーションするカルーセルを停止する機能です。WCAG 2.1の達成基準2.2.2「一時停止、停止、非表示」は、動き続けるコンテンツを停止できることを求めています。

カルーセルが自動ローテーションする場合、ローテーションコントロールが提供されていること、それがアクセシブルであることを確認しましょう。

MEMO
自前で実装する場合は、隠れているスライドにaria-hidden属性を適用するのも1つの方法です。ただし、aria-hidden属性だけではキーボードフォーカスは当たってしまうことに注意してください。

MEMO
Slick
https://kenwheeler.github.io/slick/

MEMO
カルーセルにライブリージョンを採用しているライブラリーは使うべきではありませんが、どうしても使わざるを得ない場合、スライドのテキストを工夫する方法もあります。たとえば、テキストの頭に「【広告】」と入れれば、現在の読み上げとは無関係の広告を読み上げたとわかり、混乱をやわらげる可能性があります。

MEMO
WCAG 2.1の達成基準2.2.2「一時停止、停止、非表示」はレベルAの要求で、「非干渉」の条件でもある重要な基準です。WCAGへの対応が求められる場合には、この基準を必ず満たさなければなりません。
https://www.w3.org/TR/WCAG21/#pause-stop-hide

事例3：タブのマークアップを検討する

「タブ(tabs)」は、複数のコンテンツを切り替えて表示する機能です。典型的には18のように、コンテンツが入る「タブパネル(tab panel)」を複数持っており、その表示を切り替えるためのタブ(tab)を持ちます。タブは、「タブリスト(tab list)」としてグループ化されます。

18 タブの例(WAI-ARIA Authoring Practicesより)

タブは以下のような機能を持ちます。

- 複数のタブとタブパネルから構成される。タブとタブパネルは1対1対応している
- タブリスト内のすべてのタブは見えている状態になっており、初期状態ではいずれか1つのタブが選択されている
- タブパネルは、選択されているタブに対応したものだけが表示され、他のタブパネルは見えない
- 他のタブをクリックすると、そのタブが選択状態になり、選択したタブに対応するタブパネルが表示される。他のタブパネルは表示されなくなる

タブがキーボード操作を受け付ける場合、以下の操作が一般的です。

- タブリストにフォーカスを移すと、選択されているタブがアクティブになる
- キーボードの左右キーを押すと、左右にある他のタブが選択される

ウェブコンテンツでは、タブの表現はよく使われます。ここでは、タブのマークアップについて、いくつかのパターンを検討しながら、考え方の過程を見ていきます。

タブのマークアップと実装

WAI-ARIAには、タブの部品に対応するロールが用意されています。

- タブ：tab
- タブリスト：tablist
- タブパネル：tabpanel

MEMO

WAI-ARIA Authoring Practices では、タブコンポーネント全体のタブ(tabs)と、個別のタブ(tab)を区別しています。
Tabs
https://www.w3.org/TR/wai-aria-practices/#tabpanel

MEMO

キーボードの左右キーによる操作は、他のウェブコンポーネントではあまり見られませんが、OSが提供するタブコントロールの操作に合わせたものです。

WAI-ARIAの基本はネイティブの機能を利用することですが、HTMLにはこれらのロールを持つネイティブ要素がないため、既存のHTMLの要素を利用し、role属性でこれらのロールを指定することになります。

では、HTMLのどの要素を使うべきでしょうか。ここでは、実際にどのようなマークアップにするべきかを検討していきましょう。

●タブ

タブはユーザーの操作の対象となる要素です。タブをクリックしたとき、タブパネルが切り替わるようにする必要があります。また、キーボードフォーカスを受け取る必要もあります。フォーカスを受け取れる要素、a要素かbutton要素のいずれかを使うべきでしょう。

タブが3つある場合、たとえば 19 のようなマークアップになります。aria-selected属性とtabindex属性はJavaScriptで動的に付けられている想定です。

> **MEMO**
> WAI-ARIA Authoring Practices のタブの例ではbutton要素を使用しています。
> WAI-ARIA Authoring Practices tabpanel
> https://www.w3.org/TR/wai-aria-practices/#tabpanel

19 3つのタブがある場合のマークアップした例

```
<button type="button" role="tab" id="tab01" aria-controls="tabpanel01"
 aria-selected="true">タブその1</button>
<button type="button" role="tab" id="tab02" aria-controls="tabpanel02"
 aria-selected="false" tabindex="-1">タブその2</button>
<button type="button" role="tab" id="tab03" aria-controls="tabpanel03"
 aria-selected="false" tabindex="-1">タブその3</button>
```

19 のコードについて、もう少し詳しく見ていきましょう。

タブにはaria-controls属性を指定して、このタブに対応するタブパネルを示します。一部のスクリーンリーダーでは、対応するタブパネルにジャンプできるようになります。

id属性を指定しておくと、タブのラベルをaria-labelledby属性で参照できるようになります。これは後述のタブパネルで利用します。

> **MEMO**
> aria-labelledby属性については CHAPTER 4-2を参照してください。

また、JavaScriptで以下の属性を付けます。これらの値は、タブが切り替わったときに動的に変化する想定です。

- aria-selected属性：このタブが現在選択されているかどうかを示します。選択されているタブには"true"、そうでないタブには"false"を指定
- tabindex属性：選択されていないタブにtabindex=-1を指定します。前述のように、キーボード操作ではタブにフォーカスしてから左右キーでタブを切り替える想定となるため、選択されていないタブには直接フォーカスが当たらないようにする

タブには、必ずアクセシブルな名前を付けてください。上記の例のように、button要素の中にラベルテキストが入っていれば問題ありません。テキストを持たせられない場合、タブパネルに含まれている見出しにIDを付けてaria-labelledby属性で参照してもよいでしょう。

●タブリスト

タブリストは、タブが列挙される部分です。tablistロールを適用しますが、どの要素を採用するかは議論の余地があります。

ARIA in HTMLでは、menu、ol、ul、nav要素にtablistロールが適用できることになっています。ほかにも、すべてのロール(any role)が適用可能とされている要素、たとえばp要素やdiv要素なども利用できます。なお、dl要素にはtablistロールを指定できないため、採用できません。

タブリストにはタブが複数列挙されますし、名前に「リスト」と付いていますから、ul要素は有力候補です。しかし、WAI-ARIAのtablistロールはlistロールと派生関係になく、listitemロールの親にはなれません。ul要素のロールをtablistに変更すると、li要素のlistitemロールが宙に浮くことになります。li要素にtabロールを指定することも可能ですが、先に述べたようにtabロールはbutton要素かa要素に指定したほうがよいでしょう。この場合、li要素にはrole=presentationを指定することになります。ul要素を使っても、結局はリストの意味を失わせることになります。

最初からdiv要素を使うという考え方も有力です。実際、WAI-ARIA Authoring Practicesのタブの例ではdiv要素を使用しています。どちらが正解というわけでもなく、前後の文脈や互換性など、周辺の事情を考えて採用するとよいでしょう。

> **MEMO**
> 画面幅によって表現を切り替える場合、ul要素が便利な面もあります。後述の「タブと他の表現を切り替える」も参照してください。

●タブパネル

タブパネルは実際に表示される内容を含む部分で、tabpanelロールを適用します。

ARIA in HTMLでは、section要素にtabpanelロールが適用できることになっています。ほかにも、すべてのロールが適用可能とされているp要素やdiv要素なども利用できます。ただし、タブパネルの中にさまざまな要素が入る可能性を考えるとp要素は使い勝手に難があり、事実上、section要素とdiv要素のどちらかになるでしょう。タブパネルの中に見出しが入ってセクションとして成立しているならばsection要素、そうでなければdiv要素を利用するとよいでしょう。

20は、タブパネルをdiv要素としてマークアップした例です。

> **MEMO**
> 以前はsection要素にtabpanelロールを指定できませんでしたが、現在は指定可能です。
> WAI-ARIA Authoring Practicesのタブの例では、タブパネルにdiv要素を使用しています。

20 タブパネルのマークアップ例

```
<div tabindex="0" role="tabpanel" id="tabpanel01" aria-labelledby="tab01">
<!-- タブパネルの内容 -->
</div>
<div tabindex="0" role="tabpanel" id="tabpanel02" aria-labelledby="tab02" hidden>
<!-- タブパネルの内容 -->
</div>
<div tabindex="0" role="tabpanel" id="tabpanel03" aria-labelledby="tab03" hidden>
<!-- タブパネルの内容 -->
</div>
```

20のコードについて、もう少し詳しく見ていきましょう。

それぞれのタブパネルには、id属性を指定しています。これは、タブの

aria-controls属性で対応するタブパネルを参照するためです。

タブパネルをフォーカス可能にする場合、タブパネルにはラベルを付ける必要があります。この例では、タブのラベルがそのまま使えるため、aria-labelledby属性でタブのIDを参照しています。タブパネルの中に見出しが含まれる場合は、その見出しにIDを付けて参照してもよいでしょう。ラベルにふさわしいテキストがどこにもない場合は、aria-label属性でラベルを付けることも可能です。

hidden属性が指定されているタブパネルは、現在非表示となっているものです。JavaScriptでhidden属性を与えたり、取り除いたりして表示・非表示を切り替えます。CSSの優先度によっては、hidden属性で要素を隠せないこともあるかもしれません。その場合は、class属性でクラス名を与えてCSSで非表示にしてもよいでしょう。

通常、aria-hidden属性を利用する必要はありません。非表示のタブパネルは視覚環境からも隠されるべきもので、典型的にはCSSのdisplay:noneを適用して、視覚環境とスクリーンリーダーの双方から隠されるようにします。演出上の都合など何らかの理由でdisplay:noneを適用できず、非表示のタブパネルがスクリーンリーダーで読み上げられてしまうような場合には、aria-hidden属性の利用を検討してもよいでしょう。

◎スクリプト実装

これでマークアップは完成です。あとは、JavaScriptを実装して動作するようにします。

具体的なコード例についてはWAI-ARIA Authoring Practicesに譲りますが、タブがクリックされた場合だけでなく、タブにフォーカスしたときのキーボード操作も忘れずに実装してください。keypressイベントではカーソルキーの操作を取得できないため、keydownイベントとkeyupイベントを利用します。

◎タブと他の表現を切り替える

タブを利用する目的の1つは、画面スペースの節約です。タブ操作によって表示を切り替えることで、狭いスペースで多くの情報を見せることができます。画面スペースが十分にある場合、むしろ、タブで表現しないほうが望ましいかもしれません。

レスポンシブデザインを採用し、画面が狭いときはタブで表現し、広いときはすべてを展開して見せたいケースもあるでしょう。このような場合、ul要素を利用すると便利です。

21 のマークアップは、ページ内リンクの目次をul要素で表現したものです。リンク先はsection要素内の見出しになっています。

21 タブインターフェイスの記述例

```
<ul>
  <li><a href="#section01">セクション1</a></li>
  <li><a href="#section02">セクション2</a></li>
  <li><a href="#section03">セクション3</a></li>
</ul>
<section>
  <h2 id="section01">セクション1</h1>
  <p>セクション1の内容...</p>
</section>
<section>
  <h2 id="section02">セクション2</h1>
  <p>セクション2の内容...</p>
</section>
<section>
  <h2 id="section03">セクション3</h1>
  <p>セクション2の内容...</p>
</section>
```

このような目次とページ内リンクの構造は、タブに対応させることができます。目次のリストがタブリストに、目次内の個々のリンクがタブに、リンク先のセクションがタブパネルに対応します。21のマークアップに対し、JavaScriptでrole属性などを付与すると、22のようになります。

22 21にrole属性を付与した例

```
<ul role="tablist">
  <li role="none"><a role="tab" href="#section01">セクション1</a></li>
  <li role="none"><a role="tab" href="#section02">セクション2</a></li>
  <li role="none"><a role="tab" href="#section03">セクション3</a></li>
</ul>
<section role="tabpanel" aria-labelledby="section01">
  <h2 id="section01">セクション1</h1>
  <p>セクション1の内容...</p>
</section>
<section role="tabpanel" aria-labelledby="section02">
  <h2 id="section02">セクション2</h1>
  <p>セクション2の内容...</p>
</section>
<section role="tabpanel" aria-labelledby="section03">
  <h2 id="section03">セクション3</h1>
  <p>セクション2の内容...</p>
</section>
```

22にはほかにも属性やイベントを付ける必要はありますが、タブとして成立することはわかるでしょう。このようにすると、状況によってページ内リンクの表示方法とタブの表現とを切り替えることが可能になります。また、JavaScriptが動作しない環境でも、ページ内リンクとして成立し、動作します。

タブの操作方法をあえて実装しない選択

22の例は、ページ内リンクの目次だったものをタブとして動作させています。このとき、キーボードでの操作方法は変化します。ページ内リンクだった場合は、Tabキーでリンクに次々とフォーカスしていき、希望のリンクを選択するという操作でした。タブになると、現在選択されているタブにフォーカスし、左右キーでタブを選ぶという操作になります。

この操作方法の変更は本当に必要なのでしょうか。表現だけ変えて操作は変えず、ロールも変えず、そのままページ内リンクとして操作させるという考え方もあります。

タブを提供するコンテンツがウェブアプリケーションであり、デスクトップアプリケーションと同じ操作感が求められる場合は、タブとして操作できたほうがよいでしょう。そうではなく、単に単に省スペースを目的としているだけであれば、ページ内リンクの操作方法でも問題ないことが多いでしょう。

ただし、タブの表現にはアクセシビリティ上の課題もあることに注意してください。ページ内リンクの場合、リンクをクリックすると該当箇所までスクロールし、明確に画面が変化するのが基本の動作です。それに対し、タブ切り替えでは通常、画面はスクロールしません。画面を拡大しているユーザーの場合、タブの部分を画面いっぱいに拡大していると、その外で起きた変化に気づかないことがあります。

MEMO

これは、先に挙げたメニューボタンの例において、開いたメニューがどこにあるのかわからないケースと類似した問題です。メニューの例と同様、aria-controls属性だけでは不十分なので、タブとタブパネルを隣接させる、フォーカスを移動させるといった対応をするとよいでしょう。

事例4：モーダルダイアログ

「ダイアログ(dialog)」は、ウェブコンテンツの上に覆いかぶさるように出現するウィンドウ領域です。基本的には、ユーザーに対して注意を促し、何かを入力させるために用います。

ダイアログには、大きく分けて2つのモードがあります。

- モーダルダイアログ(modal dialog)：ダイアログが出現している間、ダイアログ以外の要素を操作できなくなるもの
- モードレスダイアログ(modeless dialog)：ダイアログが出ても他のコンテンツを引き続き操作できるもの

モーダルダイアログの場合、23のようにダイアログの外をグレーアウトさせて、他のコンテンツが操作できないことが視覚的にわかるようにすることが一般的です。

MEMO

dialogという英単語は「対話」という意味で、ユーザーに通知をし、かつユーザーからの操作を受け付けることからこの名があります。ユーザー操作を受け付けない通知領域は、ダイアログとは呼びません。

23 モーダルダイアログのイメージ

ウェブではモードレスダイアログはあまり利用されません。他のコンテンツを引き続き操作できる場合、ダイアログではない表示をすることが多いでしょう。

ここでは、モーダルダイアログの実装について、いくつかの方法をとりあげ、内容を見ていくことにします。

window.confirm()メソッドによる簡易なダイアログ

簡易なダイアログであれば、JavaScriptの機能だけで簡単に実装できます。window.confirm()メソッドを利用すると、ユーザーにOKかキャンセルかの2択を問うモーダルダイアログを出すことができます。24は、フォームをリセットする場合に警告のダイアログを出す例です。表示例は25のようになります。

24 警告のダイアログの例

```
<form onreset="return confirm('フォームの内容をすべて初期化します。よろしいですか?')">
  <input value="初期値">
  <button>送信</button>
  <button type="reset">リセット</button>
</form>
```

25 ブラウザーによる24の表示例

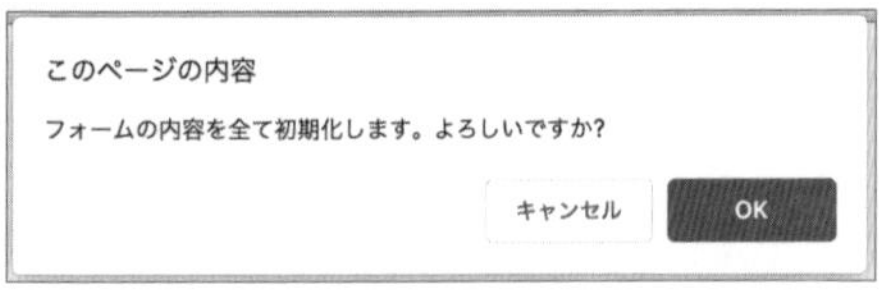

ユーザーがキャンセルボタンを押した場合はconfirm()メソッドの戻り値がfalseとなり、return falseが実行されてリセットの動作がキャンセルされます。

このダイアログはブラウザーの機能で表示されるため、コンテンツ制作者は見た目を制御できません。ブラウザーによっても異なりますが、ほとんどの場合、シンプルで事務的な見た目になります。簡潔にYes/Noを問うだけでよい場合は、これで十分でしょう。

> **MEMO**
> onreset属性はイベントハンドラーコンテンツ属性の1つで、フォームがリセットされる際に実行されます。CHAPTER 4-1のイベントハンドラーコンテンツ属性(P287)も参照してください。

dialog要素によるダイアログ

HTMLには、ダイアログを表示するためのdialog要素が用意されています。showModal()メソッドを呼ぶとモーダルダイアログとして機能します。詳細はCHAPTER 3-12のdialog要素(P260)を参照してください。

dialog要素を利用すると、それだけで、モーダルダイアログの外にある要素を暗く表示し、操作できないようにするところまで実現できます。

なお、初期状態でダイアログを隠す処理も実現されていますが、これは単にユーザーエージェントのスタイルシートでdialog:not([open]){display:none;}というスタイルが与えられているだけです。より強いセレクターでdisplayプロパティを上書きすると、ダイアログが表示されてしまうこともあるので注意してください。

WAI-ARIAを駆使した実装

dialog要素をサポートしないブラウザーを想定した場合、他の要素とWAI-ARIAを組み合わせて自前でダイアログを実装する選択肢が現実的になります。ダイアログのマークアップは、たとえば26のようになります。

26 WAI-ARIAを使ったダイアログのマークアップ例

```
<div id="dialog_layer" class="dialogs">
  <div tabindex="0"></div>
  <div id="dialog4" class="dialog"
    role="dialog"
    aria-labelledby="dialog_label"
    aria-describedby="dialog_desc"
    aria-modal="true">
    <h2 id="dialog_label">ダイアログの見出し</h2>
    <p id="dialog_desc">
      ダイアログのメッセージ...
    </p>
    <!-- その他さまざまな中身が入る -->
    <button type="button"
      id="dialog_close_button">
      <img src="close.png" alt="閉じる">
    </button>
  </div>
  <div tabindex="0"></div>
</div>
```

26のコード例を少し詳しく見ていきましょう。

一番外側のdiv要素は、ダイアログ全体のラッパーです。その中にダイアログ本体のdiv要素が入っていますが、キーボードフォーカスの制御のために、ダイアログの前後に<div tabindex="0"></div>を挿入しています。これは、ハンバーガーメニューの事例で紹介したフォーカストラップです(P326)。JavaScriptによるDOM操作でdiv要素を挿入してfocusイベントを付けておき、フォーカスをトラップする制御を行います。

ダイアログ本体となるdiv要素には、role属性でdialogロールを指定して、ダイアログであることを示しています。

dialogロールには、必ずアクセシブルな名前を与えなければなりません。この例では、ダイアログの内部に見える形で見出しが存在しているため、aria-labelledby属性を利用して結び付けています。見える形のテキストラベルがない場合は、aria-label属性などを利用してもよいでしょう。

同様に、aria-describedby属性でアクセシブルな説明を提供しています。これは必須ではありませんが、スクリーンリーダーでは、ダイアログにフォーカスした際に、見出しに続けてメッセージが読み上げられるようになります。

MEMO

ダイアログが重要な警告やエラーを通知する場合は、alertdialogロールを指定してもよいでしょう。なお、ユーザーの入力を受け付けない(ボタンでダイアログを閉じる必要もない)ような場合は、そもそもダイアログではないため、alertロールがより適切です。

aria-modal="true"の指定は、このダイアログがモーダルであることを示すものです。aria-modal属性に対応した支援技術の場合、これだけでモーダルの外の要素を操作できないようにする場合があります。とはいえ、この処理は仕様上必須とはされておらず、対応していない支援技術もあるため、モーダルダイアログの外の要素を読み上げないようにしたり、キーボードフォーカスを制御する処理の実装も必要です。

モーダルダイアログの内部には、閉じるボタンを置きます。aria-modal属性を指定するとダイアログの外側にアクセスできなくなることがあるため、ダイアログを開いたボタンをトグルさせたい場合などは、ボタンが必ずダイアログの内部に来るように配慮してください。また、Escキーが押されたときにダイアログが閉じるようにしておくとよいでしょう。

あとはJavaScriptで動作を制御するだけですが、コードは長くなるため、ここでは紹介しません。具体的なJavaScriptのコードやその他の細部については、WAI-ARIA Authoring Practicesのdialogの例を参考にしてください。

MEMO

WAI-ARIA Authoring Practices dialog
https://www.w3.org/TR/wai-aria-practices/examples/dialog-modal/dialog.html

事例5：インラインSVGのアクセシビリティを担保する

SVGは、XML形式のデータでベクター形式の画像を表現する技術です。SVG画像を表示するには、img要素のsrc属性でSVGファイルを参照するか、svg要素を利用してインラインでSVGを埋め込みます。インラインで埋め込んだ場合、JavaScriptによるDOM操作でSVGの内容を制御できるため、さまざまな表現が可能になります。

ここでは、svg要素を利用してSVGをインラインで記述する場合のアクセシビリティの考慮点について見ていきます。

svg要素のロール

SVGの用途はさまざまですが、ウェブコンテンツでは、純粋に画像として利用するケースが多いでしょう。

この場合、svg要素のデフォルトのロールがimg要素とは異なる点に注意が必要です。（SVGの次期バージョンである）SVG2の仕様、およびARIA in HTML仕様では、svg要素はデフォルトでgraphics-documentロールを持つとされています。

graphics-documentロールは文書を表すdocumentロールから派生したもので、画像よりも文書に近い性質を持つものです。このロールはWAI-ARIA仕様ではなく、WAI-ARIA Graphics Module仕様で定義されています。

SVGは一般的に画像を表現するために利用されますが、テキストを含めて、テキストのレイアウトに用いることもできます。ウェブコンテンツでSVGを利用する場合、SVGの用途を確認しましょう。単に画像として扱っている場合は、role=imgを指定して、明示的にimgロールを付与するとよいでしょう。

MEMO

SVG2 5.13.4. Implicit and Allowed ARIA Semantics
https://www.w3.org/TR/SVG2/struct.html#implicit-aria-semantics

MEMO

graphics-document (role)
https://www.w3.org/TR/graphics-aria/#graphics-document

画像の代替テキストと説明を提供する

意味のある画像には代替テキストを与える必要があります。img要素のsrc属性でSVGファイルを参照した場合には、alt属性で代替テキストを与えます。

svg要素を使ってインラインでSVGを記述した場合、alt属性は利用できません。svg要素にはtitle属性も指定できません。27のようなインラインSVGの場合、svg要素直下のtitle要素がアクセシブルな名前として利用されます。

27 インラインSVGの記述例

```
<svg role="img">
  <title>図: XX会社の組織図</title>
  ...
</svg>
```

なお、svg要素には、aria-label属性やaria-labelledby属性を指定することも可能です。それらの属性があれば、そちらが優先されます。

説明文についても同様です。aria-describedby属性が利用できるほか、28のようにSVG内にdesc要素があれば、アクセシブルな説明として利用されます。

28 SVG内にdesc要素を記述した例

```
<svg role="img">
  <title>図: XX会社の組織図</title>
  <desc>XX会社の組織図です。頂点にはXX組織があり...</desc>
</svg>
```

インラインでSVGを使用するときは、画像の代替テキストと説明文をSVGの中で与えるようにしましょう。それができない場合は、aria-label属性やaria-describedby属性を利用します。

装飾的なSVG画像を無視させる

SVGが意味を持たない、純粋に装飾的な画像である場合は、支援技術に無視させる必要があります。img要素の場合はalt=""を指定しますが、svg要素の場合は29のようにaria-hidden属性を利用します。この場合、role属性を指定する必要はありません。

29 svg要素にaria-hidden属性を指定した例

```
<svg aria-hidden="true">
  <!-- 純粋に装飾的な画像 -->
  ...
</svg>
```

MEMO

SVGにおけるアクセシブルな名前の算出方法については、SVG-AAM仕様の8.special Processing Requiring Additional Computationを参照してください。
8. Special Processing Requiring Additional Computation
https://w3c.github.io/svg-aam/#mapping_additional

テストを行う

ここまで、WAI-ARIAを利用する事例を紹介してきました。HTMLだけでアクセシビリティを担保できない場合に、WAI-ARIAを利用することで、アクセシビリティを向上できることがあります。

しかし、常にWAI-ARIAを利用することがよいわけではありません。ARIAを不適切に利用するくらいならば、使わないほうがよいといえます。しかし残念ながら、不適切なARIA利用は多いのが現状です。

では、WAI-ARIAの使用が適切かどうかは、どうやって判断すればよいのでしょうか。筆者は、実際に動作検証をすることが重要だと考えています。実際にスクリーンリーダーなどの支援技術を用いてアクセスすることは難しくありません。

ここで紹介してきたような複雑な事例では、ユーザビリティの観点も重要になります。実際にユーザーに触れてもらい、テストを行うことが、より重要になってくるでしょう。

INDEX

用語索引

数字・記号

アルファベット

A

B

C

D

E

F

G

H

INDEX

INDEX

要素索引

アルファベット

INDEX

属性索引

アルファベット

INDEX

著者プロフィール

太田 良典（おおた よしのり）

弁護士ドットコム株式会社 エキスパートエンジニア
ウェブアクセシビリティ基盤委員会（WAIC）翻訳作業部会主査

HTML仕様の翻訳や解説といった個人活動をしながら、2001年よりビジネス・アーキテクツで大規模企業サイトの制作や管理に従事。Web技術の分野で幅広い専門性を持ち、セキュリティ分野においては「第二回IPA賞（情報セキュリティ部門）」を受賞。アクセシビリティ分野では、ウェブアクセシビリティ基盤委員会（WAIC）の委員として活動している。2017年12月より、アクセシビリティエンジニアとして弁護士ドットコムに所属。著書（共著）に「デザイニングWebアクセシビリティ」など。

Twitter @bakera

中村 直樹（なかむら なおき）

株式会社ミツエーリンクス　アクセシビリティ・エンジニア
ウェブアクセシビリティ基盤委員会（WAIC）翻訳作業部会委員

IT業界とは無縁の組織に勤務するかたわら、自身の興味からW3C HTML 5.0（developer-view）、CSS 2.1、WAI-ARIA 1.0などのウェブ仕様の翻訳を手がける。ウェブアクセシビリティ基盤委員会（WAIC）翻訳作業部会の立ち上げ時は作業協力者として参画。2019年よりミツエーリンクスに所属。現在は、ウェブ仕様の翻訳を通して得た知識を活用しつつ、ウェブアクセシビリティ診断の業務に従事。

Twitter @momdo_

［カバー・装丁・本文デザイン］ 佐藤 理樹（アルファデザイン）
［DTP］ 佐藤 理樹（アルファデザイン）
［編集］ 小関 匡
［編集協力］ 伊原 力也　大塚 勇哉　大山 奥人　小林 大輔
佐藤 歩　徳丸 浩　笛田 満里奈

HTML解体新書
仕様から紐解く本格入門

2022年4月25日　初版第1刷発行
2024年6月25日　初版第3刷発行

［著　者］ 太田 良典、中村 直樹
［発行人］ 新 和也
［編　集］ 佐藤 英一
［発　行］ 株式会社ボーンデジタル
〒102-0074
東京都千代田区九段南1丁目5番5号
九段サウスサイドスクエア
Tel：03-5215-8671　Fax：03-5215-8667
https://www.borndigital.co.jp/book/
お問い合せ先：https://www.borndigital.co.jp/contact/
［印刷・製本］ 株式会社暁印刷

ISBN978-4-86246-527-6

Printed in Japan